KB236263

호텔

중국요리

전석수
김준호
김호석
채영철

한식주방에 가면 김치
냄새 나고, 양식주방에 가면 버
터냄새 나듯이 중식주방에 가면 중
국요리에 특히 많이 쓰는 식자재의 향
이 가득 넘치는 것을 경험하게 된다. 요리를 할 때 쓰이는 칼도
중국요리를 하기 위해 만들어진 칼을 사용하는 것과, 일식에서 사용하는 일명 사시미 칼로
식재료를 다듬는 것을 자세히 관찰하면 분명히 다르다는 사실을 알 수 있다. 물론 초보자
들은 거의 느끼지 못하는 아주 미세한 부분이지만.

중국사람들은 세상에 존재하는 모든 것을 요리로 만들어 먹는 재주를 지니고 있는데 단
세 가지는 예외라고 한다. 공중의 것으로는 하늘을 나는 비행기, 육지의 것들 중에서는 네
발 달린 책상, 그리고 물 속에 있는 것들 중에서는 배船를 빼고는 못 먹는 것이 없다고 말하
는 것으로 보아 중국요리의 폭이 그만큼 넓다는 것을 역설적으로 표현한 간단한 예라고 할
수 있다.

또한 지구상에 존재하는 사람의 수를 헤아릴 수 없다고 하는데 그 이유가 중국사람 때문
이라고 하니 가히 중국이란 나라의 인구가 얼마인지를 짐작하기란 쉽지가 않을 것이다. 인
구가 많다보니 세계에 흩어져 살고 있는 중국인들도 무척 많아 지구상에 존재하는 대부분
의 나라에는 중국인들이 살고 있고, 중국인들이 살고 있는 곳에서는 어김없이 중국 음식점
이 있을 정도이니 그만큼 중국의 문화가 세계 곳곳에 알려져 있다고 할 수 있다.

최근 들어 중국의 영향력이 커지는 만큼 중국의 정치, 경제, 문화 등 다양한 분야에 관
심을 갖는 사람들이 많이 늘어나고 있다.

대학교 강의에서도 교양과목으로 중국어 회화가 늘어나는 추세임을 보면 중국에 대한
관심이 높아지고 있음은 그 누구도 부정할 수 없는 사실인 듯하다.

사람들마다 관심분야가 다르고 접근하는 방식이 다르겠지만 중국사람들을 가장 잘 이
해할 수 있는 방법은 그 사람들과 함께 먹고, 자고, 같이 생활하는 것이다. 그리고 우리가

흔히 사람을 이해하기 위해서는 그 사람들의 식생활을 먼저 이해해야 한다고 말하는데, 음식문화가 한 국가의 국민성을 대표하는 특징을 지울 수 있는지를 한마디로 대답하라고 하면 대단히 어려운 과제일지 모른다. 하지만 대부분의 중국남자들은 누구나 앞치마를 두르고 음식을 만들고 집안일을 당연히 해야 한다는 사고방식을 가지고 살아가는 만큼, 여러 면에서 우리와는 많은 차이를 보인다.

한 나라의 요리는 그 나라의 역사와 전통, 기후, 풍토의 소산인 동시에 국민 지혜의 총화라 한다면 중국요리가 오늘날 세계적인 요리로 발전하게 된 것도 결코 우연이라고만 할 수는 없을 것이다.

일찍이 독특한 동양문화를 이룩해 낸 중국인의 슬기가 광대한 영토에서 산출되는 다양한 산물을 바탕으로 하여 수천 년의 역사 속에서 독보적인 문화의 한 분야로 정착된 것은 꾸준히 다듬고 가꾸어 온 결과라 할 수 있다. 넓은 영토는 지역마다 풍토, 기후, 산물, 습관이 서로 다른 만큼 지방색이 두드러진 특징의 요리를 발전시켰다.

이런 중국요리를 위해 좋은 교재를 만들려고 부단히 애를 썼지만 아직 부족한 것이 많아 출판을 미루려고 생각도 해 보았으나 미룬다고 능사는 아니라고 판단되어 출판을 하게 되는 바이다. 따라서 독자여러분들의 많은 충고와 중국요리에 관심이 많은 여러 사람들의 기탄 없는 지도편달을 당부 드리며 책을 출판할 수 있도록 협조해 주신 부산 파라다이스호텔 관계자님, 그리고 중식주방 모든 직원들께 진심으로 감사를 드린다.

2011. 08. 28.

본 교재는 울산과학대학 산학협동 교재개발 지원금에 의해 출판되었습니다.

著者

Contents
호텔중국요리

제1부 중국은?

제1절 중국의 역사

제2절 중국의 지리적 환경
1. 위치와 면적   19
2. 지형특징   21
3. 중국의 행정   23

제3절 중국의 생활풍속
1. 중국의 전통명절과 국경일   28
  (1) 중국의 전통명절   28
  (2) 국경일   32

2. 결혼풍속   33

제2부 중국의 음식문화

제1절 중국의 음식문화사와 지역별 요리의 특징
1. 중국의 음식문화사와 음식철학   38
  (1) 중국의 음식문화사   38
  (2) 중국인의 음식철학   44

2. 중국요리의 특징과 지역별 요리의 특징   48
  (1) 중국요리의 특징과 맛의 비결   48
  (2) 지역별 요리의 특징   53

3. 메뉴   62
  (1) 메뉴 구성 및 특징   63

4. 식사예절과 테이블 세팅   68
  (1) 식사예절   68
  (2) 테이블 세팅   70
  (3) 고객 관리   74

5. 차(茶)와 음료   76
  (1) 차   76
  (2) 음료   89

제2절 식재료
1. 중국요리의 다양한 식재료   97
  (1) 해산물 및 육류   97

    (2) 채소류 등　110
    (3) 향신료　116
    (4) 장류　120
    (5) 한방재료　122

제3절 호텔 중식주방의 특징
1. 중식주방의 인적조직　127
    (1) 주방장　128
    (2) 부주방장　129
    (3) First cook　129
    (4) 2nd cook　130
    (5) cook helper　130
    (6) 기타 준수사항　132
    (7) 일일 점검사항　133
    (8) 안전관리　133

제4절 조리방법상의 특징
1. 가열방법상의 특징　139
    (1) 기름을 이용한 조리방법　139
    (2) 물을 이용한 조리방법　144
    (3) 수증기를 이용한 조리방법　145
    (4) 건식 조리방법　145
    (5) 혼합식 조리방법　146

2. 칼과 칼질방법상의 특징　147

제5절 주방시설과 기물의 특징
1. 주방시설　151
    (1) 도부, 刀部　152
    (2) 화부, 火部　154
    (3) 면부, 麵部　155
    (4) 기타 시설　156

2. 주방기물　157

제3부 중국요리 실기

냉채류(冷菜類)　166
특품냉채(特品冷盤) ｜ 족발냉채(拌肘子) ｜ 송화단과 생강절임(酸薑皮蛋) ｜ 바닷가재샐러드(龍蝦沙律) ｜ 전복샐러드(鮑魚沙律)

수프류(羹·湯)　171
최고급 상어지느러미 수프(上湯魚翅) ｜ 제비집 수프(燕窩羹) ｜ 대나무통 상어지느러미 수프(竹筒海鮮翅子羹) ｜ 상어지느러미 전복 수프(鮑魚翅子羹) ｜ 상어지느러미 게살 수프(蟹肉翅子羹)

상어지느러미요리(魚翅)　176
최고급 상어지느러미찜(紅燒大排翅) ｜ 발채 상어지느러미찜(髮菜排翅)

해삼요리(海蔘)　178
해삼탕(海蔘湯) ｜ 바닷가재를 넣은 해삼말이(金系烏龍海參) ｜ 해삼전복(海蔘鮑魚) ｜ 해삼 삼겹살찜(海蔘扣肉)

전복요리(鮑魚)　182
홍소 통전복(紅燒原只鮑魚) ｜ 송이전복(松茸鮑魚) ｜ 전복 크림소스(奶油鮑魚) ｜ 전복 XO소스(XO鮑魚) ｜ 전복해삼송이(鮑魚海蔘松茸)

관자요리(干貝)　187
송이관자(松茸干貝) ｜ 새우관자볶음(干貝蝦球) ｜ 깐풍관자(乾烹干貝) ｜ 관자튀김(燒干貝)

새우와 바닷가재요리(蝦·龍蝦)　191
왕새우 칠리소스(干燒大蝦) ｜ 깐풍새우(干烹明蝦) ｜ 새우볶음(油泡明蝦) ｜ 새우 누룽지탕(明蝦鍋把) ｜ 하편카나페(蝦片小菜) ｜ 새우 샌드위치(麵飽蝦) ｜ 바닷가재튀김(椒塩蝦) ｜ 바닷가재 칠리소스(干燒龍蝦)

해물요리(海物)　199
XO해물볶음(XO爆海鮮) ｜ 전가복(全家福)

생선요리(生鮮)　201
도미튀김(火龍糖醋加魚) ｜ 우럭찜(蒸黑石斑魚)

쇠고기요리(牛肉)　203
쇠고기송이볶음(松茸牛肉片) ｜ 쇠안심 후추소스(黑椒牛柳粒) ｜ 쇠고기 굴소스(蠔油牛肉) ｜ 쇠고기아스파라거스볶음(露筍

牛肉) | 소갈비찜(紅燒牛排) | 다진 쇠고기 양상추쌈(什錦牛肉鬆) | 토마토쇠고기볶음(蕃茄炒牛肉)

돼지고기요리(猪肉)　210
돼지갈비찜(紅燒猪排) | 족발찜(紅燒肘子) | 돼지고기 레몬소스(猪肉檸檬汁) | 동파육(東坡肉)

오리와 닭고기요리(鷄·鴨)　214
북경오리[北京片皮鴨(北京烤鴨)] | 오리가슴살철판볶음(鴨肉鐵飯燒) | 요과계정(腰果鷄丁)

야채요리(蔬菜)　217
송이볶음(炒松茸) | 고급 모듬 야채볶음(素全福) | 청채 굴소스(蠔油靑江菜) | 시금치계란볶음(鷄蛋炒波菜) | 죽생아스파라거스(竹笙蘆筍)

만두(餃子·包子)　223
야채 쇠고기 만두(牛肉燒賣) | 시금치 만두(波菜餃) | 새우 만두(蝦餃) | 상어지느러미 만두(魚翅餃) | 사색 부추 만두(四色韮菜餃) | 야채 만두(素菜餃) | 돼지고기 만두(猪肉餃子) | 춘권(春卷) | 완당튀김(炸餛飩) | 꽃빵(花卷)

밥류(飯類)　233
쇠고기송이덮밥(松茸牛肉片燴飯) | 야채덮밥(蔬菜燴飯) | 베이컨새우볶음밥(煙肉蝦炒飯) | 야채볶음밥(素菜炒飯) | 파인애플볶음밥[波蘿炒飯(菠欏炒飯)]

면류(麵類)　238
삼선짜장면(三鮮炸醬麵) | 사천짜장면(四川炸醬麵) | 삼선짬뽕(三仙炒嗎麵) | 팔진탕면(八珍湯麵) | 야채탕면(蔬菜湯麵) | 해물수초면(海鮮水炒麵) | 해물초면(海鮮炒麵) | 홍콩면(鼓椒鷄肉麵)

후식(恬菜)　246
찹쌀떡(拔絲元宵) | 사과탕(拔絲蘋果) | 바나나 레몬소스(香蕉檸檬汁) | 멜론사고크림(蜜瓜西米露) | 누에전경(蠶景) | 은행탕(拔絲百果)

소스류　252
깐풍소스 | XO소스 | 생선소스 | 칠리소스 | 토마토칠리냉채소스 | 라지장 | 겨자소스 | 마늘소스 | 생강소스 | 마파두부소스 | 짜장소스 | 오리장소스 | 깐소소스 | 탕수소스 | 기타 소스

제4부 기능사 실기시험

고추잡채(靑椒肉絲) | 깐풍기[乾烹鷄(干烹鷄)] | 야채볶음(炒合菜) | 탕수육(糖醋肉) | 난자완자(南煎丸子) | 마파두부(麻婆豆腐) | 고구마탕(拔絲地瓜) | 홍쇼두부(紅燒豆腐) | 탕수조기(糖醋黃花魚) | 생선완자탕(魚丸子湯) | 라조기(辣椒鷄) | 새우케첩볶음[子母兩蝦(蕃茄蝦仁)] | 부추잡채[炒丸菜(炒韮菜)] | 옥수수탕(拔絲玉米) | 계란탕[蛋花湯(鷄蛋湯)] | 양장피잡채(炒肉兩張皮) | 오징어냉채(凉拌墨魚) | 해파리냉채(拌蜇皮) | 짜춘권(炸春卷) | 물만두(水餃子)

부록 : 특급호텔 중식당 메뉴
호텔 중식당 메뉴　306
중국요리 식재료를 구입할 수 있는 곳　319

1부

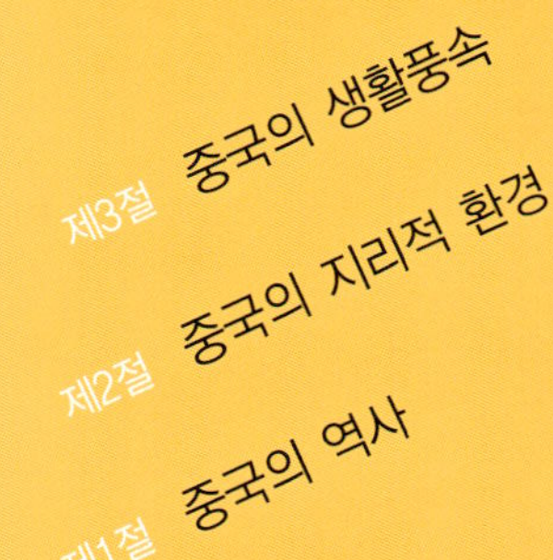

중국은?

제3절 중국의 생활풍속

제2절 중국의 지리적 환경

제1절 중국의 역사

중국의 역사

세계 4대문명의 주축을 이루는 황하 문명은 지금도 세계 문명의 중심을 이루는 한 영역으로 확실한 자리매김을 하고 있고, 시간이 많이 흐른 먼 훗날에도 중요한 인류의 문화유산을 꽃피운 문명발생지로 자리매김 할 것을 믿어 의심치 않는다. 한 나라의 역사를 간략하게 요약하여 정리를 한다는 것이 얼마나 어렵고 어리석은 일인지 알지만, 거대한 중국 대륙만큼이나 다양한 중국음식을 이해하기 위해서는 어떤 형태로든 중국의 역사를 간략하게 짚어 보지 않을 수 없다.

'중中'은 세상의 중앙에 위치한다는 뜻으로, '중화中華'는 세상의 중앙에 위치한 문화를 가진 민족을 뜻한다. 중국인들은 그들의 국가를 '중하中夏', 즉 세상의 중앙에 위치한 대국이라고 생각했고 상대적으로 그들의 주변 국가들에 대해서는 '사이四夷-네 오랑캐'라고 낮추어 불렀다. 이처럼 중국인들은 고대로부터 자신들의 주변국들에 대한 문화적 우월성을 자부하고 있었기 때문에, 황하유역에 도읍을 세운 자신들을 '화하華夏', '중하中夏', '중화中華', '중국中國'이라는 이름으로 불러왔으나 이러한 명칭을 공식적인 나라 이름으로 사용한 적은 없었다. 1911년 10월 10일 신해혁명의 성공으로 세워진 '중화민국中華民國'에서 처음으로 국명에 사용하였고 지금의 中華人民共和國People's Republic of China: PRC, 이하 중국이라 함 공식 국명은 1949년 10월 1일 중화인민공화국의 탄생과 더불어 사용되기 시작하여 지금에 이르고 있다.

구분	특징
고대황하문명 (~B.C. 23세기)	5천 년 이전에 황하유역에 출현한 '용산문화(龍山文化)'는 부계 씨족공동체를 가장 잘 대표하는 것이다. 인류는 이미 각종 마제석기를 사용할 수 있었을 뿐만 아니라 도기(陶器)를 발명하기도 하였으며, 사냥과 고기잡이 외에 농업과 목축업의 농경문화가 정착되었다. 생산력 증대와 사회분업, 물물교환의 발전으로 계급대립이 출현하면서 원시사회는 해체되고 노예사회가 탄생하여 황하유역 일대에 많은 부락 중에서 황제(黃帝)를 우두머리로 하는 하(夏)왕조가 탄생하게 되는데, 이러한 황제(黃帝)는 후에 중화민족의 시조로 일컬어졌다.
하상주(夏商周) (B.C. 23세기 ~B.C. 770)	청동기시대에 해당되는 하(夏 B.C. 23세기~B.C. 17세기)의 창시자는 성군 우왕(禹王)으로 하(夏)왕조는 중국 역사상 최초의 노예제 국가이며, 걸왕(桀王)이 죽을 때까지 500년간 노예사회를 확립하였다. 17대의 악명 높은 폭군 걸왕(桀王)은 '말희(末喜)'라는 미녀에게 홀려 술의 연못과 고기의 숲인 '주지육림'에 빠졌다. 걸왕이 매일 잔치와 놀이에 정신이 팔려 정치가 엉망이 되자 은의 탕왕(湯王)은 군사를 일으켜 걸왕을 죽이고 은(殷)나라를 세웠다.
	상(商 B.C. 17세기~B.C. 11세기)의 창시자는 성군 탕왕(湯王)으로 서기 1889년 지금의 하남성 안양현 소둔에서 갑골문자(甲骨文字)가 발견됨으로써 전설적인 왕조가 아니라 실존했던 왕조로 밝혀졌다. 17대에 걸쳐 31명의 왕이 600년간 노예제 사회를 더욱 발전시켰으며 주(周)에 의해 멸망하였다. 후에 국호를 은(殷)으로 고쳐 은왕조(殷王朝)라고도 한다.
	주(周)의 창시자는 성군 문왕(文王)으로 서주(西周 B.C. 11세기~B.C. 770)는 250년간 노예계급의 통치질서를 공고히 하기 위하여 전국적으로 '봉건제도(封建制度)'를 시행하였다. 상(商)왕조보다 더욱 완비된 국가기구를 창설한 것 외에도 엄격한 종법(宗法)·예약(禮樂)·형벌(刑罰)제도를 만들어 모든 사회와 생산력이 지속적으로 발전하였다. 이 시기에 중국은 이미 하나의 완비된 광대한 규모의 노예제 국가를 완성하여 중국의 노예사회는 절정에 달했다.
춘추전국 (春秋戰國)시대 (B.C. 770 ~B.C. 221) 노예사회에서 봉건사회로 넘어가는 과도기로 동주(東周)시대 라고도 함	B.C. 770년에 서주(西周)가 멸망하고 주(周)왕조는 낙읍(洛邑: 지금의 낙양–洛陽)으로 천도함으로써 동주(東周)시대가 시작되었다. 동주는 다시 '춘추시대(春秋時代)'와 '전국시대(戰國時代)'의 두 시기로 나누어진다. 동주 시기에는 제철기술이 발전하여 철제 농기구와 소를 이용하여 밭을 가는 방법이 사용되고 경지면적이 확대되었다. 또한 경제가 발전함에 따라서 낡은 노예제도하의 생산 관계가 새로운 생산력을 속박하게 되자 이에 지배계급을 반대하는 노예와 평민들의 투쟁이 격렬해졌으며 그 결과 신흥 지주계급이 점차 기존의 지배계급의 지위를 대신하게 됨으로써 중국에는 새로운 역사 단계, 즉 봉건사회로 진입하는 과도기가 시작되었다. 사서(史書)의 기록에 의하면, 춘추시대에는 140여 개의 제후국이 있었으나 장기간의 전쟁을 통하여 서로 통합되어 전국시대에 이르러서는 단지 제(齊)·초(楚)·연(燕)·한(韓)·조(趙)·위(魏)·진(秦)의 7개 국가만 남았으며, 이들 국가의 내부에서는 여전히 격렬한 전쟁이 발생하고 있었다. 부국강병의 추구와 권모 술수가 소용돌이치며 명군과 명신들, 명장과 맹장들의 일진일퇴의 공방전이 근 2백년 동안 계속되는 동안 진나라를 제외한 나머지 여섯 나라의 힘은 점점 쇠약해져 차례차례 진나라에 멸망해 버리고 B.C. 221년 제나라가 마지막으로 진나라에 항복함으로써 진의 시황제(진시황제)가 중국 최초의 대통일 국가를 이루게 된다. 이처럼 사회의 극렬한 변혁은 의식형태 영역의 내부로 반영되어 각양각색의 학파를 출현시켜 '백가쟁명(百家爭鳴)'의 활발한 국면이 형성되었다. 당시의 주요 학파로는 공자(孔子, B.C. 552년~479년)와 맹자(孟子)를 대표로 하는 유가학파(儒家學派), 노자(老子)와 장자(莊子)를 대표로 하는 도가학파(道家學派), 상앙(商鞅)과 한비자(韓非子)를 대표로 하는 법가학파(法家學派), 묵자(墨子)를 대표로 하는 묵가학파(墨家學派) 등이 있었으며 그 중에서도 특히 유가사상의 영향이 가장 깊고도 컸다. 한자숙어(漢字熟語)의 대부분이 이때 만들어졌을 만큼 사회적인 혼란이 가중되는 시기였다.

구분	특징
진·한시대 (B.C. 221년~ A.D. 220년) 봉건국가 봉건체제 확립	기원전 259년에 태어난 진시황(秦始皇)은 기원전 B.C. 221년 중국 역사상 최초의 중앙집권 국가이자 통일 봉건국가인 진(秦)왕조를 건립하기 위하여 사상을 통제하기 위한 분서갱유(B.C 213년)를 단행하였다. 또한 황제의 지배력을 확고히 하기 위해 권력을 중앙집중화하고 모든 지방관리를 정부에서 임명, 파견하는 군현제를 실시하였으며 모든 사병제는 해체시켰다. 이렇게 확립된 중앙집권제도는 청나라까지 지속된다. 현재 차이나(China)라는 영어 이름도 진(Chin)에서 기원한 것이다. 중앙집권적 관리체제를 굳건히 하기 위한 또 다른 방안으로 문자, 화폐, 도량형을 통일하고 토지의 개인 사유제도를 확립하여 중국의 통일과 봉건사회의 발전에 기여하지만 진2세(秦二世)는 매우 사치스럽고 잔혹하여 궁전을 건축하고 왕릉을 만들며 만리장성을 축조하는 등 억압과 착취로 인해 농민 대봉기가 발생하였다. 기원전 206년(통일 15년 후)에 유방(劉邦)이라는 한 지방 관리는 항우(項羽)와의 5년간의 전쟁*에서 승리하여 장안(長安: 지금의 서안—西安)에 200년 역사의 서한(西漢. 또는 전한, 前漢이라고도 함)을 건립한다. 특히 무제(武帝)는 아주 유능한 사람으로 유학자인 동중서(董仲舒)가 제출한 유가사상(儒家思想)을 받아들이는데 이로써 유교사상이 중국의 정통사상으로 모든 분야에 막대한 영향을 끼치게 되고 영토 확장, 중앙집권 확립, 동서교역로 개척, 한사군 설치, 국가 주도의 전매제 실시, 5경박사제도를 도입한다. 서한 후기에 조정의 정치가 날로 부패해짐에 따라 농민봉기가 발생하여 호족 출신의 유수(劉秀)는 서기 25년에 낙양(洛陽)에서 황제(漢 光武帝)라 칭하고 220년 역사의 동한(東漢. 후한, 後漢이라고도 함)시기를 열게 된다. A.D. 36년 광무제가 공손술을 토벌하고 촉을 평정하여 천하를 통일하였다. 39년에는 경지·호적 조사를 시작하며 48년에는 흉노족이 남·북으로 분열되었고 105년에는 채륜이 종이를 만들었다.
삼국시대(위魏, 촉蜀, 오吳) (220~265년) 남북조시대 (420~581)	서기 220년부터 280년까지 60년간 삼국시대(220년 조조가 세운 위, 221년 유비의 촉, 222년 손권의 오)가 지속되다가 진(晉)왕조가 낙양(洛陽)에 건립되나 통치집단은 극도로 부패하여 50년 만에 바로 전란과 분열이 새롭게 시작됨으로써 300년에 걸친 극심한 재난이 시작된다. 당시에 중국 북부는 이미 16개의 작은 국가들로 분열되어 있었으며 이후 위(魏)에 의해 통일된 후 다시 북위(北魏)·동위(東魏)·서위(西魏)·북제(北齊)·북주(北周)의 다섯 정권으로 대체되고, 581년에 이르기까지 중국의 남방은 송(宋)·제(齊)·양(梁)·진(陳)의 네 왕조를 거치는데 이러한 국면을 역사상에서는 남북조(南北朝)시기라 부른다. 남북조 시대의 토지제도는 국유제로 토지를 농민에게 고루 나누게 되는데 이런 제도는 수에 이어 당에까지 계승되고 2모작의 벼농사가 실시된다.
수(隋) (581~618)	581년 북주(北周)의 사대부 양견(楊堅)이 주(周)를 멸망시키고 장안(長安)을 수도로 수(隋)왕조를 건립하여 진시황제 이후 두 번째로 중국을 통일하였다. 수(隋) 문제(文帝)는 검소한 정치를 행한 황제로 서진(西晉) 이래 약 300년간 지속된 동란과 분열의 국면을 종결시키고 중국의 남북통일을 새롭게 실현시키나 뒤를 계승한 수(隋) 양제(煬帝) 양광(楊廣)은 오히려 중국 역사상 유명한 난봉꾼이면서 폭군이라 생활고에 시달린 백성들은 대규모의 봉기를 일으키게 되었고, 수(隋)왕조는 불과 37년 만에 종말을 고하고 618년에 멸망하였다. 605년 양제가 대운하의 공사를 시작하여 610년에는 천진~항주간이 개통되어 지금의 북경에서부터 항주에 이르는 2,700km의 세계에서 가장 오래 된 대운하가 건설되었다. 양제의 612년, 613년과 614년 3차에 걸친 고구려 원정 실패로 각지에서 백성들이 생활고를 겪게 되고, 마침내 이는 대규모 봉기를 일으키는 계기가 된다.
당(唐) (618~907) 봉건사회의 발전 및 부흥시기	당(唐)왕조는 태원(太原)의 유수(留守)인 이연(李淵: 唐 高宗)이 세운 국가로 중국 역사상 한(漢)왕조 이후 가장 번영하고 강대한 왕조였으며 정치·경제·문화가 모두 매우 발달하였다. 이것은 중국 봉건사회의 발전이 절정에 이르렀음을 의미한다. 전기 120여 년은 당(唐) 태종(太宗) 이세민(李世民) 등 몇몇 황제들이 매우 많은 공적을 남겼다. 정치는 통일되고 사회는 안정되었으며 경제는 번영하고 국제교류는 활발하여 오랫동안 강성한 상태를 유지하였다. 따라서 이를 성당(盛唐)시기라 일컫는다. 638년 13세에 당 태종(太宗)의 후궁으

구분	특징
당(唐) (618~907) 봉건사회의 발전 및 부흥시기	로 궁중에 입궐하여 고종(高宗)과 깊은 관계를 맺은 뒤 655년에 왕후를 폐위시키고 중국 역사상 유일한 여제(女帝)가 된 측천무후(則天武后)는 고종이 중병이 들어 정사를 돌볼 수 없게 되자 섭정을 통해 강력한 통치력을 과시하여 반대파들을 무자비하게 처형하였다. 심지어 자신의 아들까지도 독살하거나 유배를 보내는 등 자신의 권력을 지키기 위해 갖은 수단을 동원해 많은 비난을 받기도 하지만 중국사회가 군사적 · 정치적 귀족계층에 의해 통치되던 사회에서 사대부 가문출신의 문인 관료계층이 주도하는 사회로 바뀌게 되는 전기를 마련해 주었다. 중당(中唐)시기 약 80년간은 번진(藩鎭)의 반란으로 전쟁이 끊이지 않아 국력이 쇠퇴하기 시작했다. 후기 80여 년간은 조정이 부패하여 874년 황소의 난을 비롯한 대규모 농민 반란이 폭발하였으며 중앙의 집권 기반이 크게 흔들리기 시작하여 서기 907년에 당(唐)왕조는 결국 멸망하였다. 태평성세를 이루던 시기 현종이 양귀비와 사랑에 빠지며 향락에 빠지고 무능한 황제로 변하면서 당의 세력도 급속하게 약화되어 간 것이다. 당나라는 이백(李白), 두보(杜甫)와 같은 유명한 시인을 배출했고 통일신라와는 활발한 교류가 있어 신라인의 집단거류지인 신라방(新羅坊)에는 거대한 사찰도 따로 있었다고 한다.
오대송원 (五代宋元) (907~1368) 송(960~1279) 원(1279~1368)	907년 당이 멸망한 이후 양(梁) · 당(唐) · 진(晉) · 한(漢) · 주(周)의 다섯 왕조가 출현하는데 이를 오대(五代)라 하며, 남방과 북방에는 10개의 정권이 등장하는데 이를 10국이라 한다. 오대 말 960년 주(周)의 장군이던 조광윤(趙匡胤)이 황제에 올라 국호를 송(宋)이라 칭하고 개봉(開封)에 수도를 정하여 북송(北宋)시대를 개막하였다. 그러나 지속되는 내분과 당파싸움으로 1127년 여진족이 세운 금(金)의 침입을 받자 수도를 남경(南京, 하남성)으로 옮겨 남송(南宋)시대를 거쳐 1279년 몽골족이 세운 원(元)에 의해 멸망했다. 주자로 대표되는 송학(宋學)의 신 유교주의 학설은 한국에도 많은 영향을 미쳤다. 1279년 남송을 멸망시킨 징기스칸의 몽고족인 원(元)은 고려와 미얀마를 비롯한 아시아에서부터 서역 터키와 러시아에 이르는 대륙을 통일시키며 1368년까지 98년간 지속되었다. 수호전과 삼국지연의 같은 문학이 발달하고 실크로드를 통한 동서양의 교역이 활발하게 이루어지는 등 실크로드를 통해 동서양의 활발한 상업교류가 이루어지나 철저한 민족차별정책에 의한 가혹한 수탈로 농민봉기가 일어나 멸망하게 된다.

*항우와 유방의 초(楚) · 한(漢)전쟁에서 서로의 우두머리를 잡는 게임을 착안해 만든 것이 지금도 많은 사람들이 즐기는 장기(將棋)게임인데, 고수가 한(漢)을 잡고 상대가 초(楚)를 잡는 이유도 여기에 있다.

진시황제의 병마용

현종이 양귀비와 사랑에 빠지며 향락을 즐겼던 화청지

　수隋나라가 통일국가를 세운 지 불과 30여 년 만에 막강한 우리 고구려와 싸우다 지쳐 제풀에 넘어지고, 이후 당나라에 이르면 음식문화에 대한 기록도 풍부해지면서 조리기법도 크게 발달하여 간석看席이 등장한다. 이 간석은 음식 차림이 먹는 단계에서 눈으로 즐기는 단계에까지 이른 것을 뜻하는데 팔선반八仙盤이니 소증음성부素蒸音聲部니 하여 어떤 풍경이나 음악회 같은 장면을 묘사한 것이다.

　한편, 당나라의 전성기에는 소미연燒尾宴이 크게 유행하게 된다. 소미연에는 두 가지 형태가 있었다.

　그 하나는 대신이 처음 자리에 오를 때 임금을 초청하여 모시는 연회이고, 다른 하나는 과거에 합격하여 벼슬자리에 처음 오르는 선비가 친우들을 초청하여 베푸는 연회이다. 전하는 바에 의하면 소미燒尾라는 말은 호랑이가 사람으로 변하기를 원하여 공을 들인 끝에 마침내 뜻을 이루나 눈썹尾만은 원래의 호랑이 눈썹을 달고 있어 이것을 불로 태우고燒 완전한 사람이 되었다는 의미에서 나온 것이라 한다. 그러므로 소미연은 낮은 위치에서 높은 위치로 변신을 하는 시점에서 가지는 연회라는 뜻에서 붙여진 이름임을 알 수 있다. 그러나 잔치의 성격도 그렇거니와 초청되는 사람들이 워낙 신분이 높은 만큼, 잔치를 준비하느라고 들어가는 경비와 노력이 눈썹을 태울 정도로 어려웠을 것임은 쉽사리 짐작이 가기도 한다. 그렇지만 우리를 한반도에 갇혀 살도록 운명지은 당나라 때까지만 해도 임금과 신하의 사이에는 인간미가 넘치고 있었다. 소미연에서도 알 수 있지만 신하가 임금을 자기 집으로 초청하는 일이 그다지 드문 일이 아니었고 심지어 현종 같은 임금은 이태백을 불러 손수 죽을 끓여 내기도 하였다. 지금도 중국의 남자들이 주방에 들어가 솜씨를 부려 식구들에게 음식을 내는 것이 자연스럽게 된 데에는 이러한 문화적 배경이 있어서인지도 모른다. 어전회의를 할 때도 임금과 대신들이 함께 의자에 앉아 논의를 하였으니 오히려 오늘의 우리가 배울 점이 많은 시절이라 아니할 수 없다.

당나라가 망하고 송나라가 들어서기까지는 5대 10국이라고 하는 혼란기를 겪게 된다. 송의 조광윤趙匡胤은 5대 최후의 나라인 후주後周의 장군이었으나 쿠데타에 성공하여 다른 나라를 평정한 다음 강력한 중앙집권체제의 제국을 건설하였다. 우리나라로 치면 고려를 무너뜨리고 조선을 세운 이성계의 경우와 흡사하다 하겠다. 그는 역대 왕조의 폐해가 무신들이 득세하는 데 있다고 믿고 문신 중심의 통치체제를 구축하는 대개혁을 단행하였다. 신하가 임금 앞에 머리를 조아리고 어전의 밖으로 밀려 나가게 된 것도 이즈음의 일이다.

자신도 군 출신이어서 힘있는 무관들이 딴 마음을 먹을 때 생겨나는 결과에 대해 잘 알고 있는 조광윤으로서는 이성계나 마찬가지로 무신들을 견제하는 일이 국가 경영에 급선무가 아닐 수 없었던 것이다. 이 점에서는 무사들이 국가 운영의 중심 역할을 하였던 일본과 대조가 된다. 국가의 안정을 기하는 데 있어 중국과 한국은 무신들의 실권을 제거하는 것으로 방편을 삼았는 데 반해 일본은 무신들의 힘을 활용하는 것으로 그 목적을 달성하였던 것이 크게 달랐던 것이다.

요즈음의 표현을 빌려 문민 정치를 펼친 송나라 때에는 중국의 삼대 발명품인 활자 인쇄와 나침반, 화약이 널리 이용되었다. 전하는 바에 의하면 화약은 당나라 때 이미 발명되었고 나침반은 삼국시대에 제갈공명이 처음으로 발명하였다고도 한다. 그러나 역사적으로는 화약이 금金나라와 원元과의 전쟁에서 처음 위력을 발휘하였고, 나침반은 이 무렵 해외 무역이 발달하면서 무역선의 안전한 항로를 위한 길잡이 목적으로 발명되었다. 또한 서적의 수요가 늘면서 목판인쇄로는 당할 수가 없어 활자인쇄가 발명된 것도 이 때의 일이다. 적어도 금속활자는 우리가 앞선 것이 틀림없지만 다른 나라에 파급효과를 주지 못하고 우리 국내에서의 보급으로 끝난 것은 아쉬운 일이 아닐 수 없다.

뿐만 아니라 식생활에서도 많은 변화와 발전이 있었다. 한 가지 예를 들어보면 재료의 발달을 들 수 있다.

옛날부터 중국에서는 기름이라고 하면 동물성 기름, 즉 고지膏脂를 뜻하였다. 여기서 고膏는 액체상태의 기름이고 지脂는 굳기름을 말하며 동물로부터 얻은 기름만을 식용으로 먹었다. 중국 사람들이 식물성 기름을 알게 된 것은 한나라 때의 일이었지만 주로 등유로 사용되다가 송나라 때에 이르러 처음으로 먹게 되었다. 이때에 심괄沈括이라는 사람이 쓴 『몽계필담夢溪筆談』이라는 책에 보면 "요즈음 북쪽 지방 사람들은 고추기름을 즐겨 먹는다. 무슨 음식에나 이를 넣고 볶아 먹는 것이다."라는 구절이 있다. 식물성 기름으로는 처음 나타나는 기록이라고 한다.

송나라의 서울인 변경卞京, 오늘의 開封은 인구가 130만 명을 넘었다 하며 무역을 전문으로 하는 업체가 160여 개소이고 오늘날 서울의 강남지역에 있는 이름난 갈비집보다 큰 대형

음식점과 술집만 해도 72개였는데 분점의 수는 셀 수도 없을 정도로 많았다 하니 변경이 어느 정도로 화려했는지 짐작하기가 어렵지 않다. 실제로 당시의 변경을 그려낸 청명상하도清明上河圖라는 국보급 그림들을 보면 강 양편에 즐비한 상점과 음식점, 그리고 숱한 인파며 풍성한 물자로 그려진 번화한 모습에 절로 탄복하게 된다. 중국 역사를 통해서도 송나라 때 음식점이 가장 발달하였다는 말이 무리가 아닌 듯 싶다. 오죽했으면 요리사와 이들을 돕는 하인들을 소개해주는 전문 소개업소까지 번창했다고 한다.

오늘날에도 전해지는 기록을 보면 휘종徽宗의 총애를 받던 채태사蔡太師의 집에는 주방일을 보는 하인이 수백 명이고 그 외에 보조인원이 수십 인이었는데 맡은 바 업무가 모두 나누어져 있어 서로가 남의 일은 알지 못했다고 한다. 그 정도가 얼마나 심했는지는 다음과 같은 일화를 보면 잘 알 수 있다.

채태사의 집에서 일을 보던 요리사가 남쪽으로 전란을 피하여 그곳의 큰 부잣집에 취직을 하게 되었다. 저 유명한 채태사의 저택에서 일하던 요리사라는 말에 많은 급료를 약속하고 채용을 하였음은 물론이다. 하루는 그를 불러 맛있는 만두를 만들어 보라고 말하였다. 이에 그 요리사는 "만두를 어떻게 만드는 것입니까?"하고 물었고 이를 들은 부자가 화가 나는 것은 너무도 당연한 일이었다. "아니 무엇을 말하는가? 너는 채태사댁에서 요리사 노릇을 하였다고 하지 않았느냐? 간단한 만두 하나 만들지 못하다니 나를 속인 것이 틀림없으렷다!" 요리사는 부자의 나무람에 조금도 놀라지 않고 태연히 대답하였다. "나으리. 제가 비록 채대인의 댁에서 요리를 했던 것은 틀림없는 일이오나 제가 맡은 일은 오로지 파를 써는 일이었습니다. 다른 일을 못하는 것은 당연합지요."

이처럼 이미 그 당시의 주방일은 극도로 세분화되어 있어 부문별 전문가는 다른 일은 할 수도 없고 알 수도 없었던 것이다.

송나라 때에는 다른 한가지 일로서 중국 역사에서 특이한 사회 현상이 생겨났다. 그것은 도시 중산층 이하 계급의 백성들이 남자아이보다 여자아이 낳기를 더욱 바라는 것이었다. 만약에 여자아이를 낳게 되면 먼저 용모를 보아, 예쁘면 노래와 춤을 가르치고 그렇지 못하면 재봉질이나 요리하는 법을 가르쳤다는 것이다. 나중에 크면 부잣집에 들여보내는데 이렇게 해서 주방일을 보는 여자를 주낭廚娘이라고 한다. 예나 지금이나 일반 가정이 아닌 대갓집이나 음식점 주방의 일은 남자의 몫이지만 이때만은 주낭의 보수가 남자 요리사의 몇 배였기 때문에 웬만한 귀족이나 부자가 아니고서는 주낭을 고용할 수가 없었다고 한다. 소위 한다하는 집에서 연회를 베풀 경우에는 화려하게 차려입은 주낭이 금방울과 은방울을 단 칼을 맵시 있게 놀리며 조리하는 것을 보면서 식도락을 즐겼다고 한다. 요즈음 철판구이집의 조리사가 칼 재주 부리는 것도 여기서 힌트를 얻은 것은 아닐까 한다.

언젠가 재상 왕증王曾이 대군을 이끌고 형주荊州를 찾은 일이 있었는데 이곳에서 장병을 열병하고 공이 있는 문무 백관을 표창한 다음에 야외에서 참석자 1천 명에게 대연회를 베풀려고 하였다. 그는 서울에서 송삼낭宋三娘이라는 중년의 경험 많은 주낭을 초빙하여 이 잔치를 맡겼다.

그녀는 80명의 보조 요리사를 데리고 와서 이틀 만에 소 수십 마리, 돼지 수백 마리, 닭 수천 마리, 야채 수백 다발을 손질하여 연회준비를 마쳤다. 당일에는 옷을 화사하게 차려입고 높은 곳에 올라 좌우에 심부름하는 소녀 둘을 거느리고 여러 색의 기를 흔들며 지휘를 하는 모습이 마치 전쟁터의 장군과 같았다 한다. 음식의 나라이기에 가능한 이야기가 아니겠는가 생각한다. 이때 임금의 장수를 빌며 벌이던 잔치가 황수연皇壽宴이다. 임금을 모시고 차린 것이니 아리따운 주낭들의 금방울 소리가 꽤나 요란했을성싶다.

송의 임금들은 거의 모두가 문화 예술을 사랑하였지만 그중에 휘종徽宗은 자신도 서예가이자 화가로서 좋은 작품을 많이 남길 정도로 예술을 사랑하였다. 그러나 국가의 경영에는 그다지 관심을 기울이지 않아 나라 살림은 날로 기울어 갔다. 사치로 흐르는 나라의 운명이 평온할 리는 없는 법. 비록 문화적인 면에서는 중국 역대 어느 왕조보다도 발달하였던 송나라도 북쪽의 요遼와 금金에게 쫓기던 끝에 몽고족이 세운 원元에게 대륙을 넘겨주게 된다. 홍콩의 카이탁 공항에서 시내로 진입하는 어귀, 차도 옆의 공원에 보이는 송왕대宋王臺는 이 당시 송나라의 마지막 왕족이 지나가다가 마침내 죽었다는 전설을 담은 곳이다.

구분	특징
명(明) (1368~1644)	빈번한 왕권다툼과 최하급의 남방한인의 불만이 높아져 전국적인 전란이 1333년까지 약 35년간 지속된다. 안휘의 남경(南京) 부근 호주(濠州)의 회강(淮江) 기슭에서 가난한 두부집 아들로 태어난 주원장은 어려서 고아가 되어 거지 노릇을 하며 떠돌이 생활을 하다가 절에 들어가 중이 되었다. 그러나 한곳에 정착하지 못하고 유랑생활을 하던 중 농민들이 일으킨 홍건군(紅巾軍)에 가입하였으며, 이내 그 지도자가 되어 1368년에는 북경을 손에 넣고 남경을 서울로 정하게 된다. 삼황오제 이후 가장 낮은 신분으로 국호를 대명(大明)이라 칭하고 남경에 명을 개국하였으나 1421년(영락 19년) 성조 때 북경으로 천도한다. 조선과 일본의 임진왜란을 계기로 여진족이 독립을 선언하고 만주를 휩쓸자 국력이 쇠약해진다. 그 틈을 타 이자성이 침입해 오자 숭정(崇禎) 17년인 1644년 의종이 황궁의 뒷산에서 목을 매 자살한다. 산해관의 수장 오삼계가 청국(淸國)이라 부르던 만주병을 이끌고 북경에 들어와 이자성을 무너뜨려 16황제 276년간 지속되어 온 명이 멸망한다.
청(淸) (1644~1912) 명에 이어 봉건사회 쇠퇴기	명나라 말기 1616년 북만주 여진족의 누루하치가 여진족 내부를 통일하고 국호를 대금(大金)이라 하고 칸의 지위에 올랐고 그가 죽은 후 그의 넷째 아들 황태극이 1636년 황제를 칭하니 이가 청태종(淸太宗)이다. 그 후 청나라는 10명의 황제에 의해 1911년까지 268여 년간 지속되었으나 1840년 영국과의 1차 아편전쟁과 1857년 2차 아편전쟁을 기점으로 중국은 반식민지적·반봉건적 사회로 몰락해 버린다. 1861년부터 1908년에는 서태후(西太后)가 보수적인 섭정을 하면서 청불, 청일전쟁 등에서 잇따라 패배를 하고, 봉건사회의 말기에 이르자 지배층은 갈수록 부패하였으며 계층간의 갈등은 과거 어

떤 왕조보다도 훨씬 더 심각했다. 1909년 서태후와 광서제가 죽자 겨우 세 살인 선통제(宣統帝)로서는 제국을 일으키지 못하고 3년 만인 1912년 혁명이 일어나 중화민국이 성립되며, 1912년 2월 12일 마지막 황제 부의(溥儀)의 퇴위를 거쳐 청나라는 완전히 멸망한다.

중국의 명대 후기와 청대에 해당하는 17세기에서 19세기 사이에 서방에서는 이미 자본주의가 신속하게 발전하고 있었으나 우수한 고대의 과학기술 문화를 가진 중국은 기존의 봉건통치 역량이 너무 완고하고 강했기 때문에 서방 자본주의 열강의 침략과 압박을 신속하게 대처해 나갈 수 있는 역량이 부족했던 것이다.

***근대사(청나라 말기인 1840년 아편전쟁부터 1919년 5·4운동까지)**

영국이 중국에서 아편을 대량으로 밀매하여 중국의 은과 경제력을 영국으로 유출시키자 청은 중국에서의 아편무역을 금지시킨다. 그러자 영국정부는 무력을 동원하여 아편무역을 보호하기 위해 1차 아편전쟁으로 중국을 굴복시키고 영국에 대한 대량 보상과 홍콩의 영토할양 등을 내용으로 하는 남경조약을 체결한다. 이 배상금을 지불하기 위해 온갖 수단을 동원해 국민들을 착취하자 1851년 홍수천이 농민을 이끌고 토지균등, 남녀평등의 내용으로 1차 농민혁명운동인 '태평천국운동'을 일으켜 17개성의 600개 도시를 점령하면서 청의 국력은 급격하게 약화된다. 이를 틈탄 영국과 프랑스는 1860년 2차 아편전쟁을 일으킨다. 뒤를 이어 러시아·일본이 뛰어 들어 중국이 열강들의 세력다툼의 장이 되자 1900년 농민들은 다시 반제애국운동인 '의화단운동'을 일으켜 제국 열강에 많은 타격을 입히지만 영국, 미국, 일본, 러시아, 독일, 프랑스, 오스트리아, 이탈리아 8개국 연합군의 무력에 진압당하고 만다.

***현대사(1919년~1949년)**

1840년부터 시작된 투쟁이 모두 실패로 끝나자 1917년 러시아에서 시작된 무산계급에 의한 사회주의 국가건설인 10월혁명에 영향을 받게 된 모택동은 마르크스 이론에 더욱 심취한다.

이러한 사상의 영향을 받은 북경대학 3천 명의 학생들은 1919년 5월 4일 철저한 반제, 반봉건 혁명운동을 일으켜 국가주권포기에 해당하는 '파리강화조약'을 저지하는 데 성공한다.

1921년 7월 모택동을 주축으로 한 몇몇 혁명가들은 상해에서 제1차 전국대표회의를 개최, 중국공산당을 창립하여 중국의 근대사와 현대사의 한 획을 긋게 된다.

1926년 장개석의 국민당에 의한 공산당 탄압인 북벌정책, 1927년~1937년에 이어진 제1차 국민당과 공산당(모택동, 주은래 등)의 내전은 공산당인 공농홍군(工農紅軍)의 25,000리 대장정으로 더 유명하다.

중국의 동북을 점령한 일본은 북경으로 진격하여 1937년 7월 7일 북경 서남쪽 15km지점인 노구교 근처에서 훈련을 하다 총격을 받자(노구교사변) 이것이 중국의 공격이라고 우겨 중일전쟁이 일어난다. 이때 국민당과 공산당이 합작하여 1945년 8월 항일전쟁을 승리로 이끈다. 항일전쟁에서 승리를 하자 국민들은 국민당과 공산당이 민중연합정부를 구성할 것을 열망하였으나 미국의 지지를 받은 국민당은 1946년 공산당 해방구(解放區)에 대해 전면적인 진격을 개시하여 제2차 국·공 내전이 발발한다.

1949년까지 3년간의 내전에서 민중들의 지지를 얻은 중국인민해방군에 의해 국민당 800만 군대가 섬멸되고 장개석과 국민당은 대만으로 도피한다. 1949년 10월 1일 모택동은 천안문에서 중국 역사상 최초로 사회주의 국가인 중화인민공화국을 선포한다.

***당대(1949. 10. 1일~현재)**

1차 아편전쟁 이후 약 100여 년의 혼란기를 겪고 1949년 중화인민공화국을 선포한 이래 50년간 문화대혁명(수정주의자들의 전면적인 숙청)과 같은 다소간의 내부적 갈등을 겪기는 하였지만, 중국의 변화는 거침없이 진행되어 자주독립의 부강한 국가건설이라는 목표를 향해 끊임없이 전진해 왔다.

1978년 12월 중국공산당이 문화대혁명의 잘못을 바로잡고 중국을 새롭게 건설한다는 기치하에 경제건설을 위한 개혁·개방을 견지하여 중국 특유의 사회주의를 건설한다는 국가적인 목표를 달성하기 위해 총력을 기울인 결과 지금은 미국이 다가올 세기에 가장 경계하는 국가로 성장해 가고 있다.

근대 이후부터 현재까지

중국의 지리적 환경

1. 위치와 면적

중국의 영토는 위도상에서 보면, 북으로 막하漠河 이북 흑룡강黑龍江 주도의 중심선인 북위 53° 선에서, 남으로 북위 4° 부근 남사군도南沙群島의 증모암사曾母暗沙에 위치하고 있다. 남북 간의 위도 차는 약 50° 나 되며, 그 직선거리는 약 5,500km에 이른다.

대부분의 영토는 사계절이 뚜렷한 온대와 아열대 기후대에 속하고, 일부지역은 열대지역이나 적도대에 놓여 있다. 중국의 영토는 위도상에서 이렇게 다양한 기후대로 구성되어 있기 때문에 다각경제를 발전시키는 데 유리하다.

경도상에서 보면, 동으로는 흑룡강과 우수리강烏蘇里江이 만나는 지점인 동경 73° 선에서, 서로는 신장 웨이우얼자치구新疆維吾爾自治區 서부의 파미르고원米爾高原, Parmir Plateau 부근의 동경 135° 선에 위치하고 있다.

동서의 경도 차는 62° 이고, 그 거리는 약 5,200km이며, 시차는 4시간 이상이나 되기 때문에 동부의 우수리강에서 해가 떠오를 때, 서부의 파미르고원은 아직도 별들이 총총한 새벽이라고 한다. 중국의 내륙 국경선은 약 22,800km이다. 러시아·몽고를 비롯해 아프가니스탄·파키스탄·인도·네팔·미얀마·라오스·베트남 등 15개국과 접경을 이루고 있는 중국의 면적은 약 960만km²로 러시아 2,200만km²와 캐나다 995만km²에 이어 세계 3위를 차지하고 있으며 이는 지구 육지면적의 1/15, 아시아의 1/4에 해당한다.

우리나라 면적이 22만km²이므로 한반도의 44배이자 남한 면적의 95배에 해당하는 엄청난 규모이다.

그림 1-1 중국의 면적과 위치

중국의 지형은 서북쪽이 높고 동남쪽이 낮은 지형을 이루고 있기 때문에 다수의 강은 서쪽에서 동쪽의 태평양으로 흘러든다. 강의 총 길이는 22만km에 이르며 그중 유역면적이 1,000km² 이상 되는 1,500여 개의 강은 중국의 국토를 적셔주는 젖줄 역할을 한다. 그중 총 길이가 6,300km인 양자강장강, 長江은 중국의 제일 큰 강이며 그 유역면적은 180만 9천m²

로 중국 내륙 운수의 대동맥 역할을 한다. 총 길이가 5,464km인 황하강黃河江은 중국에서 두 번째로 큰 강으로 그 유역면적은 75만 2천m²이며 하류지역은 중국 고대문명의 발상지로서 주변에 수많은 문화유적지가 산재해 있다. 2010년 현재 중국 본토의 인구는 13억 3,900만 명에 이르며 전체 인구의 8%는 55개 소수민족으로 약 9,120만 명이고 나머지 92%가 한족漢族인 중국사람이다. 중국 내에 거주하는 조선족은 192만 명으로 소수민족의 2.6%에 해당하며 우리나라와는 1992년 8월에 한중수교를 수립하여 여러 방면에서 비약적으로 발전하고 있다.

2. 지형특징

중국은 국토가 광대한 만큼 유구한 세월을 거치면서 지각의 평행이동 · 융기 · 침식 · 습곡 · 단층 등의 내부작용과 물 · 바람 등의 외부작용으로 형성된 지질구조가 복잡하고 다양하다.

중국의 지형을 유형별로 살펴보면, 산지 33%, 고원 26%, 분지 19%, 평원 12%, 구릉 10%로 분포되어 있으며, 그중에서 산지가 차지하는 비중이 33%로 가장 높다.

전 세계에서 해발 8,000m 이상인 고봉은 모두 12개로 그중에서 7개가 중국에 있다. 이러한 산맥들은 중국의 행정구역과 생활문화에 중요한 경계선으로 작용하는데 중국 지형의 가장 두드러진 특징은 서고동저西高東低의 계단식 지형이란 점이다. 서고西高지역과 동저東低지역으로 크게 구분되는 중국의 지형은 해발고도가 평균 3,000~4,000m나 되는 청장고원지역과 같은 산악지형과 낮고 드넓은 평원지역으로 나뉘는데 청장고원처럼 해발고도가 4,000m에 이르는 지역은 산소가 평지의 절반 정도밖에 안 되기 때문에 몸이 허약한 사람이 갑자기 기압과 산소가 떨어지는 고산지대로 올라가게 되면 잘못하면 생명까지 잃을 수도 있다. 우리는 이 병을 고산병이라고 하는데 해발고도 5,500m 지역을 생사선生死線이라고 하는 이유가 여기에 있다.

중국의 가장 대표적인 강인 장강과 황하 등 대부분의 강들은 세계의 지붕으로 불리는 서부의 청장고원[1]青藏高原: 티벳고원에서 발원하여 동쪽으로 흐르며 그로 인해 대부분의 평야도 지형이 낮은 동쪽에 드넓게 발달해 있다. 청장고원을 중국에서는 강하원江河源이라고 하는

1) 청장고원(평균 해발 4,000~5,000m로 산봉우리들은 해발 7,000~8,000m에 이르며, 그중에서 히말라야 산맥은 해발 8,848m인 세계 최고봉이다)

데 '강江'이라는 단어가 고유명사로 쓰이면 양자강을 뜻하고 '하河'라고 하면 황하라는 뜻으로 쓰여서 바로 이 강들의 발원이 청장고원임을 알 수 있다.

동저東低지역은 주로 해발 200~500m에 이르는 구릉과 해발 200m 이하인 평원으로 이루어져 있는데 평탄한 지세의 광활한 곡창지대를 형성하는 지역으로 많은 인구가 모여 살며 교통이 비교적 편리해 중국 내에서 경제활동이 활발한 편에 속한다. 400만km² 넓이로 전 국토 면적의 1/3에 해당하며 전체 인구의 90%가 모여 산다.

서고西高지역과 동저東低지역의 중간에 해발 1,000~2,000m에 이르는 내몽고고원內蒙古高原 · 황토고원黃土高原 · 운귀고원雲貴高原 등 중간지대2)의 3개 지역으로 나누기도 한다. 중국의 여러 고원 중 청장고원지역은 지세가 높고 기후가 한랭하기 때문에 이곳 농작물과 가축들은 모두 내한성을 갖추고 있다. 야크는 이곳 유목민들의 중요한 교통수단으로 '고원의 배高原之舟'라고 불리며,3) 중요한 농작물은 쌀보리이다.

중국의 기후는 유라시아 대륙을 등지고 태평양을 마주하고 있어 대부분의 지역에 나타나는 전형적인 계절풍기후의 특징과, 해양의 열 용량보다 대륙의 열 용량이 적기 때문에 태양의 복사열이 약화되거나 사라질 때 대륙의 온도차가 해양보다 훨씬 크게 나타나 대륙성기후의 특징을 함께 가진다. 최남단 북위 4°에 위치한 남사군도에서 최북단 막하漠河 이북의 흑룡강黑龍江 주도의 중심선에 이르는 광활한 영토는 일년 내내 겨울인 해발 4,500m의 청장고원과 일년 내내 여름인 남사군도의 여러 섬이 있을 정도로 다양한 기후형태가 나타난다. 이러한 기후적 특징은 중국의 농업에 많은 영향을 미치는데, 5월과 9월 사이에 해양에서 부는 여름철의 고온 다습한 편남풍은 수분을 많이 필요로 하는 농작물의 성장에 매우 유리하게 작용한다.

중국은 국토의 46%가량이 농업과 목축 및 임업에 사용되는데 경지 면적은 전 국토의 약 10%에 해당된다. 장강 중하류평원은 지세가 낮고 평평하며 중국에서 가장 큰 담수호인 파양호와 동정호가 있어 쌀과 물고기 생산량이 가장 많아 쌀밥에 생선국을 먹는 살기 좋은 곳이란 의미로 '어미지향魚米之鄕'이라 불린다.

---

2) 중국의 4대 고원에 해당되는 내몽고고원, 황토고원, 운귀고원과 5대 분지에 해당이 되는 타림분지, 중갈분지, 투르판분지, 사천분지 등의 400만km²에 해당되는 광활한 지역으로 우리나라에 봄이면 많은 황사를 날려보내는 주범이 바로 몽고고원이다.
3) 위키백과 '중국의 행정' 참고

　　중국의 행정구역은 전국을 사천, 광동, 산동, 강소, 호남, 복건, 절강, 안휘성 등과 같은 23개의 성省: 우리의 각 도道에 해당과 대표적인 소수민족이 거주하는 티벳, 내몽고, 신강위글족자치구 등 5개의 자치구와 북경, 상해, 천진시의 3개 직할시로 나누며 성과 자치구는 다시 자치주, 자치현, 시로 나누고 이것을 다시 향鄕과 진鎭으로 나누었다. 직할시와 규모가 좀 큰 시는 구區와 현으로 나누고 자치구는 자치주 자치현과 시로 나누었다.

　　중국의 수도는 북경北京으로 2007년 현재 약 1,700만의 인구를 가지고 있다.

　　북경은 기원전 1057년 연나라의 도성으로 출발하여 3,000년의 역사를 지닌 도시로, 938년 요나라 때에는 제2의 수도인 남경南京이라고 개칭되었고 1403년 명 성조가 이곳에 도읍을 정하면서 이름을 북경으로 개칭하였다.

　　북경에서 관광객이 가장 많이 찾는 명소는 만리장성과 자금성·천안문광장이며 자금성은 천안문광장과 이어져 있다.

만리장성

　　진나라 시황제 때 건설된 만리장성은 길이가 6,700km에 달하는 성으로 6개의 시와 성에 걸쳐 있다. 당시 북방에 위치한 흉노족의 침입을 막기 위해 기원전 221년 진시황이 중국을 통일한 이후 각 제국의 성벽을 연결하여 증축하였으며 후에 한·당·송·원, 명대에 이르기까지 끊임없이 증축을 하여 오늘에 이르고 있다. 기술과 장비가 부족한 시대에 높고 험준한 산 위에 만리나 되는 성을 축조하였다는 사실은 세계 건축사의 불가사의일 뿐만 아니

만리장성(북경 서북쪽 70km에 위치한 팔달령)

라 기적이라고 일컬어질 만하다.

자금성과 천안문광장

중국 최대 건축군인 자금성은 1406년에 건축하기 시작하여 14년 만에 완공하였으며 명과 청대에 걸쳐 24명의 황제가 살았던 곳으로 72만m²의 넓이에 9,000여 칸으로 이루어졌다. 자금성의 외층은 황성으로 둘레가 9km이며 사면은 대칭형의 문으로 되어 있고 황성 바깥쪽은 명나라 1397년에 건축된 20km의 내성으로 둘러싸여 있다.

50년대부터 발달하기 시작한 북경도 교통혼잡으로 많은 문제가 생기자 도로를 확장하여 황성의 동, 서, 북의 성벽을 철거하였고 천안문광장은 자금성과 함께 북경의 상징으로 원래는 광장 주위에 붉은 담이 있어 일반인들의 출입이 불가능했던 곳으로 중국 성립 이후 담을 철거하고 증축을 통해 50만 명을 수용 가능한 50ha로 확장하였다.

천안문의 성루는 원래 자금성으로 들어가는 9중문의 5번째 문으로 천안문광장 쪽으로 있던 4개는 철거되고 자금성 안으로 4개 해서 9중문 중 5개만이 남아있다.

천단 天壇

현존하는 중국 최대의 단묘로 명과 청나라 때 황제들이 제천의식을 거행하여 오곡이 풍성하기를 기원하며 하늘에 제사를 지내던 곳으로 600년의 역사를 자랑한다.

천안문광장과 천안문

천안문을 들어서면 보이는, 자금성에 이르는 9중문 중 6번째
문(9, 8, 7번째 문이 없어져 사실상 가장 먼저 통과하는 문)

천단(天壇)
황제들이 오곡이 풍성하기를 기원하며 제사를 지낸 곳

우리나라에도 종로구 사직동에 사직단이 있어 천단과 같은 역할을 했던 곳이 있는데 천단의 기년전은 높이가 38m, 직경이 30m로 정교하고 화려한 건축물이다.

왕부정거리

북경의 대표적인 먹자골목인 왕부정거리는 네발 달린 짐승 중 책상다리 빼고는 무엇이든 다 먹는다고 하는 말이 실감나는 곳으로 전갈튀김, 매미튀김, 귀뚜라미튀김 등 먹거리에 관한 한 없는 것이 없는 먹자골목이다. 길가에서 파는 거리음식이다 보니 위생이 다소 문제가 될 수도 있지만 생각처럼 지저분하거나 불결하지는 않기 때문에 음식에 관심이 있거나 조리를 전공으로 하는 학생이라면 꼭 한번쯤 들러 보는 것이 좋을 듯하다.

왕부정거리 백화점 건물들이 들어서면서 길가로 밀려난 거리의 음식점과 백화점들 뒤로 아직 남아있는 먹자골목

전갈튀김

매미튀김

먹자골목에서 팔고 있는
길거리 음식들

지역	특징
중원(中原)지구 (화북지구)	중국 고대 문명의 발상지로 황하 중 하류에 위치한다. 예로부터 중국의 정치, 경제, 문화의 중심지로 중국의 6대 고도 중 북경, 서안, 낙양, 개봉의 4곳이 포함된 곳이다. 북경의 대표적인 곳으로는 만리장성, 자금성, 명13릉, 이화원, 천단, 유리창(琉璃厂 liú lí chǎng), 왕부정거리가 있고 왕부정거리는 대표적인 먹자골목이다. 서안의 진시황릉과 병마용, 화청지, 낙양의 용문석굴, 백마사, 개봉의 철탑, 대상국사, 외8묘, 곡부의 공묘, 대명호(大明湖) 등 수많은 명소가 있으며 태산과 오대산은 산세가 험준하고 풍광이 아름답다.
장강 하류의 동부연해지구	절강성, 강소성, 안휘성, 강서성, 상해시를 포함하는 지구로 비옥한 환경과 무역에 적합한 지역적 장점으로 중국경제의 중심으로 발전하고 있다. 중국 6대고도인 남경과 항주가 있는 곳으로 남경의 중산릉과 명효릉, 항주의 서호와 비래봉이 있으며 소주, 양주, 소흥 등에도 많은 관광자원이 있다.
장강 상류의 천한관광구	호북성, 호남성, 사천성은 고대 중국의 삼국시대의 명승고적이 많은 곳으로 장강삼협, 낙산대불, 아미산, 적벽, 동정호, 장가계와 같은 관광명소를 가진 지역이다.
서남(西南)지역	광서, 운남, 귀주의 3개성을 포괄하는 지역으로 카스트에 의해 형성된 절묘한 산수가 이름난 관광지이다. 특히 계림의 산수와 노남의 석림은 절경이다.
서북(西北)지역	장안(지금의 서안)에서 출발하여 회랑지대, 타림분지를 거쳐 이란, 이라크, 시리아를 지나 지중해 연안까지 이르는 길이 7천km의 실크로드에 포함되는 지역으로 섬서성, 감숙성, 신강성의 3개성을 포함하는 지역이다. 돈황석굴, 맥적산, 옥문관 같은 역사유적과 고비사막, 투르판분지와 같은 관광자원이 있는 지역이다.
동(東), 북(北)지역과 청장고원지역	동북부 요녕, 길림, 흑룡강성지역은 겨울에 가장 눈이 많이 오는 지역이며, 우리의 백두산인 장백산은 중국 최대의 원시림지역이다. 내몽고 자치구에 해당하는 북(北)부지역은 끝없는 초원과 푸른 하늘 아래 달리는 말들과 풀을 뜯는 양들과 함께 살아가는 유목민족들이 살아가는 지역이다. 청장고원은 티벳과 청해성지역으로 해발 6,000m에 이르는 산악지역이며 높은 산과 거대한 빙하, 빙산으로 이루어졌다.

중국의 생활풍속

1. 중국의 전통명절과 국경일

중국의 많은 민족 전통명절은 세계 3대 문명지 중에서도 고유한 문화의 지속성을 지니고 있기 때문에 외국인들에게 흥미를 불러일으킨다. 모든 문화권의 명절은 민속전설과 독특한 재밋거리가 있어 많은 사람들의 사랑을 받고 있으며, 이러한 명절은 중화민족의 전통과 습관을 잘 반영하고 있는 거울이라고 말할 수 있다. 중국의 주요 전통명절로는 춘절, 원소절, 청명절, 단오절, 칠석, 중추, 중양, 동지, 납팔 등이 있는데 이중 중국인에게 가장 중요한 명절인 춘절구정을 제외하고 중국 역사상 가장 오래된 명절 중 하나인 중추절은 어떤 시대적 상황에서도 꾸준한 사랑을 받아온 명절이다.

(1) 중국의 전통명절

1) 춘절 春節: 설날

음력 1월 1일, 즉 우리의 구정에 해당되는데 이날은 중국인들이 가장 중시하는 전통 명절이다.

공식적인 휴일은 3일이지만 실질적인 명절분위기는 12월 23일 납월臘月부터 20여 일간 계속된다. 중국은 3천여 년 전부터 줄곧 음력을 사용해 왔는데, 그 때에는 음력 정월 초하루를 '신년新年'이라 하였으나 20세기 초에 세계적으로 통용되는 양력을 채용하면서 양력 1월 1일을 '신년新年'이라 하고, 음력 1월 1일을 개칭하여 '춘절春節'이라 하였다.

'춘절'은 겨울이 지나가고 봄이 다가온다는 의미로, 춘절 전날 모든 식구들은 둘러앉아 교자餃子 자오즈를 먹는데 원래 교자의 의미는 밤 12시의 자시子時가 바뀐다는 의미의 교자交子이다. 밤 12시 교자交子가 되면 많은 사람들이 일제히 폭죽을 터뜨리며 춘절 분위기가 최고조에 달하는데 화약이 발명되기 전에는 대나무를 태워서 귀신을 쫓아냈다고 한다. 대나무는 열을 받으면 마디 속에 있는 공기들이 "탁탁"소리를 내며 터지기 때문에 '폭죽爆竹'이라고 하였다. 화약이 발명된 이후부터 춘절은 아름다운 불꽃과 함께 중국의 가장 큰 명절로 확실한 자리매김을 할 수 있었다.

2) 원소절 元宵節: 정월 대보름

음력 정월 15일이며 '등절燈節' 또는 '등석燈夕'이라고도 한다. 이 날은 춘절 뒤에 오는 첫 번째 보름날 밤이다. '원소元宵'에서 으뜸 '원元'자는 일년 중 첫 번째 달의 보름이란 의미에서 붙여졌고, '소宵'자는 밤에 행사를 한다는 의미에서 붙여진 것이다. 즉 '원소'는 바로 '정월 보름날 밤'이라는 뜻이다. 그리고 '등절'이나 '등석'은 이날 밤에 행하는 주요 행사 중의 하나가 바로 등불을 장식하여 내거는 것이기 때문에 붙여진 이름이다. 이외에도 원소절은 '상원上元' 또는 '상원절上元節'이라고도 하며 원소절이 중요한 풍속으로 자리잡게 된 것은 한대漢代 초기라고 전해진다.

원소절에는 각지에서 찹쌀가루를 반죽하여 둥글게 만들고 그 속에 설탕 소를 넣은 '위앤샤오元宵'를 먹고 관등놀이를 하며 즐거운 시간을 보내는데, 위앤샤오元宵는 온가족이 한자리에 모인 것을 의미한다고 한다.

3) 청명절 清明節

24절기의 하나로 4월 5일 전후의 성묘일이며 동지 후 106일 되는 날이다. 본래는 조상의 묘를 참배하고 제사를 지내는 날이었으나 지금은 혁명열사의 묘나 기념비에 성묘를 하거나 헌화하기도 한다.

청명절의 유래는 다음과 같다. 춘추시대 진晉나라의 공자 중이重耳가 박해를 피해 망명길에 올랐을 때 배가 고프고 피로하여 서 있을 힘조차 없게 되자 그를 수행하던 개자추介子推는 아무도 보지 않는 곳으로 가서 몰래 자기의 허벅지 살을 한 덩이 도려내어 탕을 끓였다.

그것을 먹고 정신을 회복한 중이는 자기가 먹은 고기가 개자추의 허벅지 살임을 알고 한없이 눈물을 흘렸다.

19년 후 드디어 진나라의 왕위에 오른 진문공晉文公 중이는 지난날 망명길에 올랐을 때 자기를 수행했던 공신들에게 대대적인 포상을 하였지만, 유독 개자추만 포상에서 제외가 되어 많은 사람들이 개자추의 포상을 건의하였지만 개자추는 면산綿山으로 가서 은둔생활을 하여버렸다. 그 소식을 들은 후 진문공은 수치심을 느껴 면산으로 그를 찾아갔지만 면산은 산세가 험준해 찾지 못하였다. 이때 한 사람이 면산의 삼면에서 불을 놓아 개자추를 밖으로 나오게 하자는 제안을 하자 이를 허락해서 면산에 불을 놓았지만 그는 나오지 않았다. 불이 꺼진 후에 늙은 어머니를 등에 업은 개자추가 버드나무 아래에 앉아 죽어있는 것을 발견한 진문공은 통곡을 하였으며 개자추를 기념하기 위하여 그 날을 '한식절寒食節'로 제정하고, 사람들에게 불을 피우는 것을 금하고 찬 음식을 먹게 했다고 한다.

그 이듬해에 신하들과 함께 산에 오른 진문공은 제사를 지내다가 그 버드나무가 다시 소생한 것을 보고 버드나무의 이름을 '청명류靑明柳'라고 천하에 알리고, 한식 뒷날을 청명절靑明節로 제정하였다고 한다. 한식과 청명은 하루를 사이에 두고 있기 때문에 많은 사람들은 한식절과 청명절을 하나로 생각하게 되었고 현대 중국에서는 청명질이 한식절을 내신하고 있다.

4) 단오절 端午節

기원전 287년 초楚나라가 진秦나라에 패하자 이에 굴원屈原은 대단히 비분을 느끼고 음력 5월 5일에 호남湖南의 멱라강泊羅江에서 투신 자살하였다. 그 후에 매년 5월 초닷새가 되면 사람들은 대나무 통에 쌀을 넣어 강물에 던지고 굴원의 제사를 지냈다. 그러던 중 어떤 사람이 강가에서 우연히 굴원을 만났는데 음식을 모두 용에게 빼앗겼으니 다음부터는 용이 가장 두려워하는 쑥 잎으로 통을 막고 오색실로 묶어서 달라고 하기에 그 다음부터 사람들은 댓잎으로 찹쌀을 싸서 쫑즈粽子를 만들어 굴원을 기념하였다.

5) 중추절 中秋節: 추석

중국인에게 가장 중요한 명절인 춘절구정을 제외하고 중국 역사상 가장 오래된 명절 중 하나로, 중추절中秋節은 가을의 중간에 있다고 하여 붙여진 이름이다. 달에 제사를 지내는 것과 달 구경을 하는 것은 이 명절의 중요한 행사이다.

달이 떠오를 때 밖에 월병月餠, 석류, 대추 등의 제사상을 차려 놓고 달에 제사를 지낸 후 집안 식구가 상에 둘러앉아 갖가지 음식을 먹으면서 이야기도 나눈다고 한다.

중추절에 월병을 먹는 전통은 원나라 때부터 시작되었는데 중추절의 전통음식인 월병은 원형의 모양으로 '모임'을 상징하며 집안 식구들이 모두 한자리에 모였으면 하는 염원을 나타낸다.

원나라의 주원장은 한족을 거느리고 원나라의 폭정에 반대하는 봉기를 일으켰는데 8월 15일을 거사일로 정한 약속을 쪽지에 적어 월병 속에 넣고, 선물을 전하듯 월전병을 전하는 방법을 사용했다고 한다.

중국의 월병은 오랜 세월 동안 끊임없이 모양이 변하고 품종이 증가되었을 뿐만 아니라 지역마다 각기 다른 외관과 맛을 자랑하는데 지역에 따라서는 강소식, 광동식, 북경식, 남녕식, 조주潮州, 운남식 등으로 나뉘고 맛에 따라서는 단맛, 짠맛, 짜면서 단맛, 매운맛으로 나뉜다.

팥, 참깨 등 속에 넣는 재료에 따라 나누거나 겉 재료에 따라 크게 장피漿皮, 설탕 섞은 껍질, 바삭한 껍질 등 3종류로 나누기도 하며 지역별로 북경, 천진, 광주, 소주, 조주潮州 등 5개로 나뉜다. 월병은 모양은 비슷하지만 맛은 판이하게 다른 특징을 갖고 있어서 북경, 천진 월병은 소식素式 위주로 기름과 속이 모두 식물성이고 광동식 월병은 기름을 적게 사용한다. 소주蘇州식은 진한 맛이 나는데 기름, 설탕을 많이 넣어 바삭바삭하면서도 두께가 얇고 껍질이 흰색이며 바삭한 사탕이 들어있어 입에 넣으면 향기로운 맛이 퍼진다. 운남의 운남식월병, 상해의 상해식월병, 하문의 경란慶蘭월병, 복주의 오인五仁월병, 서안의 독무공德懋恭, 북경의 도향촌稻香村월병 등 맛과 특징이 각기 다른 유명한 월병이 수없이 많다.

월병(우리의 한과에 해당되며 수백 가지의 종류가 있다)

6) 중양절 重陽節

음력 9월 9일이다. 주역에서는 9를 양수로 정하는데 9월 9일은 양수인 수가 2개가 겹치므로 중양절이라고 한다.

동한東漢시대의 여남 사람인 환경桓景이 여러 해 동안 비장방을 좇아 공부를 하고 있었다. 어느날 비장방이 환경에게 9월 9일에 집에 큰 재난이 닥칠 것이니 빨리 집으로 가서 집안사람들에게 붉은 주머니에 수유를 넣어 어깨에 메고 높은 산에 올라가 국화주國華酒를 마시게 하면 이 재난을 피할 수 있다고 하자 환경은 말 그대로 하고 집으로 돌아와 보니 집에 있던 가축들이 모두 죽어 있었다고 한다.

(2) 국경일

1) 부녀절 婦女節

매년 3월 8일로 국제여성투쟁기념일이다. 1908년 3월 8일 미국 시카고Chicago, 芝加哥의 여성들이 남녀평등의 권리를 요구하면서 시위를 벌였다. 이 해에 덴마크Denmark, 丹麥의 수도 코펜하겐Copenhagen, 哥本哈根에서 열린 제2차 국제사회주의자 여성대회에서 이 날을 국제여성의 날로 정하였고 중국의 여성들은 이 날 하루를 쉰다. 중국의 여성들은 사회적 지위가 상당히 높아졌으나 아직도 남아선호사상은 중국의 큰 문제로 남아 있다.

2) 노동절 國際勞動節

1886년 5월 1일 미국 시카고 등지의 노동자들은 대파업을 벌이고 시위 행진을 하여 자본가의 잔혹한 착취를 반대하고 8시간 노동제도의 실행을 요구하였는데, 그들은 마침내 피를 흘리는 투쟁을 거쳐 승리를 쟁취하였다. 1889년 '제2인터내셔널The second international, 第二國際' 성립대회에서 5월 1일을 국제노동기념일로 제정하였다. 중국도 다른 나라와 마찬가지로 노동절로 정하고 이 날 전국적으로 하루를 쉰다.

3) 청년절 五四靑年節

양력 5월 4일이다. 1919년 중국에서는 획기적인 의의를 지닌 반제 반봉건의 '5·4운동'이 발발하여 청년들이 선봉적인 역할을 발휘하였다. 청년들에게 이 영광스런 전통을 계승 발전시키도록 하기 위해서 이 날을 청년절로 규정하였고, 청년들은 반나절을 쉬며 기념 행사를 거행한다.

4) 아동절 兒童節

1949년 국제민주여성연합회國際民主婦女聯合會는 전 세계 어린이들의 권익을 보호하고 어린이에 대한 가혹 행위를 반대하기 위하여 모스크바Moscow, 莫斯科에서 거행된 회의에서 6월 1일을 국제어린이날로 제정하였다. 중국은 이날을 아동절로 제정하였으며 부모들은 어린이들을 데리고 공원이나 놀이터 등에서 하루를 보낸다.

중국은 1970년대 20세기 중국의 인구를 15억 미만으로 유지하겠다는 목표 아래 가족계획을 실시하여 1980년부터는 산아제한 정책을 실시하였다. 그 결과 외동딸, 외동아들을 둔

가정들이 늘어났고 아이들에게는 마치 황제처럼 대접을 하는 분위기 때문에 소황제小皇帝와 같이 제멋대로 자라나는 풍조가 만연하다고 한다. 또한 강력한 가족계획 정책에 의해 두 번째 자녀부터는 호적에 오르지 못하는데 이렇게 호적에 오르지 못하는 자녀를 흑해자黑孩子라고 한다. 이러한 흑해자만도 약 100만 명으로 추산하고 있다.

5) 중국공산당 창당기념일 七一建黨節

중국 공산당은 1921년 7월에 상해上海에서 설립되었다. 1941년에 7월 1일을 중국공산당 탄생일로 제정하여 매년 기념 행사를 거행하고 신문지상에 기념 문장을 발표한다.

6) 중국해방군 건군기념일 八一建軍節

1927년 8월 1일 중국공산당은 제1차 국내혁명전쟁의 실패를 만회하기 위하여 강서江西 남창南昌에서 주은래周恩來, 주덕朱德, 섭정葉挺 등을 영도자로 한 무장봉기를 일으키고 이듬해 4월에 정강산井岡山에 이르러 모택동毛澤東이 이끄는 농민봉기 부대와 합류하여 독립적인 무장역량을 가지게 되는데, 후에 이 날을 중국해방군 건군기념일로 제정하였다.

중국공산당의 영웅 모택동(천안문광장)

7) 중화인민공화국 건국기념일 十一國慶節

1949년 10월 1일, 중국 공산당은 중국 인민들의 민족독립과 해방을 쟁취하여 중화인민공화국 성립을 선포함으로써 새로운 역사 단계로 진입하였다. 그 후에 매년 10월 1일이 되면 천안문天安門 광장에서 열병식을 거행하는 등 경축 행사를 거행하며 이틀을 쉰다.

2. 결혼풍속

중국의 전통결혼은 일생의 가장 중요한 일로 여겨 종신대사終身大事라고 하였으며 우리의 고대사회와 마찬가지로 전적으로 부모의 의지에 따라 결정되는 것이었다. 따라서 부모의 결정에 의한 결혼에 대해서는 당사자의 의지와 상관없이 성사되었으며 부모의 동의가 없는 결혼은 당사자의 사랑이 얼마나 애틋한 사연을 가졌건 성혼될 수 없는 것이어서 결혼은 당사자 간의 결합이라기보다 집안의 결합에 가까운 성격을 띠었다.

결혼에 관한 풍속은 일찍 서주西周시대부터 그 절차를 엄격하게 규정해 한대漢代에 이르러 '육례六禮'라는 완전한 결혼에 관한 절차가 완성되었는데, 육례란 남녀가 혼인을 하게 되는 일정한 여섯 가지의 격식을 말한다.

제1단계: 납채納采

결혼의 제1단계로 구혼의 단계이다. 남자 집에서는 여자 집으로 예물을 보내서 구혼을 하게 되는데 만일 여자 집에서 그의 예를 받아들이지 않으면 거절한다는 의사의 표시라고 한다. 여자 집에서 동의를 하면 남자 집에서 기러기 한 마리를 예물로 보내서 남편을 따라 일생을 동고동락하면서 살 것을 청했다고 한다.

제2단계: 문명問名

납채納采를 통과한 남자 집에서는 여자 집에 예물과 홍첩紅帖을 보내고 여자 쪽에서는 신부의 사주단자四柱單子를 남자 집에 보낸다.

제3단계: 납길納吉

남자 집에서는 여자 쪽에서 받아 온 사주단자四柱單子를 가지고 자기 집의 조상 위패 앞에서 점을 치고 결과가 '길吉'이든 '불길不吉'이든 여자 집에 사실을 통보한다.

제4단계: 납징納徵

정식으로 혼약이 성립되는 시점으로 남자 집에서 귀중한 예물을 준비하여 여자 집에 보내면 정식 청혼이 성립된다.

제5단계: 청기請期

'청기請期'는 상대방의 결정을 구한다는 의미이다. 납징納徵 후 혼약이 결정된 이후에 남자 집에서는 길일을 택하여 여자 집으로 보내고 여자 집에서 남자 집에서 정한 날짜를 받아들이지 않으면 날짜를 다시 정하게 된다.

제6단계: 친영親迎

　　육례六禮가 모두 끝나는 단계로, 결혼하는 날이 되면 신랑은 직접 예물을 가지고 여자 집으로 가서 신부의 부모를 만나 뵙고 신부집의 조상 사당을 배알하며 예물을 올린 후 신부를 수레에 태워 남자 집으로 안내한다. 집에 도착하면 신랑은 먼저 문 밖에서 기다렸다가 신부가 먼저 집으로 들어가도록 권한다.

　　이처럼 봉건적인 결혼은 부모의 독단에 의해 엄격한 '육례六禮'의 절차에 의해 진행되었고 그 잔재는 근현대 사회에 이르기까지 여전히 존재하였다. 중국 혁명사상은 줄곧 혼인의 자유와 남녀평등을 제창하였고 여성해방을 쟁취하는 것이 혁명의 중요 내용이었다. 그 결과 1950년 4월 13일 중국 정부는 "부모의 독단적인 강요와 남존여비, 자녀의 이익을 경시하는 봉건주의 혼인제도를 폐지한다. 남녀 혼인의 자유, 일부일처, 남녀 권리 평등, 여성과 자녀의 합법적인 이익을 보호하는 신민주주의 혼인제도를 실행한다"는 혼인법을 공포하였고 결혼연령을 남자 20세와 여자 18세로 규정하였다가 1980년 9월 남자 22세와 여자 20세로 상향조정하였다. 결혼 풍속도 전통결혼식의 형식이 지켜지는 것은 우리와 마찬가지로 보기 힘들다.

　　이러한 혼인제도의 결과 중국여자들의 입김이 세지고 지위가 향상되자 결혼 배우자로 선택하는 이상형으로서 아래와 같은 사원四員의 조건을 갖춘 남자들을 좋아한다고 한다.

* 지휘원指揮員: 위엄 있는 지휘관의 품격
* 복무원服務員: 고분고분한 웨이터의 태도
* 연희원演戲員: 잘생긴 배우의 용모
* 운동원運動員: 건장한 운동선수의 체격

중국요리의 음식문화

제1절 중국의 음식문화사와 지역별 요리의 특징

제2절 식재료

제3절 호텔중식주방의 특징

제4절 조리방법상의 특징

제5절 주방시설과 기물의 특징

중국의 음식문화사와 지역별 요리의 특징

1. 중국의 음식문화사와 음식철학

(1) 중국의 음식문화사[1]

요리는 각 나라마다의 기후, 지리적 특성, 민족성에 따라 각양각색의 특징을 가지고 가장 적합한 형태로 발전하는데 특히 중국요리는 광활한 대지로 인해 지역마다 특징이 뚜렷하게 구분되는 자연조건에 맞게 다채로운 형태와 독특한 맛을 가진 요리를 발전시켜 음식의 종류와 맛에 있어서 타의 추종을 불허한다. 특히 곰, 자라, 고양이, 들쥐 등 살아있는 것은 무엇이든 요리의 대상으로 삼아 불로장수의 사상과 밀접한 관계를 갖고 발전해왔기 때문에 한의사를 중심으로 요리법이 발전되었다고 하여 '식의동원食醫同原'이라는 어의語義를 굳게 믿고 있다. 따라서 요리사의 사회적 지위도 상당하여 은나라 시대에 이윤伊尹이라는 사람은 요리사로서 재상이 되었다. 그는 『본미론本味論』이라는 요리책을 저술하였으며, 조리기구를 가지고 가서 오리통구이를 황제 탕왕湯王에게 바치고 궁중 요리사로서 국정에 대한 건의를 하

---

1) 중국음식문화사, 시노다 오사무 지음. 윤서석 외 옮김, 1995, 민음사

였는데, 황제는 그의 생각이 출중하여 그를 재상으로 중용하였다고 한다. 설화 같은 이야기지만 요리사가 음식을 맛있게 만들어 당대 권력자의 측근에서 정치에 참여할 수 있었다는 것은 '음식의 나라' 중국에서나 찾아 볼 수 있는 일이라고 하겠다.

중국 식문화의 오랜 역사 속에 우리가 발견할 수 있는 것은 하나의 국가가 설립되고 왕조가 탄생하면 새로운 풍습과 식문화가 형성된다는 사실이다. 사람들은 그때마다 다른 고장의 새로운 요리를 접하게 되고, 자기 식성에 맞게 조리법을 개발하면서 새로운 요리를 만들게 된다. 나라가 혼란할 때는 새로운 요리가 생겨날 여유가 없으나 태평성대가 되면서 왕실과 권력자들의 미식욕구가 시작되어 맛있는 요리를 요구하는 과정에서 요리가 발달하게 된다.

요리기술이 고대로부터 확립되었다는 사실은 은나라의『본미론』, 송나라의『중궤론』, 원나라의『운림당음식제도집』, 명나라의『송씨존생』, 청나라의『성원록』,『수원식단』등 수많은 요리책이 전해오는 것에서도 알 수 있다. 이렇게 기록으로 전해오는 왕실이나 귀족요리와 함께 입에서 입으로 전해져 내려온 서민요리가 한데 어우러져 중국요리가 더욱 발전하게 된 것이다. 만리장성을 쌓은 진시황제로부터 한방식漢方食이 시작되었고 가공식품도 먹기 시작했다고 전해진다.

한나라 시대로 접어들면서 떡, 만두 등 곡류를 가루로 내서 음식을 만들어 먹는 조리법이 생기기 시작했고 식기도 금, 은, 칠그릇을 만들어 사용하기 시작한다.

이어 수·당나라 시대에는 대운하가 건설되어 강남의 질 좋은 쌀이 북경까지 전달되어 북경 일대의 식생활이 풍요로워졌으며 화북지방에서는 식생활에 일대 혁명이 일어나기 시작했다. 물레방아를 이용하여 제분을 시작함으로써 대량생산의 길을 튼 덕분에 일반서민들도 그 혜택을 받아 빵이며 전병 등을 만들어 먹기 시작했다. 페르시아지방에서 설탕이 들어와 재배되기 시작한 것도 이 무렵부터이다. 식사는 1일 2식이었으며 조리는 원칙적으로 남자의 일이었다.[2]

원나라 시대에 접어들면서 중국요리가 서방세계로 전달되기 시작하였는데 몽고인들은 유목민들이었으므로 고기요리와 유제품을 많이 먹었다. 요리는 주로 구워서 먹었는데 기마민족의 특징인 것 같다. 명나라 시대에는 미대륙이 원산지인 옥수수, 고구마가 수입되었고, 도로, 운하 등이 잘 발달되어 남방에 이르는 길도 잘 트였기 때문에 각 지역의 요리재료, 향신료, 과일 등을 쉽게 구할 수 있어서 요리법이 한층 더 발달하기 시작했다.

이렇게 세월이 흐르면서 발달하기 시작한 요리는 청대에 이르러 중국요리의 부흥기를 이루게 되었다. 중국요리의 진수라고 할 수 있는 '만한전석'은 청나라 시대의 화려함과 호사스러움의 극치를 이루는데 상어지느러미, 곰 발바닥, 낙타의 등, 원숭이의 골 등 중국 각지

---

2) 음식과 식생활 문화, 김기숙·한경선, 1997, 대한교과서

에서 준비한 희귀한 재료들을 이용하여 100종 이상의 요리를 준비해서 이틀에 걸쳐 먹는 것으로서 이 요리를 완벽하게 만들 수 있는 사람은 얼마 되지 않는다고 한다. 한편 서태후가 나들이를 할 때에는 요리사를 100명이나 대동하고 음식을 수백 가지나 만들어 먹었다고 하니 그 화려함을 미루어 짐작해 볼 수 있다.

 **표 2-1 중국의 음식문화**

구분	특징
고대황하문명의 신화시대, 삼황오제 (三皇五帝) (~B.C. 23세기)	*3황(三皇)시대 천황(天皇)·지황(地皇)·인황(人皇)을 뜻하는 3황시대 설화에 나오는 수인(燧人)씨가 불을 이용하여 음식을 굽거나 끓이는 것과 새끼를 꼬아 기록으로 삼는 일을 알게 했고 수인씨의 뒤를 이어 추장이 된 복희씨는 그물을 만들어 고기를 잡는 법과 울타리를 만들어 짐승을 기르는 것을 가르쳤다. 그 후 신농(神農)씨는 소에게 멍에를 지워 농사를 짓는 법을 개발한 농업의 창시자로, 백초(百草)를 맛보고 그 약효를 스스로 검사하여 후세에 의학의 아버지로 추앙받는다. *5제(五帝)시대(요순시대라고도 함) 황하의 누른빛을 닮은 지도자란 뜻의 황제(黃帝)로 시작된 고대 중국의 다섯 성군시대 중에서도 요순시대는 중국 역사상 가장 평화롭고 의로운 시대로 평가받고 있다.
하(夏), 상(商), 주(周) (B.C. 23세기 ~B.C. 771)	요(堯)·순(舜)시대를 이은 하(夏 B.C. 23세기~B.C. 17세기)왕조의 17대 걸(桀)왕은 악명 높은 폭군으로 '매희'라는 미녀에게 빠져 술의 연못과 고기의 숲인 '주지육림'에 빠질 정도로 먹고 마시는 것이 풍부했던 모양이다. 상(商 B.C. 17세기~B.C. 11세기)의 창시자인 성군 탕왕(湯王)의 비(妃)를 따라온 이윤(伊尹)이라는 사람이 세발솥(진흙으로 만든 삼발인 력鬲 위에 시루를 얹어 사용)과 도마를 가지고 탕왕을 찾아 뵙고 요리를 핑계삼아 국정에 대한 바람직한 태도를 설명하였다. 그러자 즉시 그를 재상으로 계급을 높여 하나라를 멸망시켰다고 하는데 이것이 중국요리에 있어서 최초로 요리사가 문헌에 등장하는 기록이다. 청동기 등에 새겨져 있는 금석문이 남아 있으며 문자는 가늘고 긴 나무와 대나무의 판자나 비단에 옻칠로 글씨를 쓰고 끈으로 묶여 있는데 글자 모양이 상형문자에 비해 조금 더 발전한 정도이다. 정치, 종교적인 것 이외에 의식주와 같은 일상적인 실물이나 기록은 거의 남아있지 않다.
춘추(春秋)시대 (B.C. 771 ~B.C. 475) 전국(戰國)시대 (B.C. 475 ~B.C. 221)	춘추좌씨전(春秋左氏傳)에 정씨라는 영공이 자라를 삶아서 태부의 아들에게만 먹이지 못하게 했다는 기록이 있다. 초(酢): 혜(醯)라고도 하며 젓갈과 함께 중요한 조미료. 장(漿): 곡물을 5~7일간 담가 젖산발효시킨 것. 장(醬): 젓갈의 발효를 촉진시키기 위해 국(麴)을 섞은 것. 조리법으로는 다음과 같은 것들이 있다. 열채(熱菜)요리로는 직화구이인 번(燔), 꼬치구이인 적(炙), 진흙 같은 것으로 싸서 굽는 포(炮), 증기를 이용한 증(蒸), 삶는 방법인 팽(烹)과 자(煮) 등이 있다. 조리기구로는 철은 아직 발견되지 않았을 때이고 청동기는 황실에서만 사용했으므로 토기가 중심이다. 현존하는 한문고전 3삼전(三傳)인 논어, 맹자, 춘추가 전국시대부터 시작되어 서한에 걸치는 300~400년 사이에 완성되었다.

구분	특징
진(秦)한(漢) 시대 (B.C. 221년~ A.D. 220년) 봉건국가	시베리아 삼림민족에서 제철기술이 도입되어 한나라 때에는 농업생산성이 증가하기 시작하고 식기도 금, 은, 칠그릇을 만들어 사용하기 시작한다. 국가의 법령 면에서는 천하와 국가의 제도에 관해 논한 『주례』, 제후에 관해 논한 『의례』, 가족과 개인 간의 예의에 대해 논한 『예기』가 있는데 주례의 천관(天官)은 천자(天子)의 식생활에 대해 다음과 같이 다루었다. 천자의 공식행사에는 삼주(三酒), 사음(四飮), 사제(四濟), 오곡(五穀), 육축(六畜), 육수(六獸), 육금(六禽), 육청(六淸), 팔진(八珍), 구곡(九穀), 십이정(十二鼎), 120장(醬)이 사용된 것으로 보아 다양한 요리가 사용된 것으로 추측된다. 『예기』에 의하면 숟가락이 없어서 밥을 손으로 집어먹었고 젓가락이 사용되었다. 『주례』에 요리는 원칙적으로 남자의 일로 분류를 하고 있으며 특히 중요한 것은 요리사를 식의(食醫)라고 하여 의사(醫師)와 함께 대우를 했다는 점이다. 분식에 관한 문자가 나온 것은 전한(前漢) 말 이후로, 밀가루를 면(麵)이라고 하였고 후세에 그 의미가 넓어져 곡물의 가루를 모두 면이라 부르게 되었다. 떡, 만두 등 곡류를 가루로 내서 음식을 만들어 먹는 조리법이 생기기 시작한 것이다.
삼국 (위魏, 촉蜀, 오吳) (220~265년) 남북조시대 (420~581)	오와 촉은 남쪽에 위치해 있어 생산량이 많고 맛이 좋은 쌀에 매달리게 되나 그들의 입맛은 끈기가 없는 조나 기장에 길들여져 있어 오·촉 사람들은 쌀을 좋아하지 않았다. 남북조 시대에 들어와서는 주식과 부식의 개념이 남북을 중심으로 더욱 구별이 뚜렷해진다. 강남에서는 제사 때 고인이 즐겨먹던 음식이라고 해서 제사에 만두를 올릴 만큼 분식이 귀했다. 또한 남방에서는 생선을 소금에 절여 쌀밥 사이에 끼워놓고 수주 동안 돌로 눌러 밥이 젖산발효가 되도록 만든 자(鮓)를 먹는데 이것은 남조에서 주식이 쌀이었음을 말해 주는 단적인 예라 하겠다. 남북조 시대에는 출판이 성행하여 요리전문서적인 최씨식경(崔氏食經) 4권은 의사인 최우석이 쓴 것이고, 식경(食經) 14권, 식찬차제법(食饌次第法) 1권, 사시어식경(四時御食經) 1권 등이 있었다고 하나 오늘날 한 권도 전해지지 않는다. 위(魏)의 고양(高揚) 태수인 가사협이 쓴 제민요술(濟民要術)은 10권으로 되어 있는데 3권에는 향신료인 고수풀에 대해서도 다루고 있으며 그중 7~9권은 농산물 가공에 대한 내용인데 7권은 주조(酒造)에 관한 내용, 8권 상(上)은 장(醬)을 만드는 내용으로 육장(肉醬)과 어장(魚醬)과 같은 내용을 다루고 있다. 8권 하(下)와 9권에서는 식품의 가공과 조리에 대해 설명하고 있다.
수(隋) (581~618) 당(唐) (618~907)	수(隋)와 당(唐)의 수도는 내륙에 해당되는 장안(長安)이었다. 특히 황제인 문제는 북방 출신이었기 때문에 모든 문화는 북방문화의 특징을 가지고 있고, 특히 수(隋)왕조는 37년이란 짧은 역사를 가지고 있어서 음식문화도 당(唐)의 초기특징과 큰 차이가 없다. 북경에서부터 항주에 이르는 2,700km의 대운하는 세계에서 가장 오래된 대운하이다. 이를 통해 강남의 질 좋은 쌀이 북경까지 전달되어 북경 일대의 식생활이 풍요로워졌으며 화북지방에서는 식생활에 일대 혁명이 일어나기 시작하여, 만리장성 이북지방의 이민족의 잦은 침입으로 궁핍한 식량사정을 해결하는 데 많은 도움이 되었을 것이다. 당(唐)왕조는 중국 역사상 한(漢)왕조 이후 가장 번영하고 강대한 왕조이다. 식생활에도 수차(水車)가 도입되어 제분업이 기계화되는 획기적인 계기로 인해 분식이 확산되었다. 성당(盛唐)시대에는 대운하를 이용해서 쌀이 북쪽으로 공급이 되면서 비타민 B1결핍으로 각기병이 널리 퍼졌고, 분식이 아직까지 일반화되지는 못하였다. 남방의 진미로 찬미된 줄풀은 wild rice로 최근 서양인들에게 고급요리로 인식되고 있으며 육지의 식품으로 시금치가 전해졌다. 차(茶)는 현종(713~742년) 때 태산 영암사의 항마사가 선종(禪宗)을 대대적으로 받아들이면서 좌선(坐禪) 중에 졸음을 쫓기 위해 차를 마시는 것을 허락하는데 이것이 남방의 차가 북방으로 전해진 시초라고 전해진다. 760년 전후로 추정되는 육우(陸羽)의 다경(茶經)은 차의 정의와 역사, 용구, 끓이는 법, 마시는 법에 이르기까지 10장으로 구성되어 있다. 차의 산지로는 복건성을 추천한다.

구분	특징
	성당(盛唐) 이후 밀가루 음식이 성행하여 수도인 장안은 물론이고 시골에 이르기까지 밀가루 음식인 병옥을 파는 집이 많았다고 한다. 이 시기에 주로 이용한 음식은 참깨를 뿌린 소병(燒餠), 대추로 만든 단자, 칡 등을 많이 이용하였고 자(鮓)가 점차 보편화되었다. 채소류는 지중해 방면에서 들어 온 무, 순무, 각종 배추가 주를 이루었다. 여담으로 승상 단문창(段文昌, 9세기 초)은 식도락으로 부엌을 연진당(鍊珍堂)이라 하고 40년간 100명의 노비를 썼지만 요리장의 인가를 받은 사람은 9명밖에 없었다고 한다.
오대(五代)10국 (907~960)	낙양을 수도로 좁은 지역에서 50여 년의 짧은 역사를 가진 국가로 독립적인 식문화의 특징을 갖지는 못한다. 전한의 회남왕(淮南王)이 두부를 발명했다고 하나 공식적인 문서상으로 두부의 기록이 처음 발견된 것은 오대말에서 송에 이르는 도곡(陶穀)의 『청이록 淸異錄』에서이다. 호교(胡嶠)의 『함로기 陷虜記』에 아프리카가 원산인 수박(西瓜)이 처음으로 등장한다.

참고: 역사의 분류는 송 이전까지를 고대로 보고 송부터는 중세로 분류하나
음식문화적인 구분은 송과 당을 같은 성격으로 구분함이 바람직하다.

구분	특징
송(宋) (960~1279)	***북송시대(960~1127)** 1. 초기 초(麨): 보릿가루, 연근, 토란, 백합(百合) 등을 맷돌로 잘 빻아 설탕이나 벌꿀을 넣고 다시 한 번 빻아 굳혀 단단하게 되면 크게 잘라서 먹는 것으로 우리의 다식을 만드는 방법과 흡사하다. 병(餠): 밀가루로 만든 병자가 껍질이 얇아 투명하여 책을 읽을 수 있었다고 하니 지금의 밀가루제품의 형태가 그 때 이미 완성된 것으로 보인다. 2. 중기 스스로를 노도(老饕)라고 한 시인 소동파는 스스로 술과 요리를 만들어 먹었고 시로도 음식을 만드는 요리법을 많이 남겼을 정도로 음식솜씨가 뛰어났던 것 같다. 그가 만든 동파육은 900여 년이 지난 지금도 많은 사람들이 즐기는 음식이다. 3. 말기 점(店)에서는 차박사와 술박사가 있어서 차와 술을 데워주었고 대중음식점은 분다(分茶)라고 하여 면이나 밥, 양고기 등을 취급하였다. 지리적인 특징을 반영하여 남쪽에서는 생선요리가, 북쪽에서는 양고기와 같은 육축이 많이 이용되었다. 송나라에서 많이 이용된 식품으로는 대맥, 소맥, 벼, 조, 녹두, 무, 마, 토란, 순무, 우엉, 연근, 파, 부추, 마늘, 배추, 향채, 생채, 겨자, 시금치, 상추, 구기, 결명, 국화, 죽순, 사탕수수, 가지, 동과(冬瓜), 매화, 살구, 복숭아, 오얏, 배, 모과, 석류, 포도, 감, 귤, 여지, 대추, 밤, 은행, 산초 등으로 오늘날과 큰 차이가 없다. 북송시대의 가장 주목할 만한 요리서는 지금의 절강성 오씨(吳氏)의 『중궤록 中饋錄』으로 포자(脯鮓), 제소(製蔬), 첨식(甛食)의 3부로 76가지의 조리법이 상세히 기록되어 있다. 차에 대한 기록으로는 정치가이자 학자인 채양(蔡襄, 1020~1067)이 인종(仁宗)에게 헌상한 『다록 茶錄』이 있다. 상·하 2편으로 되어 있으며 상권의 내용만 보면 차의 색, 향, 맛, 볶는 법, 가는 법, 끓이는 법 등에 대해 자세히 서술한 편이다. 송대의 술에 대한 기록에서는 북쪽의 술이 누룩으로 밀가루를 사용한 것을 가리키고 남쪽은 찹쌀가루에 여러 가지 약초를 혼합한 것이라고 분류한다. ***남송시대(1127~1279)** 1. 초기 1151년 장준이란 사람이 천자가 집에 방문했을 때 내놓은 식단은 회(膾), 생(生)등의 냉식이 47종 가운데 11종, 포자류는 57종 가운데 21종, 석류와 같은 과일이 8종, 건여지와 같은 건과자가 12종, 다수의 술안주 등 200여 가지였다고 기록되어 있다.

구분	특징
	2. 중기 광서성은 깊은 내륙쪽에 위치하고 있어 뱀, 개구리, 메뚜기, 쥐와 같은 것으로 단백질을 섭취하였다. 육류가 귀한 관계로 채식이 보편화되는 시기이다. **3. 말기** 요리에 대한 유일한 책은 오자목이 쓴 『몽양록 夢梁錄』으로 육류, 채소, 요리명 등이 600가지가 넘게 나열되어 있다. 남송의 전체적인 요리는 북방의 식생활이 남방에 퍼져나간 계기가 되어 남북의 음식문화가 교류되는 중요한 시점이 되었을 것이나 그것을 객관적으로 입증할 근거가 더 필요하다.
원(元) **(1279~1368)**	원의 세조 쿠빌라이(1260년 즉위)가 즉위할 때 즈음하여 태조의 대규모 영토확장을 배경으로 세계적인 교류가 이루어진다. 정치사적인 면에서 중국 대륙의 통일뿐 아니라 유럽대륙을 포함한 대륙 전체를 통일시킨 것은 몽고족의 원나라가 처음이다. 문화면에 있어서도 중국의 3대 발명품(활자인쇄술, 나침반, 화약)이 서양으로 전해진 것이 이때의 일이고 베니스의 상인 마르코 폴로가 동방견문록을 지어 중국을 포함한 아시아의 사정을 서양에 소개한 것도 이즈음의 일로, 항주의 식생활에 대한 기록을 견문록을 통해 기술하고 있어서 중국의 음식이 서방세계로 전달되는 계기가 되었다. 식생활이 근세의 모습을 갖기 시작하였고 실제로 이탈리아사람인 마르코 폴로 덕분에 이태리로 전파된 국수 만드는 법은 이태리에서 다양하게 발달시켜 오늘날 전 세계에서 이태리를 대표하는 파스타 요리(스파게티, 마카로니, 라비올리 등)로 사랑받고 있다. 그런가 하면 먹는 일의 경전인 『식경 食經』은 세계에 유례가 없는 중국민족만의 음식에 관한 전문서적으로 그 중 『음선정요 飮膳正要』는 14세기 초엽 왕실 영양학자 겸 주방장으로서 음선대의(飮膳大醫)라는 자리에 있던 홀사혜(忽思慧)라는 이가 쓴 책이다. 이는 양생법, 식이요법, 그리고 진귀한 요리의 조리법과 몸을 보하거나 몸을 해치는 먹거리 따위를 설명한 것으로, 이미 원나라 때에 이렇듯 음식 조리와 영양에 관심이 많았다. 식생활의 특징은 몽고인이 중심이 된 국가답게 주식을 알곡으로 된 밥을 먹기보다 산에서 잡은 토끼, 사슴, 멧돼지, 족제비, 염소, 야생마 등을 주식으로 삼았다. 요리법도 몽고족의 특징을 갖는 구이가 주된 조리법으로 열에 여덟 정도가 구이이고 두셋 정도만이 삶거나 찌는 방법인데 이는 몽고인이 한인문화에 융화되기를 완강히 거부한 데서 기인한 듯하다. 이로 인해 오랜 한족중심의 식문화는 몽고족중심의 식생활문화로 변해 갈 수밖에 없었고 후대의 명나라 요리에 큰 영향을 주는 결과를 초래한다. 쿠빌라이 전성시대 1456년 전후 작자미상의 『거가필용사류전집 居家必用事類全集』을 보면 청과류의 저장법과 유병(乳餅)저장법에 대해 기술한 수장과법(收藏果法), 소, 양, 돼지, 거위 등의 소금절임에 대해 기술한 엄장육품(醃藏肉品), 우리나라의 가자미 식해와 같은 생선식해에 대한 조자품(造鮓品), 밥반찬을 뜻하는 육하반품(肉下飯品), 만두와 만두피 그리고 만두소에 대해서 다루는 건면식품(乾麵食品), 유제품을 만드는 방법에 대해 서술한 것 등 방대한 내용으로 후대에 많은 조리관련 책들에 영향을 미쳤다. 증류주인 소주(燒酒)에 대해서는 이론이 분분하나 원나라 세조인 쿠빌라이가 미얀마를 정벌했을 때 배워 온 것으로 추정한다.
명(明) **(1368~1644)**	이탈리아의 마테오 리치를 비롯한 많은 선교사들이 들어오면서 1492년 콜럼버스에 의해 발견된 아메리카의 옥수수, 고구마와 같은 미국이 원산지인 작물들이 명나라 효종 만력 21년인 1592년, 즉 100년 만에 들어오게 된다. 그 외에도 감자, 고추 등이 도입되었다. 『음식수지』는 원말 명초 사람인 가명(賈銘)이 쓴 것으로 총 368종류의 음식물 가짓수를 들고 있다. 옥수수, 낙화생, 흑설탕, 백설탕, 얼음사탕 같은 것들이 등장하는 시기이며 처음으로 문헌상 제비집에 대한 기록이 등장하기도 한다.
청(淸) **(1644~1912)**	이 시대에 중요한 잡곡은 조와 기장 그리고 수수의 일종인 고량(高粱)과 옥수수이고 부식인 토마토와 양파는 청나라 말에서 중화민국 초기에 널리 퍼졌다. 삭힌 오리알로 우리가 알고 있는 오리알은 피단(皮蛋)과 소금에 절인 함단(鹹蛋)이 있고 북경오리구이로 알고 있는 고압(烤鴨)은 모이를 경단같이 둥그렇게 만들어 강제로 오리목구멍에 밀어 넣은 뒤 어둡고 좁은 우리에서 사육을 하면 운동부족으로 살이 찌는데 이것을 통째로 껍질의 기름이 쪽 빠지도록 구운 것이다. 제비집과 상어지느러미는 명나

구분	특징
호텔 중국요리	라 중기 이후 진미로 청대에 많이 보급되었는데 상어지느러미는 서태후의 식탁에도 자주 올랐다고 한다. 대륙 전체에 대한 해안선의 길이는 상대적으로 짧은 편이어서 서안이나 낙양 같은 내륙에서는 해산물이 귀했다. 새우와 게는 해산물 중 으뜸으로 쳤으며 작은 새우를 말린 하미(蝦米)도 자주 사용했다고 한다. 해삼류는 귀하게 여겨 청조부터는 대부분 일본에서 수입을 히게 되며 자라(갑어, 甲魚)는 옛날부터 인기가 있던 음식으로 청대에도 귀한 요리로 인식되었다. 개구리는 볶으면 살이 고운 분홍색으로 변해 앵두라고도 한다. 광동요리는 맛이 담백하고 쥐새끼, 원숭이 골 같은 진귀한 재료가 많이 사용되어 천하일품으로 꼽힌다. 철권통치로 중국 역사상 강력한 여성 지배자로 꼽히는 서태후를 오래 모셨던 만주 귀족출신 덕령여사는 나라가 망하기 전 미국 부영사와 결혼하여 미국으로 갔다. 1933년 그녀가 펴낸 영문판 『어향표묘록, 御香縹緲錄』에 따르면 서태후가 사용한 열차에는 주방차가 4량이고 여기에 상설화덕이 50대, 일급요리사 50명을 포함 요리사만 100명에 이르고 서태후가 원하기만 하면 정찬만 하루 2끼를 100여 가지씩 채워야 했다고 한다.

죽순의 아린 맛 빼는 법: 1593년 편찬된 『편민도찬』에 아린 맛 때문에 먹지 못하는 죽순은 박하 잎 몇 잎을 냄비에 함께 넣어 끓여 두면 좋다고 기술되어 있다.

(2) 중국인의 음식철학

중국은 유구한 역사와 지리적으로 광대한 영토, 여러 민족들이 융화되어 다양한 문화를 형성하고 있다. 또한 중국음식문화는 세계적으로 이미 널리 알려져 있을 뿐 아니라 우리 나라와는 정치, 경제, 문화 모든 분야에 있어 가깝게 자리 잡고 있는 국가임에도 반세기 가량 단절된 교류로 인해 중국음식에 대한 이론적인 지식을 사실상 알지 못한 채 단순히 음식만을 접했던 사람들이 대부분이다. 중국 사람들을 이해하기 위해서는 반드시 중국의 음식문화에 대한 이해가 있어야 한다고 보며, 그러한 측면에서 중국인의 음식에 대한 생활 철학적인 면을 살펴보고자 한다.

아래 있는 중국인들의 생활철학은 반드시 중국인들만의 음식에 대한 철학은 아닐 것이다. 우리나라 사람들도 중국인들과 같은 음식철학을 가졌다고 생각한다. 우리나라 속담에 "금강산도 식후경", "목구멍이 포도청이다"란 말이 있다.

약식동원사상과 음양오행사상은 중화문화권에 속하는 사람이면 다 같은 생각을 가지고 있는 기본적인 사상인데 한 가지 중국사람들만의 특유한 사상은 요리를 세계적인 중국의 문화라고 생각하는 사상이 있다는 것이다. 다른 사상과 같이 표면적으로 드러나지는 않지만 국민들 마음속에 자리잡고 있는 무언의 사상이 오늘날의 중국요리가 세계적인 요리가 되는 데 가장 큰 역할을 했다고 본다.

1) 民以食爲天 사상

중국의 『사기』에 "民以食爲天"이라고 하여 백성은 음식을 하늘로 삼는다고 했고 『예기』의 '예운'편에 "飮食男女, 人之大欲存焉"이라고 하여 음식과 남녀관계를 인간의 가장 기본적인 욕구로 보아 중국인들의 음식에 대한 사상을 단적으로 설명하고 있다.

2) 식의동원食醫同源 사상

옛날 중국에는 신농神農이라는 농업의 창시자란 사람이 있어 백초百草의 맛을 보고 그 약효를 스스로 검사하여 의학의 아버지로 불리는데, 그가 쓴 신농본초경神農本草經은 중국의 가장 오래된 의학서이다.

신농본초경은 약물 365종류를 상중하上·中·下의 3품品으로 나누었다.

상上약은 오래 먹어도 해가 없는 120종으로 쌀, 밀, 참깨, 대추, 생강, 파 등의 평소에 먹는 식품을 상약으로 분류하였으며 중中약은 만성병을 치료하는 목적인 유독有毒한 것과 무독無毒한 것 120종, 하下약은 급성병에 쓰이나 독이 많아 장기간 쓸 수 없는 것으로 분류하였다. 이러한 사실로 보아 진나라 때에는 요리사를 식의食醫라고 하여 의사醫師와 같은 대우를 했다는 점을 알 수 있다. 중국인은 음식을 단순히 먹는 차원에서 보지 않고 질병 예방을 위한 일종의 의료행위로 보았기 때문에 지금도 요리에 약재를 함께 사용하는 것이 많다.

동충하초冬蟲夏草는 겨울 동안 유충에 기생하는 버섯의 일종으로 여름이 되면 죽은 벌레의 머리에서 버섯이 자라서 풀같이 된다. 이것은 귀중한 한방약으로 쓰여, 폐와 콩팥의 작용을 돕는다고 한다. 수프 속에 성분이 푹 우러나오는 돈燉요리에 쓰이는 예가 많다.

3) 음양오행陰陽五行 학설

오행학설은 우주의 구조를 해석하는 것으로 원시오행설은 자연현상과 인간의 활동을 수, 화, 목, 금, 토水, 火, 木, 金, 土의 다섯 가지 물질의 구조유형에 대입한 것이다. 이 유형은 우주를 형형색색의 사물 조직으로 보는 동시에 많은 사물 중에서 그들 우주를 구성하고 있는 기본 물질을 찾아내거나 확정한 것이다. 음양오행설은 우주는 혼돈스러운 상태가 아닌 일정수량관계의 기본 요소가 구성하는 바 합규율合規律의 전체로, 음식활동 또한 자연히 이 결구 유형에 들어간다고 본다.

천天은 양이고 지地는 음으로 훗날 음과 양은 두 가지 우주세력과 원리로 발전하여 바로 陰陽之道가 되었다. 陽陽性 主動 熱 明 乾 剛과 陰陰性 被動 冷 暗 溫 柔은 서로 작용하여 일체의 우주 현상을 만들며 어떤 물질은 음과 양 두 가지 면을 모두 가지고 있는데, 음식이 바로 대표적인 예이다. 飮은 陽이고, 食은 陰이다(『禮記』).

음식은 고픈 배를 채워주고, 養生을 하기 위한 것이다. 상토설尙土說에서는 음식활동은 단지 음양오행의 규칙을 위배하지 않는다는 전제 아래 비로소 진정한 음식으로 작용을 일으킬 수 있다고 보고 음식은 土의 범위에 넣었다. 왜냐하면 음식 중의 기본 성분은 곡류 음식물로, 땅에서 나므로 土에 속하기 때문이다. 토는 단독으로 제시하면 땅에 대한 존경과 숭배를 나타낸다.

식물食物은 오축五畜, 양 돼지 소 개 닭, 오곡五穀, 보리 기장 참깨 조 콩, 오미五味, 酸 苦 甘 辛 咸, 오향五香, 산초 팔각 계피 정향 회향 등으로 나눈다.

음식飮食은 飮이 陽이고 食이 陰이지만, 食 안에는 陰을 나타내는 음식물이 있는 동시에 陽을 나타내는 음식물도 있다. 예를 들면 불을 사용해 가열하여 익힌 고기는 대부분이 陽이지만, 곡류는 대다수가 陰이다. 음식물과 그것을 담는 그릇의 관계도 이 유형 안에 넣을 수 있다. 청동그릇은 주로 곡류를 담거나 곡류를 사용해 만든 술을 담는 데 사용하였고, 고기요리는 나무나 도기, 편직물로 만든 그릇에 담았다. 금속 그릇은 대개 陽이고, 도기는 대체로 陰이 陽보다 크다. 음과 양의 기본규칙에 비추어 보면 청동기는 陽으로, 陽의 성질을 띤 고기요리를 담으면 상극이 된다.

중의학에서는 인간의 생명체 내부를 음과 양의 대립과 통일의 변증관계로 보아 음식은 우선 반드시 음양의 조화가 이루어져야 하며 한 끼의 식사도 반드시 주식밥, 부식반찬의 배합이 적당해야 한다고 본다.

주식은 陽으로, 쌀밥 · 만두饅頭 · 병餠 · 국수 등의 곡물로 구성되어 한 끼의 절반이 되고 부식은 陰으로 각종 야채나 고기로 나머지 절반을 구성한다.

교자餃子 · 포자包子 등은 실질적으로 主와 副 두 부분의 성질이 함께 존재해 껍질皮은 밥이고 소는 반찬이다. 중국인은 식사할 때 밥과 반찬의 균형을 지키는 것을 원칙으로 하기 때문에 밥과 반찬의 주종을 나누지는 않는다. 따라서 음식물이 음양에 맞고 인간의 생명체가 음양원칙에 맞아 이 두 가지가 서로 알맞게 어우러져야 비로소 생명체의 평형을 유지하고 인체건강을 보장할 수 있다는 것이 음양오행의 핵심이다. 만약 신체가 정상일 때 같은 음식물을 지나치게 많이 먹으면, 그 성질의 힘이 과다해져 다른 성질의 힘을 초과하게 되어 질병을 유발한다.

따라서 중국인은 식사할 때 밥과 반찬의 균형을 지키는 원칙을 때와 장소를 가리지 않고 한결같이 지키려고 노력한다. 손님을 접대할 때 설령 음식을 한 상 차려 다 먹지 못하고 남는데도 주인은 여전히 겸손하게 "찬이 변변치 않으니 밥이나마 많이 드십시오."라고 말한다. 반찬만 먹는 것은 일반 중국인들은 식사라고 생각하지 않기 때문에 아무리 좋은 반찬을 아무리 많이 먹더라도 곡류를 먹지 않으면 심리적으로 불평형을 느껴 배가 부르지 않다고 생각하는 것이다. 길에서 사람들과 마주쳤을 때 "진지 드셨습니까"라고 하듯이, 중국의 음식방식에 따른 음양관은 인간의 생명체가 음양원칙에 맞게 음과 양의 본성을 지닌 두 가지 음식을 서로 알맞게 섭취해야 생명체의 평형유지와 인체건강을 보장할 수 있다는 것이다.

인체의 정신기혈精神氣血이 五味에서 자생滋生하므로 五味와 五臟의 친화성은 밀접한 관계를 가지고 있다. 그래서 五味가 입에 들어와 한쪽으로 치우치면 그 많은 쪽과 관련된 장부臟腑를 공격하여 인체가 해를 입는다. 즉 짠맛咸이 많으면 심장心이 상하고, 단맛甘이 많으면 신장腎이 상하고, 매운맛辛이 많으면 간장肝이 상하고, 쓴맛苦이 많으면 폐肺가 상하고, 신맛酸이 많으면 비장脾: 지라이 상한다. 결과적으로 음식물의 성질과 미性味에 주의하여 편식하지 않는 것이 건강을 지키는 지름길이다.

한 예로 육류나 인삼 등의 자양성 음식물은 모두 뜨거운 성질熱性에 속하므로 여름에 많이 먹으면 그다지 좋지 않다. 여름은 땀을 많이 흘리는 계절로, 자양영양분이 땀과 함께 빠져 나와 몸속에 저장되기가 어렵다고 여겼다. 이들은 음양오행에 부합하는 우리 식습관의 과학적 도리이다.

이처럼 오행상생상극五行相生相克의 원리는 인간의 식생활을 통해 질병치료의 목적에 도달할 수 있다는 생각이며, 이것이 바로 중국 전통의 식으로 약을 대신하는以食代藥 식료법이다.

4) 음식문화사상

사람들은 음식문화라고 하면 생소하게 생각하는 경향이 있다. 심지어 음식문화를 문화의 영역에 포함을 시켜야 하는지조차 모르는 사람이 의외로 많은 것을 보고 안타까운 마음이 들 때가 많다. 특히 중국 사람들과 우리나라 사람들의 음식문화 사상의 가장 큰 차이는 바로 음식문화에 대한 인식에 있다고 본다.

중국 사람들은 무언중에 영화와 음악 같은 예술만이 문화가 아니라는 국민적 공감대를 형성한 듯하다. 그에 비해 우리는 먹는 것은 아무 것도 아니라고 생각하는 '선비정신'이 너무 뿌리 깊지 않은지 생각해 보고, 올바른 음식문화가 정착될 수 있도록 다 같이 노력을 해나간다면 세계 속에 꽃피운 한국의 음식문화도 빛을 볼 때가 반드시 있을 것이다. 그때를 위해 음식에 관련된 사람만이라도 음식문화에 대한 올바른 이해가 있었으면 하는 바람이다.

중국의 오랜 음식문화 역사를 바탕으로 광동에서 만주, 티벳까지 상이한 기후와 독특한 재료가 나는 광활한 영토, 다른 문명에 비해 월등히 많은 인적자원이란 장점을 조화롭게 접목한 결과, 오늘날 세계적으로 인정받는 중국요리가 탄생할 수 있었을 것이다.

(1) 중국요리의 특징과 맛의 비결

인류의 위대한 창조품의 하나인 음식飮食은 단순히 먹거리만이 아니라 인간생활의 문화현상까지도 내포하고 있다. 특히 중국의 음식문화는 유구한 전통 문화에 의해 탄생되어 동서고금을 통해 그 범위가 가장 넓고 심오하다.

"民爲食爲天"은 "음식은 생활의 근본이다"라는 말로 음식은 인류에게 없어서는 안 될 가장 중요한 요소라는 뜻이다. 음식은 조리인의 기술에 의해 먹는 사람의 감각기관을 만족시키는 특수한 영역으로 이미 일상생활 속에서 그 중요성과 범위가 점점 넓어져 가고 있다.

중국인의 요리에 대한 사상을 한마디로 표현한 것으로 "菜中有畵, 畵中有話, 話中有心, 心中有情요리 속에 그림이 있고, 그림 속에 대화가 있고, 대화 속에 마음이 있고, 마음속에 정이 있다."라는 속담이 있다. 중국음식문화의 풍부하고 다채로운 특징은 중국의 풍부한 지리환경, 유구한 역사, 55개의 다양한 소수민족을 바탕으로 하여, 색채의 배합이 일본요리나 서양요리에 비해 화려하지는 못하나 미각에 중심을 둔 五味甘味, 鹽味, 酸味, 辛味, 苦味의 배합이 조화를 이룬다. 현재는 오미를 기본으로 요리의 향, 보는 즐거움, 요리의 소리, 요리의 형태를 가미한 다양한 요리로 발전해 나가고 있다.

1) 다양한 식재료

중국요리의 특징 중 하나는 재료가 광범위하여 재료의 선택이 자유롭다는 것이다.

해산물, 산에서 나는 재료, 동물, 조류鳥類, 식물을 비롯해 뱀, 전갈에 이르기까지 자주 이용되는 재료는 3천 종류가 넘으며 고기는 물론 내장, 아킬레스건, 껍질돼지, 피돼지, 닭, 귀돼지, 뿔사슴 등 모든 것을 다 사용한다.

또한 광활한 국토는 보존성과 운송이 편리한 말린 식자재가 발달하게 하였다. 식재료가 다양한 만큼 식재료의 조합에도 주의를 기울여 재료의 성질, 맛, 색, 형태 등을 고려한 배합으로 맛있고 아름다우며 풍성한 요리를 만들어 낸다.

2) 정교하고 세밀한 식재료의 손질

중국요리에는 식재료의 손질에 있어서 특이한 조리법들이 있는데, 특히 중국요리에 맞게 칼질을 하는 것이 대단히 중요하다. 중국요리는 각각의 요리에 맞게 다양한 형태의 칼질법 및 손질법이 발달하였기 때문에 그에 맞게 식재료를 준비해 주지 않으면 제대로 된 중국요리를 만들 수 없다.

중국요리는 주로 큰 중화칼 한 가지를 사용하지만 예리한 칼을 사용하는 일식요리 이상으로 칼질 방법이 다양하고 세밀하다. 정교하고 세밀한 칼질로 손질한 요리는 양념과 식재료가 함께 어울려 맛이 겉돌지 않고 잘 익으며 먹기에 편리하다.

3) 다양한 양념의 배합

간장, 굴소스, 두반장소스, 춘장 등의 조미된 소스와 향신료를 다양하고 적절하게 배합하여 수도 없이 많은 다양한 맛을 만들어 낸다. 또한 양념이나 조미료는 단독으로 사용하기보다 대부분 여러 가지 양념을 조합하여 사용하기 때문에 다양한 요리가 나올 수 있다.

甛달다, 酸시다, 苦쓰다, 辣맵다, 鹹짜다의 五味5미, 다섯 가지 맛를 조합한 다양한 맛의 조합이야말로 55개 소수민족이 합쳐진 오늘의 중국의 모습과 흡사하지 않을까 생각한다.

파, 마늘 등의 양념은 향이 기름에 배도록 우선 볶아서 맛을 우려내 사용하는데 중국요리의 끝 맛에 느껴지는 향은 바로 재료를 볶기 전에 마늘과 파 등의 양념을 뜨거운 기름에 먼저 볶아서 기름에 양념의 향이 충분히 배게 한 것으로, 재료 맛을 더욱 살려준다.

어떤 음식이든 가장 중요한 것이 간 맞추기인데 육류 및 해물은 특히 밑간을 해 놓으면 맛이 더 좋아진다. 불고기의 맛은 양념 맛에 의해 결정되는데 이처럼 중국요리도 미리 간을 해서 재워두는 것이 맛을 더 잘 살리는 방법이다.

요리에 사용되는 식자재가 다양하듯 사용되는 양념도 다양성을 가지고 있다. 특히 한 가지 양념만 단독으로 사용하기보다는 그때그때 사용하는 향신료를 적절하게 섞어서 사용함으로 인해 중국요리의 맛과 종류가 다양해질 수 있었다.

4) 감각적인 화력의 조절과 적절한 타이밍 조절을 요구하는 '감각적인 요리'

중국요리의 가장 큰 특징을 한마디로 표현하라고 하면 바로 불의 세기와 적절한 시간조절이라고 말하고 싶다. 불의 세기를 조절하는 것을 1단 또는 2단 등으로 표현한 요리책도 있고 낮은 불, 중불 또는 센 불이라고 표현한 책들도 있다. 물론 틀린 말은 아니지만 중국요리에 있어서 이러한 불의 세기를 말로 표현한다는 것은 정말 불가능에 가까운 일이라 본다. 똑같은 요리를 본인이 직접 요리를 해도 할 때마다 맛이 다른데, 그것은 바로 불의 세기조절과 타이밍에 따라 많은 차이가 나기 때문이다.

간혹 손님으로부터 "이 집 주방장 바뀌었나?"하는 소리를 들을 때가 있는데 이런 경우

대개 2가지 경우에 해당이 된다. 손님이 지난번에 먹었을 때와 그날의 식욕상태가 차이가 나기 때문이거나 배가 부르거나 기타 지난번과 기분이 다른 경우 등, 입맛이 까다로운 손님은 불의 세기나 재료를 넣는 타이밍에 따라서 미세하게나마 나는 차이를 느끼기 때문이다. 입맛이 까다롭다고 하는 사람들은 대부분 미각이 예리하고 섬세한 사람일 것이다. 불의 세기가 거의 같다고 하더라도 또 다른 변수인 식재료를 넣는 순서가 약간 바뀌거나 식재료를 넣는 타이밍이 차이가 나기 때문이라고 보면 된다.

중국요리의 대부분은 강한 화력을 이용한 중화 프라이팬을 사용하여 순간적인 조리과정을 거치기 때문에 재료가 가진 본래의 맛을 가장 잘 살릴 수 있는 장점을 가지고 있다. 불을 적절하게 올렸다 낮췄다 하는 순간적인 조질에 의해 맛이 달라지며, 양념할 적절한 타이밍을 결정해야만 한다.

세계의 여러 나라 조리방법 중 화력이 가장 센 요리가 중국요리인데, 그만큼 화력의 조절에 신경을 써야 하고 적절한 타이밍을 조절하지 않으면 같은 요리인데도 전혀 다른 맛이 나는 것이 중국요리다. 또한 중국요리의 특징을 대표할 수 있는 것이 바로 감각적인 화력의 조절인데 주방장의 손맛이란 말이 여기에서 나온 말일 것이다. 볶음요리가 많은 중국요리는 반드시 센 불로 짧게 볶아냄으로써 재료가 가진 본래의 맛을 살려주고 향료 및 조미료가 재료와 잘 어울리도록 하는 것이 기본이다.

중국요리를 하는 많은 사람들을 접해 보았는데 처음에 일 배우기가 대단히 어렵다고 한다. 가장 큰 요인은 우리나라에서 일을 하고 있는 많은 중식요리사들이 대부분 화교들이다 보니 제대로 일을 가르쳐 주지 않아서 어깨너머로 배워야 하는데 그게 생각처럼 쉽지가 않다는 것이다. 이는 화교들의 영역을 지키고 싶어 하는 미묘한 감정이 있을 뿐 아니라 '감각적인 요리'를 계량화하기 힘들기 때문이다. 위에서 언급했듯이 불조절과 함께 복합적으로 돌아가는 여러 가지들이 고도의 감각들을 요구하기 때문에 중국요리가 처음에 배우기가 힘들다고들 하는 것이다.

또 한 가지는 중국요리를 하는 사람들이 대부분 화교들이라 한국사람이 들어가 제대로 대화를 할 수 없어서 일을 배우기가 더 힘들다는 것이다. 지금도 중식주방에서 일하는 대다수의 사람들이 화교들이며, 자기들끼리 일을 할 때는 중국어를 쓰기 때문에 절대다수에 포함되지 못하는 한국사람은 상대적으로 많은 소외감과 위축감을 느낄 수 있다.

5) 간단한 조리도구와 사용상 편리성

세계에서 가장 많은 종류를 가진 요리를 달랑 중화 프라이팬 한 가지로 대부분 만들 수 있다고 하니 중국요리가 얼마나 감각적인 요리인지 짐작이 가고도 남는다. 가장 기본적인 프라이팬 하나를 이용한 감각적인 화력의 조절이야말로 오늘날 중국요리가 세계적인 요리로 발전하는 데 그 어떤 요리도 흉내 내지 못할 장점이 되었다. 중국요리가 종류가 많고 다양하다는 데 많은 사람들이 놀란다. 그러한 중국요리를 하는 데 사용되는 조리도구가 획기적일 만큼 간단하다는 데 저자는 다시 한번 놀랐다. 그렇게 많은 요리들을 하는데 고작 사용하는 조리도구라고 해 봐야 주방기물편에서 다루는 것 이외에 특별히 사용되는 것이 없다. 일을 하다보면 이것이 중국요리를 하는 데 정말 큰 장점으로 작용한다. 중화프라이팬과 국자, 그리고 칼과 도마만 있으면 웬만한 요리는 다 만들 수 있다는 데 감탄사가 절로 흘러나온다.

그리고 사용했던 팬을 즉석에서 닦아서 사용이 가능하기 때문에 냄비가 여러 가지로 다양할 필요도 없다. 튀김, 찜, 볶음 이런 모든 것들이 하나의 프라이팬에서 가능한 중국요리는 현실을 중시하는 중국인의 가치관과 실용성, 그리고 합리성에서 기인하는 것이라고 본다.

6) 다양한 조리방법의 적절한 혼합과 활용

조리방법을 이야기하자면 대부분의 음식이 열 전달 매체를 기준으로 습식과 건식으로 대분될 수 있다. 중국요리의 장점은 이러한 조리방법을 한 가지만 사용하지 않고 건식과 습식 조리방법을 혼합하여, 간단한 조리도구를 사용함으로 인해 발생할 수 있는 메뉴의 한계를 극복하고 다양한 중국요리로 발전시킬 수 있었다는 점이다.

서양음식이든 동양음식이든 조리방법은 크게 열 전달 매체에 따라 물을 사용하는 습식과 물을 사용하지 않는 건식으로 나누는데 중국요리는 양쪽을 함께 사용하는 요리가 많다는 것이 특징이다. 다양하고 화려한 조리방법은 마치 한 편의 예술전서와 같아서 사람들의 식욕을 만족시켜 주며, 중국문화를 구성하는 한 부분이 되었다.

볶음요리를 할 때 고기나 생선을 그냥 볶지 않고 물이나 기름을 이용해 한 번 데쳐서 볶는 등 조리방법을 한 가지만 이용하기보다 다양한 조리방법으로 응용함으로 인해 다양한 중국요리가 탄생할 수 있는 계기가 마련되었다.

7) 경제적인 조리과정

중국요리의 조리과정은 의외로 간단해서 경제적이며, 식사를 준비하고 조리하는 시간이 짧은 것 또한 큰 특징이다.

식재료를 다듬고 준비하여 놓기만 하면 조리과정은 간단한 조리도구를 이용하여 손쉽게 만들 수 있는 장점을 가지고 있다(조리방법 참조).

8) 합리적인 기름의 사용

기름을 예술적으로 사용하는 것이 중국요리의 특징인데 200℃ 정도의 발연점에서 단시간 볶아서 식재료 본래의 맛이 가장 잘 살아있고 영양가의 손실을 최소화하여 조리하며 향신료를 사용할 때는 향신료를 기름에 볶아서 향을 우려낸 다음 사용한다. 또한 기름을 적절하게 사용하여 식재료의 특징이 원래의 성질과 전혀 다르게 변형시킴으로써 다양한 중국요리가 탄생하기도 한다. 기름을 많이 사용함으로 인해 느끼하게 느껴지는 것을 방지하기 위해 녹말을 잘 사용하여 유화를 시켜 주므로 느끼하지 않게 먹을 수 있다. 또한 전분을 많이 넣은 소스를 사용해 음식물을 부드럽게 만들어 준다.

이렇게 만든 요리는 큰 그릇에 수북하게 담아서 나누어 먹음으로 친숙한 분위기를 만들며 손님이 와도 젓가락만 하나 더 놓으면 되기 때문에 식사 인원수에 다소의 융통성이 있어 편리하다. 풍부하고 변화 많은 중국요리는 오늘날 젊은이로부터 노인에 이르기까지 동서양을 막론하고 폭넓은 사랑을 받고 있다.

재료를 기름에 데칠 때에는 중간 불에서 시작하여 재료를 부드럽고 윤기 나게 하여 사용할 때도 있는데 불의 세기가 세지면 단시간에 요리하여야 한다.

기름을 가장 많이 사용하는 요리가 중식요리이다. 그럼에도 불구하고 중국사람들이 상대적으로 비만이 적은 이유는 차를 많이 마시기 때문이라고도 하고 파와 양파 같은 야채를 적절하게 섞어서 먹기 때문이라고도 한다. 물론 다 맞는 말이라 생각되나 조리방법과 같은 여러 가지 복합적인 요인들이 잘 조화된 덕분에, 기름을 많이 섭취함에도 불구하고 상대적으로 비만이 적으며 많이 먹어도 느끼하거나 물리지 않는다고 본다.

9) 녹말의 사용

중국요리의 큰 특징 중 한 가지가 많은 양의 녹말을 사용한다는 것이다. 요리를 하는 데 있어 적절한 녹말을 사용하기 때문에 물과 기름이 분리되지 않을 뿐 아니라 음식이 빨리 식지 않는 장점이 된다.

우리나라 국물의 경우 대부분이 훌렁한 특징을 갖는 반면 중국요리의 경우 전분으로 걸쭉하게 농도를 맞추어 먹는 경우가 많기 때문에 서양음식의 수프와 같은 특징을 갖는다.

그 외에 많은 요리에도 전분을 사용함으로써 음식은 반찬 수준이 아닌 요리 수준으로 발달하게 된다.

걸쭉한 소스를 만들거나 농도를 맞출 때 물과 1:1의 비율로 풀어서 사용하며, 요리가 끓을 때 두세 번에 나누어 농도를 보아가며 넣고 농도가 맞으면 조리를 바로 끝내야 한다.

(2) 지역별 요리의 특징

다른 문화의 흐름이 그러했듯이 요리에 있어서도 한국요리의 조리기술 발달과정에 가장 많은 영향을 미친 것이 중국요리이다. 중국의 요리는 4대문명 발상지의 중심에 있는 역사와 전통을 자랑하는 요리로, 유구한 역사 속에서 지역별로 독특한 요리기술과 특징을 갖고 발전하였다.

앞에서도 언급하였듯이 중국은 땅이 넓고 광대하여 각 지방의 자연적인 조건과 사람들의 생활습관에 차이가 많아 요리도 지역별로 독특한 특징을 갖는다. 중국요리를 특징짓는 요인으로는 지리적, 자연적 조건이 가장 큰 영향을 미쳐서, 중국요리를 크게 분류하면 장강長江이남의 영향을 받아 발전한 ‘남방요리’와 장강이북의 황하유역과 산동지역을 포함한 북방지역의 영향을 받아 형성된 ‘북방요리’로 나눈다. 이러한 분류는 춘추 · 전국春秋, 戰國시대에 시작되어 당 · 송唐 · 宋시대에 와서 완전한 형식을 갖추게 되고, 청나라 초기에는 ‘4대채계’라고 하여 사천, 광동, 산동, 강소의 4대요리로 분류되면서 지금까지 그 분류가 이어진다.

청나라 말에 와서는 절강, 복건, 호남, 안휘요리가 추가되며 ‘8대채계’의 8대요리로 세분이 되고 거기에 북경, 상해요리를 추가하여 ‘10대채계’가 확립되어 지금에 이르고 있다.

이러한 거듭된 변신과 부단한 발전을 계기로 중국의 유명한 요리는 수천 종에 달해 그 수를 헤아릴 수 없다고 하며[3] 중국인들은 중국요리를 “중국의 귀중한 문화 예술”이라 한다.

---

3) 중국의 각지 음식을 모두 합치면 대략 5,000여 가지가 된다고 한다.

1) 남방요리와 북방요리

중국의 지형적인 특징을 살펴보면 장강長江을 기준으로 고온 다습한 기후를 가져서 쌀농사가 중심이 되는 남방과 밀농사를 많이 하여 밀을 주로 섭취하는 북방으로 구분된다. 중국에서 강江이라 하면 장강長江을 가리키며 양자강의 남쪽 하류인 강소江蘇, 지앙쑤, 안휘安徽, 안후에이 남부지역을 강남이라 하고 양자강의 북쪽 하류로서 강소江蘇와 안휘安徽의 북부지역을 강북이라고 말한다.

남방지역에서는 주된 농산물이 쌀이기 때문에 쌀과 쌀로 만든 음식을 주식으로 한다. 쌀밥은 그 자체로서 단독으로는 섭취가 어려워 밥을 먹을 때는 채소나 탕과 같은 반찬을 필요로 한다. 이러한 식단의 단점은 매번 식사를 할 때마다 여러 가지 식단을 제대로 갖추기가 쉽지 않다는 것이다. 이러한 번거로움을 지혜롭게 극복한 중국인들은 콩 가공식품인 순두부나 콩국豆乳, 쌀죽과 같은 편의식을 개발하여 섭취하였고, 쌀과 같은 탄수화물 식사를 할 때 소화흡수를 돕는 야채 절임醬菜과 같은 반찬을 개발하여 먹게 되었다. 남방지역은 남쪽의 바다와 강에서 많이 나는 해산물과 담수어를 이용한 음식이 많은 것이 북방요리와 비교된다.

북방지역의 주된 농작물은 밀이기 때문에 이들의 주식은 남방과 차이가 많아 만토우饅頭: 소가 없는 찐빵, 라오빙烙餠: 중국식 밀전병, 바오즈包子: 소가 든 찐빵, 화쥐안花捲: 둘둘 말아서 찐빵, 미엔탸오麵條: 국수, 자오즈餃子: 만두 등과 같은 밀가루 제품을 즐겨 먹는다. 비교적 큰 도시의 가정에서는 집 근처의 가게에 가서 긴 꽈배기 모양의 유조油條, 혹은 이와 유사한 유향油香이라고 하는 튀긴 밀가루 전병, 만두의 종류인 포자包子, 중국식 두유豆乳를 사서 아침으로 먹기도 한다. 밀을 이용한 음식들은 밀 요리 자체가 일품요리의 역할을 하기 때문에 쌀과 달리 곁들임 요리가 많이 필요치 않다. 북방은 건조한 기후의 목초지가 많아 남방요리에 비해 쇠고기, 양고기 등의 육류요리가 발달되었다.

중국음식에서 주식은 앞에서 말했듯이 남방에서는 주로 밥, 북방에서는 면, 만두 같은 밀가루 제품인데 이러한 주식은 요리를 다 먹은 다음 마지막으로 먹는 것이 일반적이다. 밥과 반찬을 함께 먹는 한국음식과 다른 특징을 갖는 식습관이자 음식문화의 차이이다. 한국식 식사습관에 익숙한 사람이 중국요리를 먹을 때 이것을 이해하지 못하고 식사를 하게 된다면 계속해서 나오는 맛있는 요리를 먹지 못하고 먼저 숟가락을 놓고 말 수 있으니 주의하는 것이 좋겠다.

중국인의 부식은 돼지, 생선, 닭, 오리, 소, 양고기와 채소, 콩으로 만든 식품을 위주로 한다. 부식은 주식과 달라 조리법에 따른 맛의 차이가 많은데 그만큼 지역별 요리의 차이가 많아 다양한 요리가 만들어지게 되었다.

중국사람들의 하루 식사는 아침은 간단하게 먹고, 점심을 많이 먹으며, 저녁은 가급적 적게 먹는다. 우리네 식습관은 '아침 밥, 저녁 죽'인데 우리와 같은 문화권이면서도 참으로 차이가 많은 식습관을 가지고 있다. 일상적인 식사는 비교적 실속 있게 하는 편이나, 경축일이나 휴일같이 가족들이 모이는 때에는 비교적 풍성하게 식사를 한다.

2) 4대요리

중국요리를 4대 요리로 구분하는 기준을 한마디로 표현하자면 남첨북함 동산서랄南甛北鹹 東酸西辣이라 할 수 있다. 이를 풀이하면 남쪽요리는 달고, 북쪽요리는 짜며, 동쪽요리는 시고, 서쪽요리는 맵다는 뜻이다. 이러한 요리의 특징을 가진 중국요리를 청대 초기에 지역별로 구분을 하여 노채魯菜, 누우차이－산동·북경·동북지역, 소채蘇菜, 쑤우차이－강소·절강·안휘지역, 월채粵菜, 위에차이－복건·대만·광동·해남도지역, 천채川菜, 추안차이－사천·호남·호북·귀주·운남지역 4대 요리로 나누었다. 청말에 각 지방 요리 중 독특한 요리가 하나의 파를 이루게 되면서 절강, 복건, 호남, 안휘 지방 요리가 분화되어 8대 요리가 되고, 이후 북경요리, 상해요리가 세분되어 10대 요리가 된다.

이를 또한 음식의 색으로 보면 남쪽은 흰색, 푸른색 등 재료의 원색이 그대로 남아있는 편이고, 북쪽은 대체로 거무튀튀하다. 서쪽의 음식은 고추를 많이 써서 붉은 색을 띠고 동쪽의 음식은 남쪽과 같으면서도 약간은 진한 색을 띤다.

전 세계 어디를 가든 중국 음식점이 있고, 중국요리는 세계적으로 인정을 받고 있다. 이런 음식을 만드는 중국인들은 평소에 어떤 음식을 먹고 사는 것일까?

흔히 중국사람들은 세계적인 요리를 만드는 사람들이기 때문에 매일 화려하고 거창한 음식을 먹는 것으로 착각하지만 중국인들이 일상생활에서 먹는 음식은 우리들이 알고 있는 4대 요리나, 8대 요리 등과는 거리가 멀다. 우리가 아는 화려하고 현란한 중국요리가 일상적인 식생활에서 이용되지 못하는 것은 일반인들이 고급스럽고 다양한 식재료를 일상적인 식생활에서 구하기가 힘들고, 각 요리마다 엄격하게 요구되는 다양한 양념들과 복잡한 조리방법으로 인해 정확하게 제대로 만들기가 쉽지 않기 때문이다.

① 사천요리

사천성四川省은 중국 남서부의 내륙지방에 위치한다. 북경에서 사천성의 도청에 해당되는 성도까지는 기차로 2,000km이며 인구는 1억, 면적은 일본의 1.5배인 57만km²로 동쪽지역은 성도평야의 비옥한 토지와 물로 둘러싸여 있고 서쪽은 티베트 고원 같은 평균해발 3,000m에 달하는 산악지방이다. 연평균기온이 16℃인 성도成都와, 1년의 절반이 안개가 낄

장강 상류의 사천요리	남방 연해의 광동요리	황하 하류의 산동요리	장강 중하류의 강소요리	북경요리
다양한 요리방법으로 조리되는 채소요리는 다양한 맛으로 정평이 나 있으며 특히 매운맛은 우리 입맛에 잘 맞는다. 사천요리는 중국적인 전통을 가장 잘 보존하고 있는 요리이기도 하다.	열대지방이고 강한 매운맛을 특싱으로 한다. 튀기거나 지져 다시 기름에 볶으면서 녹말로 농도를 조절하기 때문에 약간 느끼하게 느껴지며 곤충, 뱀, 원숭이 등 귀한 식재료를 많이 사용한다.	청담하고 향기롭고 부드러우며 순수한 맛의 지방풍미를 느낄 수 있다. 센 불에서 빨리 조리하는 폭(爆)이란 조리법을 많이 사용한다.	약한 불로 천천히 조리하며 양념을 적게 넣어 재료 본래의 맛을 강조하고 4계절이 분명한 특징이 있다.	북부지역을 대표하는 요리이다. 오랫동안 중국의 수도이자 정치, 경제, 문화의 중심지로 고급요리가 발달하였다. 천 년 이상의 역사를 갖고 있는 요리로 '북경오리구이'가 유명하다. *중국의 궁중요리의 특징: 세심하게 준비된 보기 좋은 모양, 깔끔한 맛, 부드럽고 가벼운 양념 등에 의한 향기, 맛, 색깔의 통일성에 큰 관심을 기울였다.
호남요리	복건성요리	동남 연해의 절강요리	안휘요리	상해요리
호남요리는 물의 사용법과 조형미를 중시한다. 칼의 사용법이 교묘하고 요리기법이 뛰어나 모양과 맛이 특출하며 음식의 전체적인 맛은 시큼하고 맵다.	복건은 중국의 동남부에 위치하고 있는데 동쪽은 바다와 접하고 있고 서북쪽은 산이 있어 기후가 온화하고 산해진미, 수산자원이 풍부하다. 민후현에서 기원이 되어 민요리라고도 하며 달고 신맛이 특징이다. 연하고 신선한 맛의 탕(湯)요리는 순하고 향기로운 특징을 가진 요리로 유명하다. 대표적인 요리는 불도장이 있다.	물고기와 쌀의 고향인 강소요리와 함께 신선함과 짠맛이 결합된 신선한 해물요리가 특징으로 원래의 맛을 보존하는 것을 중요시하며, 소동파가 즐겨 먹었다는 '동파육'은 대표적인 절강성의 항주지방 요리이다.	기름, 색깔, 온도에 각별한 주의를 요구하며 특히 센 불로 만드는 진한 맛의 요리를 큰 접시에 푸짐하게 담아내는 특징이 있다.	장강을 중심으로 중국의 중부를 대표하는 요리로 19C부터 유럽의 대륙 침입의 영향을 받아 상하이가 중심이 되자 구미풍(歐美風)으로 발전한 것으로서 동서양 사람들의 입에 맞도록 변화, 발전하였다. 조리방법상 특징으로 간장과 설탕을 많이 써서 달고 농후한 맛을 내며 요리의 색상이 진하고 선명한 색채를 낸다.

4대요리: 사천요리, 광동요리, 산동요리, 강소요리
8대요리: 4대요리 + 호남요리, 복건요리, 절강요리, 안휘요리
10대요리: 8대요리 + 북경요리, 상해요리

정도로 안개가 많아 안개의 도시라고 일컬어지며, 한여름 기온이 42℃ 이상까지 올라가는 혹서지방인 중경重慶은 사천분지와 티벳지역이 가까운 지형적인 특징상 더위와 추위가 심한 지역이다. 사천요리는 조리법이 복잡하고 기술이 섬세하며 고추와 생강을 많이 사용하여 맛과 빛깔이 진하고 매운맛이 농후한 특징을 지닌다.

중국인들 사이에서는 "호남湖南 사람들은 매운 것을 두려워하지 않고, 귀주貴州 사람들은

매워도 겁내지 않지만, 사천四川 사람들은 맵지 않을까 봐 두려워한다"라고 할 정도로 매운 것을 좋아한다고 한다. "먹기는 중국이고 맛은 사천이다"라는 말이 있을 정도로 '맛'이 다양하기로는 지방요리 가운데 으뜸이다.

사천지방은 여름에 덥고 겨울에는 몹시 추워서 낮과 밤의 기온 차가 많은 악천후의 영향으로 이런 날씨에 견디기 위한 요리가 발전하게 되었으며 내륙지방에 위치한 지리적 여건상 해산물을 이용한 요리보다 각종 야채, 육류, 민물고기 등을 이용한 요리가 발달하였고 생선은 소금에 절인 것을 많이 이용한다. 사천식 김치四川泡菜, 쓰촨파오차이는 우리의 김치와 비슷한 음식이다. 어떤 음식이 김치의 원조인지 모르지만 조선 중종 때 훈몽자회訓蒙字會에 처음 등장하는 소금물에 절인 야채라는 뜻의 침채沈菜가 16세기 말 임진왜란 때 들어왔다고 하는 고추를 만남으로 인해 지금은 우리나라가 김치의 종주국으로 확실히 자리를 잡았다.

백채白菜가 우리나라에 들어와서 배추로 자리를 잡았고, 고초苦椒로 들어 온 고추는 18세기 중반에 접어들면서 장차 세계적인 음식으로 발전할 수 있는 고추장으로 탄생하였다. 매운맛을 좋아하는 사천 · 호남 · 호북 등지서 즐겨 먹는 천채사천지방의 요리는 매운맛을 특징으로 하기 때문에 중국요리 중에서도 우리나라 사람들의 입맛에 가장 잘 맞는 음식이며 점점 선호도가 높아질 것으로 보인다.

중국 최대의 하천인 양자강에 있는 3개의 협곡인 장강삼협구당협瞿塘峽, 무협巫峽, 서릉협西陵峽을 長江三峽이라 함은 폭이 좁은 곳이 30m로, 양자강의 거센 물결이 10리 밖에서도 들린다고 하는데 그 경치가 아름답기로 유명하며 이백李白, 두보杜甫, 소동파蘇東坡와 같은 시선들의 주 무대이자 『삼국지』의 주 무대가 되기도 했던 곳이다.

아미산峨眉山은 성도에서 남서쪽으로 160km 떨어진 곳에 있는 산으로 3,099m의 정상에서 보는 3경은 운해雲海, 일출日出, 불광佛光이 있다. 불광은 일종의 광학현상으로 아침, 저녁 때 햇빛을 등지고 바위 위에 서면 기상조건에 따라서 태양과 반대편 구름 사이에 커다란 무리로 둘러싸인 자신의 그림자가 비친다고 한다.

② **광동요리**

광동성은 중국의 남해안에 있다. 약 3,000년 전 춘추전국시대春秋戰國時代 초나라의 속지

屬地였던 지금의 광주지역은 진시황제 33년B.C. 214년 진나라가 남해南海, 지금의 광주를 비롯한 3곳에 군을 설치함으로써 지금으로부터 약 2,200년 전에 도시의 기틀을 마련하게 된다. 南北朝시대에는 남해군지南海郡地로, 당 · 송唐 · 宋시대에는 광주로, 명 · 청明 · 淸시대에는 광주부지廣州府地로, 중화민국中華民國시기에는 국민당 정부의 소재지를 거쳐 1921년 광주행정청廣州行政廳이 설립되며 정식으로 오늘날 광주시의 면모를 갖추게 되었다.

광주는 광동성의 중심도청 소재지이 되는 곳으로 홍콩과 182km 떨어져 있는 화남의 최대 도시이다. 홍콩, 마카오와 불가분의 관계를 맺으며 중국 대외 개방의 창구로 중국 해상 '실크로드'의 출발점으로 개혁 개방 정책이 실시된 후 중국의 남대문 역할을 하고 있는 곳이다. 연 평균 기온 21.7℃, 연 강우량 1,600mm, 상대습도는 77%나 되며 비는 4월에서 9월에 집중되고 여름과 가을에 걸쳐 몇 차례 태풍의 영향권에 들기도 하나 기후가 따뜻하고 사시절 꽃이 피어 거리마다 꽃으로 장식되므로 '꽃의 도시花城'라고도 불린다. 12월에서 1월은 겨울인데 겨울이라고 해도 기온은 영하로 내려가는 일은 거의 없고 기껏해야 5~6℃가 고작이지만 집 구조와 생활습관이 여름에 맞추어져 있기 때문에 이들의 체감온도는 상당히 낮다고 한다. 5월에서 9월은 심한 더위로 고생을 하며 특히 태풍이 올 때면 불쾌지수는 100까지 올라가고 7, 8월은 연일 35℃ 이상까지 올라가는 무더위가 지속된다.

중국사람들은 "네발 달린 짐승 중 밥상다리 빼고는 다 먹는다"라는 농담이 있는데 이 말은 아마도 광동 사람들에게 가장 잘 어울리는 말일 것이다. 식재광주食在廣州, 광동요리가 천하제일이다.라는 말과 같이 광동광주은 중국의 남쪽에 위치한 지역적 특성으로 인해 열대성 식물을 이용한 신선하고 담백한 요리가 특징이며, 일찍부터 서구문물을 접한 곳이다. 이미 16세기부터 스페인, 포르투갈 등 세계의 상인들이 모여드는 무역항이었기 때문에 중국요리를 모체로 향신료를 첨가한 국제적인 요리가 가미된 독특한 형태의 요리를 발전시켰다.

광동 · 광서를 중심한 영남지역의 월채는 그 재료가 무소불식일 정도로 광범위한 재료를 가지고 지지거나 튀긴 후에, 소량의 물과 전분을 풀어 요리를 마무리하는 방법을 위주로 하여 식재료가 가지고 있는 자연의 맛을 잘 살려 내는 담백한 맛이 특징이다. 신선하고 부드러운 맛과 시원하면서도 매끄러운 맛을 강조하며 특히 국물을 중요하게 생각한다. 중국 요리의 보석으로 꼽히는 딤섬도 광동 요리이며 뱀, 곤충, 개, 원숭이, 새 등의 진귀한 재료를 이용한 요리가 많고 또한 상어지느러미 요리로도 유명하다. 요리가 다양한 만큼 아침식사도 다른 지방에 비해 훨씬 복잡해서 여러 가지 짠 반찬과 포자, 약간 단맛이 나는 과자류 및 죽 등으로 이루어진 조차早茶로 식사를 하는데 다른 지역 사람들보다 아침을 든든하게 먹는 편이다.

③ 산동요리

4대문명의 발상지인 황하강을 중심으로 발달한 산동요리는 북방을 대표하며, 해산물 요리가 비교적 유명하다. 춘추전국시대부터 요리가 발달하였으며 공자나 맹자와 같은 중국 최고의 문인들을 배출한 지역이다. 명·청 시대에는 산동출신 요리사들이 황궁으로 많이 들어가 궁중요리인 만한전석滿漢全席의 구심점이 되기도 하는 등 그 영향력이 중국요리의 특징을 대표하기도 했다.

중국에서도 손꼽히는 어장으로 유명한 산동 반도山東半島의 풍부한 해산물을 주로 하는 산동요리는 제남요리濟南料理와 교동요리膠東料理로 구분된다. 제남요리는 재료 선택범위가 넓어 그 종류가 다양하며 맛이 향기롭고 순하며 연하다. 가정요리를 중심으로 발달하여 큰 접시와 사발을 이용해서 담기 때문에 순수한 모양을 유지한다. 교동요리는 해산물을 이용한 요리가 많고 맛이 신선하고 담백하다. 섬세한 조리법이 특징이며 주재료와 부재료의 배합을 중시한다.

전체적인 산동요리의 특징은 조미료에 의해 맛을 내기보다는 요리 재료 본래의 맛을 중요시한다는 것이다. 현재 한국에 들어와 있는 화교의 대부분이 산동성 출신으로 우리가 먹는 중국음식은 엄밀히 말하면 산동식 요리라고 할 수 있으며, 중국에서 가장 인기가 있는 청도맥주의 원산지이기도 하다.

④ 강소요리

상해에서 300km 거리에 위치한 남경난징, 南京시는 강소성江蘇省의 성도로 한국의 도청 소재지에 해당한다. 서기 229년 오吳나라 황제에 오른 손권이 유비의 권유에 따라 남경으로 천도한 것을 비롯하여 남북조南北朝시대의 동진東晉, 송宋나라와 당唐나라, 명明, 근대 1927년 국민당이 남경을 중화민국中華民國 수도로 정하기까지 총 10개국이 449년에 걸쳐 도읍으로 삼았던 역사적인 도시이다.

강소江蘇성의 남경은 아열대기후로 온도와 습도가 높다. 연 평균기온은 15℃로 쾌적한 편이지만 겨울에 해당되는 1월 평균기온은 2.5℃로 낮은 편이며, 여름에 해당되는 7월 평균기온은 26℃로 겨울에는 약간 춥고 여름에는 무더운 편이다. 특히 여름의 폭염은 40℃ 이상에 이르고 겨울에 추울 때는 −10℃에 이른다.

남경은 동쪽이 바다이고 서쪽은 장강이 중부를 가로지르는 비옥한 토지를 가진 지역으로 '물고기와 쌀의 고향'으로 불리고 있다. 강소요리 중 상해를 중심으로 한 지역이 10대 요리에 해당하는 상해요리로 따로 분리되기 때문에 강소요리와 상해요리는 크게 보면 같은 특징을 가진다. 강소·절강 등지, 곧 양자강 하류 지역을 포괄한 강채강소요리요리는 조리방법이 세밀하고 맛이 독특하며 양념을 적게 사용하여 재료 본래의 맛을 살리고 사계절이 분명한 지리적 특징을 반영한다. 이 지방 사람들은 아침으로 전날 남은 밥에 뜨거운 물을 넣어서 만든, 우리의 숭늉에 해당되는 포반에 짠 반찬을 함께 먹으며 어떤 사람들은 지진 만두로 아침을 삼기도 한다.

⑤ 북경요리

북경 · 하북 · 산둥 등지를 포괄하는 북경은 금, 원, 명, 청의 중심도시로 약 800년의 역사를 가지고 있으며 북경 요리는 이미 1,000여 년 이상의 역사를 가지고 있다. 중국의 수도인 북경은 화북평원의 북쪽에 위치하고 있어서 겨울에는 한랭건조하고 추운 날씨를 보이고 여름에는 고온 다습하여 찌는 듯이 무덥다. 또 봄에는 극심한 황사로 뒤덮이기도 한다. 내성으로 둘러싸인 도심은 화려하지는 않지만 자금성을 중심으로 행정관청이 바둑판처럼 잘 정리되어 있고 중국의 모습을 잘 간직하고 있다.

북경사람들 원래의 음식습관은 산동성과 비슷하다. 역사적으로 여러 국가의 중심도시였기 때문에 전국의 정치, 경제, 문화중심지로 전국의 요리문화가 집중되어 요리 기술이 상대적으로 발달하였는데, 이는 북경요리 체계 형성에 중요한 역할을 하였다.

또한 북경은 북방인 만큼 루메이라는 화력이 강한 석탄을 이용한 튀김, 볶음과 같은 열량이 많은 음식을 중심으로 발달하였고, 밀의 생산이 많아 밀을 이용한 만두, 면과 같은 음식이 발달한 것도 북경요리의 특징이다.

북경오리구이北京烤鴨, 베이징카오

원나라1328년~1330년 옥선의 홀사혜가 지은 『음선정요』 중에 '구운오리'라는 요리명이 있었는데 이것을 최초의 '오리구이'에 관한 공식적인 문헌으로 본다면, '북경오리구이'는 770여 년의 역사를 지닌 요리로 볼 수 있다. 현재 북경오리식당의 전통 있는 가게는 '취앤쥐더 카오야띠앤全聚德 鴨店'으로 1864년에 양전인楊全仁이 창업을 하였는데 그의 아들 대에 이르러 전국에서 유명한 카오야 식당이 되었다.

베이징카오야北京烤鴨는 오리를 기름이 쪽 빠지도록 구워 칼로 최대한 얇게 썰어서 밀전병에 오리고기와 부추혹은 파를 넣고 장을 얹어 싸먹고 난 후 오리 뼈로는 탕을 끓여 먹는 독특한 방식을 가지고 있다. 건륭 및 자희

북경오리

태후서태후 때는 조정 왕궁대신들까지 즐겨 먹었으며 지금은 중국 내에서뿐 아니라 세계적으로도 외국인들이 가장 즐기는 중국제일의 요리라고 한다.

북경은 궁중요리도 매우 유명한데, 과거에 황제 등에게 바친 요리가 진귀한 재료를 정교한 기술로 만든 데에서 기인한 듯하다. 황실 요리를 책임지고 준비하던 곳을 '어산방御膳房'이라고 하며, 현재 북경의 궁중요리 식당으로는 '팡산판좡仿膳飯庄'과 이화원의 '팅리관聽鸝館'이 있다.

⑥ 상해요리

상해를 대표하는 長江의 하류유역 일대는 강남이라고도 부르며 장강 주변의 비옥한 영토와 비교적 가까운 바다 때문에 미곡과 해산물을 이용한 요리가 발달되었다. 상해는 중국 제1의 도시로 장강 입구에 위치해 있어서 바다로 진출하려고 하는 문화와 내륙으로 들어가려고 하는 모든 문화의 길목에 위치하는 대표 도시이다. 상해의 비옥한 토지와, 인접한 강과 바다는 예로부터 생선과 쌀의 고향이라고 불렸다.

간장과 설탕을 이용한 농후한 맛이 특징이며 선명한 색상의 음식 또한 남경요리의 큰 특징이다. 상해는 해안 중부의 장강 주변에 위치했기 때문에 기후가 온화하고 물산이 풍부하며 공업이 발달되고 상업이 번영하여 요리도 그에 따라 신속히 발전하면서 점진적으로 자기의 특색을 띠게 되었다.

원 29년송원 1292년에 설립된 '상해현'은 양자강 하구의 어촌에 불과하였으나 1845년 청초부터 1943년까지 아편전쟁을 거치면서 영국, 프랑스, 미국 등이 공동으로 조계지외국인 거주지를 설치하여 상해는 중등도시로 발전되었고, 음식은 외국의 요리를 적절하게 받아들임으로써 더욱 발달할 수 있었다.

다른 요리도 마찬가지지만 전통적으로 상해요리라는 독립적인 구별이 따로 있었던 것이 아니라 상해가 근세에 들어 정치, 경제적으로 발전을 하게 되자 자연스럽게 상해요리가 한 지역을 대표하는 음식문화가 된 것이다. 상하이를 줄여서 호滬, 후라고 하는데 이것은 물고기를 잡을 때 사용하는 통발을 뜻한다고 한다. 그만큼 옛날부터 각종 해물이 풍부한 어촌이었음을 말하고 있다. 상해요리는 원래 농후한 맛을 위주로 하다가 점차적으로 외국음식의 특징이 가미된 새로운 명 요리를 창작하여 국내외 손님들의 환영을 받게 된다.

특징 있는 요리는 한 마리의 생선을 가지고 부위별로 조리법과 양념을 다르게 한 생선요리이며, 특히 9월말부터 1월 중순에 맛볼 수 있는 상해의 게 요리는 전 세계 식도락가들이 최고로 뽑는 진미이다.

상해는 지금도 중국의 개방정책을 대표하는 곳으로 개방 열풍이 가장 거세게 불고 있다. 상해 사람들은 아침으로 양춘면을 먹는데, 이것은 국수를 잘 삶은 후 식용유, 간장, 파를 미리 넣어 둔 그릇에 담아 그대로 먹는 것으로 중국의 각종 국수 중 가장 값이 싸고 대중적인 음식이라 할 수 있다.

1926년부터 1932년 직후까지 우리나라 임시정부 청사가 있었던 곳으로 우리에게는 친근한 이미지의 도시이기도 하다.

호남성은 중국 남동부에 위치하며, 동·서·남쪽의 3면이 산으로 둘러싸인 온난다습한 지역으로 벼와 고구마를 주식으로 많이 이용한다. 안휘성은 화중華中의 중요한 농업지대로서 인구의 90%가 농업에 종사하며, 남부의 양자강 인근의 평야에서는 쌀·보리 2모작을 하고, 또 북부의 황하강 유역에서는 밀·옥수수 등 밭작물이 풍부하다. 안휘성은 차의 주산지로 계단식으로 산꼭대기까지 형성된 차밭이 많다. 복건성은 남동연안에 위치한 아열대 지역이며 연평균기온이 17~22℃로 따뜻한 지역이다. 리아스식 해안으로 해안선 길이가 3,324km에 달해서 중국 전체 해안선의 20%를 차지한다. 절강성은 오른쪽의 동해를 비롯하여 남쪽으로는 복건성, 서쪽으로는 안휘성, 강서성과 경계를 이루고 있으며, 북쪽으로는 강소성, 상해와 인접해 북아열대기후의 비옥한 토지와 풍부한 자원이 있다.

3. 메뉴

생활문화권이 같은 동양권이면서도 중국요리와 우리나라 요리는 메뉴상 큰 차이를 보인다. 결론부터 말하자면 우리나라 요리는 모든 음식을 한 상에 차리는 요리임에 반해 중국요리는 서양요리처럼 일정한 순서에 따라 먹는 큰 차이를 가지고 있다.

고전적인 서양요리는 복잡한 격식을 가지고 있었지만 요즈음은 급속한 사회의 발전에 따라 서양요리의 코스도 많이 간소화되어 일반적으로 먹는 코스요리의 경우 전채, 주요리,

후식의 기본 골격을 가지고 있다. 중국음식도 마찬가지로 많은 코스요리를 가지고 있는데
전채, 주요리, 후식이라는 기본 골격에 있어 양식과 공통점을 가지고 있다.

일반적으로 큰 부담 없이 먹을 수 있는 식사의 경우 보통 전채 2종류, 주요리 4종류, 후
식 2종류가 기본으로, 중요한 식사일 경우 가짓수는 자연히 늘어나서 전채 4종류, 요리 8종
류, 후식 2종류처럼 짝수로 늘어나게 된다. 이것은 중국인들이 짝수를 귀하게 여기는 관습
이 있기 때문이며 가급적이면 이 원칙을 지켜 주는 것이 좋다. 식사 전후에는 항상 차가 나
오는데 이 차는 일반적으로 기름진 중국요리를 중화시키는 역할을 할 뿐 아니라 요즈음은
다이어트 효과까지 있다고 하여 많은 사람들이 찾고 있다.

중국사람들은 일일삼찬一日三餐이라고 하여 "아침은 맛있게 먹고, 점심은 배불리 먹고,
저녁은 적게 먹는다."라는 속담이 있다. 이와 같이 아침은 간단히 만두, 죽, 달걀, 콩국, 물
만두 등으로 가볍게 먹으며, 농촌에서는 농사를 주로 업으로 하기 때문에 주로 점심식사를
중시하고 도시에서는 온 식구가 함께 자리하는 풍성한 저녁식사를 중시한다.

우리나라나 외국의 중국식당의 메뉴의 구성은 Cold Dish류전채류, Appetizer, Soup탕류,
Main Dish주요리류, 魚翅類Shark's Fin, 海蔘類Sea Cucumbers, 鮑魚類Abalones, 帶子類Scallops, 牛
肉·豚肉類Beef and Fork, 蝦類Lobster and Prawns, 魚類Fish, 鴨鷄類Duck and Chicken, 家鄕類
Assorted Dishes, 野菜類Vegetables, 點心類Dumplings, 飯類Rice, 麵類Noodles, 甛菜類Dessert의
순으로 고객에게 제공되고 있다.

전채요리(Appetizer)	전채(前菜)요리는 정식 요리가 나오기 전에 차를 마시면서 함께 먹는 가벼운 음식으로 입맛을 돋우는 전식(前食, 양식의 appetizer에 해당)이라고 생각하면 된다.
요리(Main dish)	魚翅類(Shark's Fin), 海蔘類(Sea Cucumbers), 鮑魚類(Abalones), 帶子類(Scallops), 牛肉·豚肉類(Beef and Fork), 蝦類(Lobster and Prawns), 魚類(Fish), 鴨鷄類(Duck and Chicken), 家鄕類(Assorted Dishes), 野菜類(Vegetables), 點心類(Dumplings), 飯類(Rice), 麵類(Noodles)
탕요리(Soup)	湯羹類(탕갱류)의 요리로 녹말로 걸쭉하게 한 것과 맑게 만든 것이 있다. 요즈음은 탕이 요리 앞에 나오는 경우가 더 많지만 원래는 요리 다음에 나오는 것이 원칙이다.
후식류(Dessert)	甛菜類(감채류, Dessert)

(1) 메뉴 구성 및 특징

메뉴는 가격과 고객의 기호에 따라 다양하게 준비되는데 일반적으로 호텔이나 고급 중
국음식점에 가면 수백 종류의 메뉴가 있으며 고객들은 요리에 대한 일반적인 지식이 부족

한 경우가 많아, 고객의 기호도와 선호도가 높은 요리를 품목별로 발췌하여 Course 또는 Set Menu와 Special Menu로 분류하여 손님들이 식사주문을 편리하게 할 수 있도록 하고 있다.

또한 계절별로 특선메뉴를 제공하기 위해 계절특별요리_{Activity Menu} 같은 것을 정식 요리로 개발하여 고객에게 판매할 수도 있다.

1) 전채_{前菜}

정식 요리가 나오기 전에 차를 마시면서 함께 드는 가벼운 음식으로 입맛을 돋우는 전식_{前食, 양식의 appetizer에 해당}이라고 생각하면 된다. 전채로는 일반적으로 냉채를 먼저 내는데, 식사를 하기 전에 술을 함께 곁들이기도 한다. 술을 곁들인다고 해서 이 식사를 안주의 개념으로 인식해서는 안 된다. 찬 전채가 끝난 뒤 더운 전채인 열채_{熱菜}가 나오는데 식당에서 보통 식사를 할 때 요리를 상에 놓으면서 직원이 요리의 이름을 알려 준다.

격식을 갖출 경우 찬 전채 2가지와 뜨거운 전채 2가지를 내는 것이 보통이며 규모가 큰 것은 6가지부터 8가지까지 차려진다. 병반은 냉채를 몇 종류 섞어서 내는 요리로 접시에 담은 모양이나 맛의 배합에 세심한 신경을 써서 식욕을 촉진하는 데 복적이 있으며 최근에는 많이 이용하는 전채의 한 형식으로 자리를 잡아가고 있다. 전채는 美와 味가 요구되는 특수분야에 해당하므로 식탁의 손님들 모두에게 즐거움을 줄 수 있어야 한다. 모양, 색채, 조형 등 모든 면에서 조화를 이루어야 냉채는 色·香·味·形이 어우러진 아름다운 냉채요리가 될 수 있다.

또한 이러한 아름답고 맛있는 음식을 만들기 위해 고도의 조리 기술이 요구되는 경우도 있기 때문에 손님에게 첫인상을 잘 심어 줄 수 있도록 신경을 써야 한다.

표 2-3 다양하게 변화를 줄 수 있는 냉채 담기

개인접시에 한 가지만 담는 방법	하나의 접시에 한 가지 요리를 담아낸다. 요리의 특징을 살려 담고, 宴席 등에서는 사람 수, 가격 등에 따라 가짓수를 정한다.
한 접시에 여러 종류를 담아 내어 나누는 방법	2가지 이상의 냉채를 하나의 접시에 담아서 내는 방법으로 병반(拚盤)이라 하는데 정통중국요리방법으로 손님이 많은 연회에 잘 어울린다. 많은 경우 하나의 큰 접시에 10종류 이상의 냉채를 한 폭의 산수화처럼 아름답게 담아 내는 것(鳳凰拚盤, 山水拚盤 등)도 있다.
개인접시에 여러 음식을 담아내는 방법	여러 가지 음식을 미리 접시에 담아서 제공하기 때문에 덜어먹는 번거로움 없이 신속하게 식사를 할 수 있다.

① 냉채의 조리법

냉채冷菜는 열채熱菜에 대한 상대적인 명칭이며 냉채와 열채의 확실한 구분은 먹을 때 차게 먹느냐 아니면 뜨겁게 먹느냐의 차이이지 조리방법에서 차이는 거의 나지 않는다. 냉채는 맛이 재료에 잘 스며들고 기름지지 않게 조리하여 접시에 즙이 많이 흐르지 않도록 내는 것이 좋다.

중국에서 냉채요리는 만드는 조리방법에 따라, 각 지역에 따라 냉반冷盤, 냉병冷拐, 냉채冷菜 등의 명칭으로 불리는데 만드는 방법에 따라 뜨겁게 만들어 차게 식혀 먹는 방법熱制冷吃과 차게 만들어 차게 먹는 방법冷制冷吃 두 가지로 분류된다. 냉채에 사용되는 재료는 중국요리의 특징을 그대로 보여주는데 사용되는 재료가 대단히 광범위하나 우리나라 사람들이 많이 즐기는 식재료는 특히 해파리, 전복, 새우, 바닷가재, 관자, 게살 등 해산물과 오리알, 각종 야채 등이 많이 사용된다.

표 2-4 냉채의 분류와 요리방법

가열하여 익혀서 만드는 냉채 (熟制 冷菜)	루 (鹵)	노미(鹵味)·노채(鹵菜)라고도 하며 원료를 鹵(소금 로)汁(즙 즙) 속에 넣고 장시간 가열 조리하여 식힌 후, 썰어 접시에 담아내는 방법으로 소, 돼지, 양, 닭, 오리, 거위와 같은 대부분의 육류 및 단백식품에 적합하다. 鹵汁의 배합 방법은 鹵制 기술에서 아주 중요한 부분으로, 鹵汁은 향료를 첨가하면서 버리지 않고 계속적으로 사용하여 老鹵, 套鹵라고도 한다. 따라서 鹵汁은 오래될수록 향과 맛이 좋아지며 어떤 곳은 심지어 백 년 이상이나 오래된 鹵(老鹵)를 사용하기도 한다. 紅鹵, 白鹵, 淸鹵 등이 있다.
	찌앙 (醬)	두장(豆醬), 면장(面醬)을 사용하여 만드는 것이 원칙이나 요즈음은 일반적인 간장이나 糖色(캐러멜시럽)으로 색을 내며 다른 일반적인 것은 위에 있는 로(鹵)와 같다. 재료를 먼저 절이거나 뜨거운 물로 씻어 기름에 튀긴 후 각종 향료와 조미료를 넣고 강한 불로 가열하면 장즙이 농축되어 젤라틴처럼 약간 걸쭉하게 되는데 이것을 음식의 표면에 끼얹어 주거나 조금만 발라준다. 이렇게 만든 음식은 ～醬肉이란 이름이 붙는다.
무치거나 재워서 만드는 냉채 (樣漬 冷菜)	빤 (拌)	맛이 쉽게 스며들 수 있도록 재료를 絲, 片, 條, 丁 등의 모양으로 썰어서 재료에 직접 조미하여 만드는 음식으로 대부분 만든 즉시 먹어야 한다. 쉽게 생각하면 우리나라 음식의 무침에 해당되며 소금이나 기타 양념에 약간 절여 두었다가 물기를 짜내고 사용하든가 재료를 한 번 익힌 다음 여러 가지 양념으로 만든 혼합양념을 넣고 만들 수도 있다. 먹을 때의 온도 차이에 따라 냉반(冷拌), 온반(溫拌), 열반(熱拌) 등으로 나눈다.
	짜오 (糟)	재료를 絲, 條, 片으로 썰거나 칼집을 넣어 물이나 기름으로 가열하여 익힌 다음 산초나 겨자와 같은 휘발성이 강한 조미료를 첨가하거나 백주나 소흥주 같은 술에 재워 맛과 향이 스며들게 하는 것이다.
	앤 (樣)	미생물의 성장을 억제하고 삼투압의 성질을 이용하여 식품 내부의 수분을 유출시키는 원리를 조리에 응용하는데 소금을 주로 한 조미료를 표면에 바르거나 뿌려두어 절이기(樣)와 무치기(拌)에 사용한다.

즈 (漬)		간장, 식초, 설탕을 원료로 하는 액체 조미료 속에 원료를 담가두었다가 사용하는 방법으로 漬하는 시간은 사용하는 재료의 육질에 의해 결정된다.
자오 (糟)		술을 만들고 남는 술지게미와 여러 가지 조미료를 혼합하여 고기를 그 속에 절여 그늘에 저장하면 음식의 맛과 향이 좋아지는데 한(漢)나라 이전부터 선식(膳食)에 광범위하게 응용되었다고 한다. 이때 사용되는 고기는 익혀서 사용하는 방법인 숙조(熟糟)와 익히지 않고 사용하는 생조(生糟)가 있다.
쭈이 (醉)		식재료를 술에 절여 두었다가 먹는 음식으로 본연의 맛과 색이 잘 유지되는 특징이 있다. 서양사람들이 와인에 고기를 절여 두었다가 먹는 것과 같은 방법이며 이때 식재료를 신선한 상태로 사용하거나 익힌 상태로 사용할 수 있다. 엽조류와 해산물에 적합하다.
리우리 (琉璃)		원료에 투명한 설탕시럽을 한 겹 입혀 만드는 음식으로 그 형태와 모양이 유리와 비슷하다고 하여 붙여진 이름이다. 동물성 및 식물성 재료, 과일류 모두 이용이 가능하며 요리의 껍질은 바삭바삭하고 속은 부드러워야 한다. 맛이 달기 때문에 다음의 주요리를 생각해서 조금만 먹는 것이 좋다.

2) 요리大菜, 대채

따차이大菜라고 하는 요리는 기름진 음식으로 구성되는데 튀김, 볶음과 같은 요리로 대규모의 연회에서는 찜, 삶은 요리 등이 추가된다. 중국요리에서는 요리가 사실상 주요리에 해당이 된다. 쌀을 주식으로 하는 우리의 식습관을 보면 이것은 아직 주요리가 아니고 탕 다음에 먹는 밥이나 면과 같은 밀가루 제품이 주요리가 되기 때문에 중국요리와 우리나라 요리를 특징짓는 요소가 되며, 우리의 식사개념과 중국의 주요리에 대한 식사개념에 차이가 많다는 것을 알 수 있다.

요리는 주요리 중에서도 가장 고급재료를 사용해서 만드는 요리를 두채頭菜라고 하고 볶음요리炒菜, 튀김요리炸菜, 조림요리燒菜, 찜요리蒸菜, 구이요리烤菜, 야채요리인 소채素菜 등을 적절히 선택하여 먹을 수 있다.

3) 탕湯菜, 수프요리

요리를 먹고 밥이나 국수를 먹기 전에 먹는 요리로 서양요리의 수프에 해당되며, 먹을 때는 수저를 사용하는데 숟가락을 입 속으로 넣지 않고 옆에다 입을 대고 먹는다. 때로는 탕을 주요리의 중간이나 끝 무렵에 내는 경우도 있는데 처음에는 걸쭉한 것을 내고 끝에는 국물이 많은 요리를 낸다.

4) 감채恬菜, 단요리

요리의 마지막을 장식하는 요리로 앞서 먹었던 요리의 맛이 남아있는 입안을 단맛으로 가시라는 의미가 포함되어 있다. 보통 복숭아 조림, 중국약식, 사과탕 등 산뜻한 음식이 쓰인다. 단 음식이 나오면 일단 코스가 끝났다고 보아야 한다. 코스 중간 이후에 나오는 딤섬도 후식의 일종이다. 단 음식의 다음으로 빵이나 면을 들면서 식사를 끝내기도 한다.

그 외에 1일 2식 시대의 중간에 먹던 경식이나 과자류点心, 輕食로서 단맛음식恬味의 요리인 만두나 국수가 음식의 마지막에 포함될 수 있으며 과일도 후식으로 많이 먹는다.

메뉴를 보는 법, 음식을 시키는 법*

① 중국요리뿐 아니라 세계의 어떤 요리든 요리의 이름을 결정짓는 요인 중 가장 중요한 1차 결정 요건은 요리에 사용된 주재료이다.
상어지느러미, 곰 발바닥요리와 같이, 우리는 요리의 이름을 부를 때 가장 주가 되는 식재료를 가지고 요리의 이름을 부른다.

② 그 다음으로 요리의 이름을 결정짓는 요인은 조리방법이다.
상어지느러미 찜, 찐만두, 양고기구이처럼 주재료에 조리방법을 붙여서 요리의 이름을 결정하는 경우가 많기 때문에 조리방법 자체가 단독으로 요리의 이름으로 불려지는 예는 드물지만, 요리의 이름에 조리법이 함께 표기되어 식사를 하는 사람들의 이해를 돕고 요리를 선택할 때 결정적인 역할을 하게 한다.

③ 또한 요리가 탄생한 지역명이나 요리를 처음 만든 사람의 이름을 딴 요리이름이 있을 수 있다. 쉽게 예를 들자면 전주비빔밥, 함흥냉면, 동파육처럼 그 요리가 탄생한 지역의 명칭이나 처음으로 그 요리를 개발한 사람의 이름을 딴 요리 이름을 우리는 많이 보게 된다. 이런 경우 대부분의 사람들은 그 인지도를 익히 알고 음식을 시키는 경우가 많기 때문에 별도의 설명이 필요 없는 경우가 많다.

④ 위에서 말한 것들이 아무 것도 포함되어 있지 않다면 일단 그 요리는 나름대로의 독특한 조리방법이나 식재료가 들어간 어떤 유래나 역사를 지닌 요리로 보고 접근을 해야 한다.
아는 사람은 아는 사실이지만 "말짱 도루묵"이라고 놀리는 도루묵이란 요리는 그 이름만으로는 도저히 감이 잡히지 않는다.
어떤 식재료를 사용했는지, 어떤 지역에서 누가 만들었는지 전혀 알 길이 없는 이상한 이름을 가진 요리인데 아는 사람은 다 알고 음식을 주문한다.
따라서 어떤 식당에 가든지 처음 메뉴를 고를 때에는 어떤 식재료를 이용한 요리를, 어떤 조리방법을 선택한 요리를 먹을 것인가와 같이 위의 과정을 염두에 두고 메뉴를 본다면 80% 이상은 이해할 수 있을 것이다.

⑤ 메뉴를 보는 법의 실례

– 육사초면(肉絲炒麵, 르어우쓰츠아오미엔):
  돼지고기(肉)+가늘게 썰기(絲)+볶기(炒)+국수(麵) = 가늘게 썬 돼지고기를 국수와 함께 볶은 것
– 백작하(白灼蝦, 빠이주어시아): 끓는 물에 데침(白灼)＋새우(蝦) = 끓는 물에 데친 새우
– 요과계정(腰果鷄丁, 야오꾸어지띵):
  캐슈(cashew, 콩 모양이므로 腰果라는 이름이 붙은 견과류)＋닭(鷄)＋네모로 썰기(丁) =
  닭고기를 정육면체로 썰어 캐슈, 피망, 고추, 버섯 따위와 함께 볶은 것

하지만 너무 걱정할 것은 없다. 왜냐면 우리는 이미 습관적으로 실천하고 생활하고 있기 때문에.

(1) 식사예절

중국요리의 식탁은 둥근 원형을 주로 사용하며 한 식탁은 여덟 사람이 편히 앉을 수 있는 정도의 크기가 많이 사용된다. 손님 초대 시에 8명이 넘으면 2상으로 준비하는 것이 바람직하다.

요리가 나오면 주인이 가장 먼저 시식을 한 다음 손님에게 먹도록 권한다. 이것은 먼 옛날 음식에 나쁜 물질을 넣어 사람을 해한 일이 있어서 주인이 음식을 먼저 먹어 봄으로써 음식이 안전하다는 신뢰를 주기 위함이라 생각된다. 요리는 한 가지씩 만들면서 먹기 때문에 여유를 가지고 많은 이야기를 하면서 식사를 하는 것이 식사예절이다. 따라서 밥을 먹을 때 말을 하면 식사예절에 어긋난다고 생각하는 우리와는 좀 거리가 있어 보인다. 중국사람들과 식사를 해 보면 실제로 시끄러울 정도로 말을 많이 하는 것을 겪게 되는데 여러 가지 맛있는 요리를 천천히 음미하면서 먹기 위해서는 담소를 즐기면서 충분히 식사를 하는 것도 나쁘지 않은 것 같다.

식사 전에 따뜻한 수건을 내놓아서 손님으로 하여금 얼굴과 손을 닦게 하는 것이 좋다. 손님부터 상석에 앉히고 순서에 의해 앉아야 하며 윗사람이 식사를 시작하면 따라서 식사를 한다. 계속해서 나오는 요리도 마찬가지로 윗사람이 먼저 먹고 난 다음에 먹는 것이 가장 기본적인 식사예절이다. 이러한 식사예절은 중국뿐 아니라 우리나라도 마찬가지이다.

원탁형으로 된 식탁에서 식사를 할 경우 식탁의 가운데 있는 회전판을 돌려 자신의 앞에 온 음식을 먹는 것이 식사예절이며 일어서거나 팔을 길게 뻗어 멀리 있는 음식을 먹는 것은 식사예절에 맞지 않다. 음식은 한 가지만 너무 집중해서 편식하지 않아야 하고 자기 접시에 음식이 있는데 또 음식을 집지 말아야 하며, 음식은 자기가 먹을 만큼만 집어먹되 음식을 오래 골라서는 안 된다.

생선은 뒤집지 말아야 하고 생선뼈는 젓가락으로 골라낸다. 산동성 일대에서는 찾아온 손님을 접대할 때 물만두를 대접하지 않는데 물만두는 사람을 전송할 때 대접하는 음식이기 때문이다.

손님 접대 시 술 주전자나 차 주전자의 주둥이가 사람 쪽으로 향하지 않도록 해야 하는데 주전자의 입 부분이 사람을 향하면 그 사람이 구설수에 오른다고 믿기 때문이라 한다.

계란 프라이 2개는 중국어로 '이단 二蛋'으로 '바보'라는 뜻이기 때문에 일반적으로 4개 내지 5개를 부치는 것이 좋고, 과일을 대접할 때에는 배를 둘로 쪼개지 않는 것이 예의라고

한다. '배'는 중국어로 '梨子'로 배를 둘로 쪼개서 먹는 것은 '헤어진다'는 의미가 되기 때문
이다.

중국에서는 밥을 먹기 위해 고개를 숙여서는 안 되며 필요시 그릇을 손으로 받쳐들고 먹
는 것이 예의이다. 돼지 같은 동물이나 고개를 숙여 식사를 하는 것으로 여기기 때문이다.

1) 젓가락

중국에서 식사를 할 때 사용하는 긴 젓가락은 3천 년 전에 발명되었다고 하는데 젓가락
의 재질은 주로 대나무이다.

중국사람들은 젓가락을 아주 애지중지 다루는데 젓가락에 여러 가지 장식을 곁들인 호
사스런 젓가락을 만들어서 사용한다. 특히 북경사람들은 상아조각을 한 젓가락을 많이 사
용하고, 계림桂林사람들은 인두그림을 넣은 것, 성도成道사람들은 대나무에 꽃을 새긴 젓가
락 등 다양한 젓가락을 만들어서 사용한다. 중국사람들은 모든 요리를 젓가락을 사용하여
먹으며 심지어 우리가 먹는 밥까지도 젓가락을 이용해서 먹을 정도로 아주 중요한 식사도
구이다. 중국에서는 밥을 먹을 때 고개를 숙여서 먹어서는 안 되기 때문에 밥공기를 손으로
들고 먹는데 밥공기를 받쳐들고 먹는 가장 큰 이유는 숟가락으로 밥을 먹지 않기 때문일 것
이다.

우리의 숟가락 대신 '조갱調羹'이라고 해서 우리나라의 숟가락보다 다소 자그마하게 생
긴 유사한 것이 있긴 하지만, 이는 밥
을 먹는 데 쓰는 것이 아니라 반찬을
담아 오는 데 사용하거나 국물을 마실
때 사용하는 도구이다. 따라서 젓가락
으로만 밥을 먹기 때문에 밥알이 떨어
지지 않도록 하기 위해서는 어쩔 수 없
이 밥공기가 입 쪽으로 올라갈 수밖에
없었을 것이다. 또 한 가지 이유로, 중
국 쌀은 우리나라 쌀보다 끈기가 적어
서 젓가락으로 잘 집어지지 않는 편이
므로 밥공기를 입 근처에 대고 젓가락
으로 긁어 먹는 식사를 한다.

중식 숟가락과 젓가락

(2) 테이블 세팅

테이블 세팅Table Setting은 식사단계로 고객을 맞이할 제반 준비를 완료하는 단계를 말한다. 식사를 할 사람이나 고객에게 편안함과 안락함을 주어야 하며 음식을 판매하는 식당의 경우 내 집과 같은 느낌을 갖고 식사를 할 수 있도록 하는 데 가장 큰 목적이 있다. 이러한 느낌은 하루아침에 이룩될 수 없는 것이면서 고객에게는 무엇보다 소중한 시간을 갖는 기회를 제공할 수 있는 최선의 방법이다. 모든 직원은 신속한 서비스를 위한 준비는 물론 아래와 같은 기본적인 준비를 철저히 할 수 있도록 하여야 한다.

식당에서 예약을 받을 때에는 해당 날짜, 시간, 인원수, 예약자의 이름, 예약자의 연락처를 필수적으로 확인하여야 하며 가능하면 행사의 성격도 파악하여 별실이 필요한지, 케이크나 꽃이 필요한지도 확인해 두는 것이 좋다. 예약은 전산예약관리가 일반적이지만 그것이 불가능할 때는 연필로 작성하여 수정이 용이하도록 하며 예약이 끝나면 예약받은 날짜와 담당 직원 이름을 적어 놓아 서로 간에 혼동이 없도록 해야 한다.

행사 당일이 되면 손님 영접을 위해 입구에서 단정한 자세로 기다리다가 손님 앞 2~3보까지 걸어가서 웃는 얼굴로 정중하게 맞이하며, 예약 유무를 확인 후 손님보다 2~3보 앞에서 지정된 좌석으로 정중히 안내를 한다. 손님이 배정된 자리가 마음에 드는지 확인을 하고 의자에 앉기 전에 의자를 조금 뒤로 빼서 손님이 앉기 쉽게 한 다음 자리에 앉을 때 뒤에서 두 손으로 의자를 밀어 손님이 바로 앉을 수 있도록 도와드린다.

따뜻한 물수건(여름에는 물론 차가운 물수건)과 차를 서비스하고 메뉴판은 여자손님부터 드리고 잠시 후 주문을 받는다. 차Tea는 색깔이 너무 진하지 않게 적당한 농도로 만들어야 한다. 겨울에는 의자에 앉기 전에 코트를 받아서 지정된 옷걸이에 걸어 놓은 후 Table No.가 적힌 번호표를 달아 놓아야 옷이 바뀌지 않는다.

고추기름과 간장은 주문을 받기 전에 미리 따라 놓아도 되고 주문을 받고 나서 바로 서비스하면 되는데 손님의 앞에서 보았을 때 우측에 간장, 좌측에 고추기름을 함께 서비스한다. Sauce bottle을 잡을 때는 검지와 장지를 bottle 손잡이 고리에 끼운 다음 검지로 뚜껑을 가볍게 눌러서 서비스한다. 만약 공기 순환이 잘 되지 않아 진공이 생겨 잘 나오지 않을 때에는 가볍게 흔들어서 소스가 잘 나오게 한다. Side dish는 2명당 1set를 제공하여 손님이 편하게 드실 수 있는 위치에 놓아야 한다.

주방에서 음식을 만들 때에는 손님에게 제공되는 직전까지 항상 이상 유무를 체크하는 습관을 가져야 하며 기물이 깨지지 않았는지, 접시의 가장자리는 깨끗한지 체크를 하고 찬음식은 찬 접시에, 뜨거운 음식은 뜨거운 접시에 서비스하는 것을 원칙으로 한다.

주방에서 음식이 나오면 접객직원들은 손님 앞에 정중하게 서서 두 손으로 접시를 잡고 손님에게 보여드리고showing 무슨 음식인지 설명한 다음 서비스한다. Showing을 한 다음 되도록 주문하신 손님에게 어느 분부터 서비스를 해야 될지 물어보고 스푼, 포크spoon, fork 로 서비스를 하되 항상 lady first를 원칙으로 한다.

기본적인 서비스가 끝나면 남는 음식은 손님들이 직접 덜 어 먹을 수 있도록 테이블 한가 운데 놓아두면 된다.

음식을 서비스하거나 빈 접 시를 뺄 때에는 항상 좌측에 서 서 왼발을 앞으로 1보 정도 내 밀고 중심을 잡고 서서 허리를 약간 구부려 가장 편한 자세로 서비스한다. 특히 서비스할 때 에는 음식이 손님 옷에 묻지 않 도록 각별히 주의한다.

서비스가 끝나면 한두 걸음 뒤에 물러나 즐거운 시간이 되시라고 하거나 맛있게 드시라는 인사를 하고 퇴장하며 항상 손 님의 테이블에서 눈이 떨어져서는 안 된다. 손님이 언제, 무엇이 필요해 직원을 찾아도 손님 의 눈과 항상 마주칠 수 있는 준비가 되어 있어야 한다. 식사 시 음료 주문beverage order을 함 께 받아 매출을 증대시킬 수 있도록 한다.

Table Setting*

Basic Setting

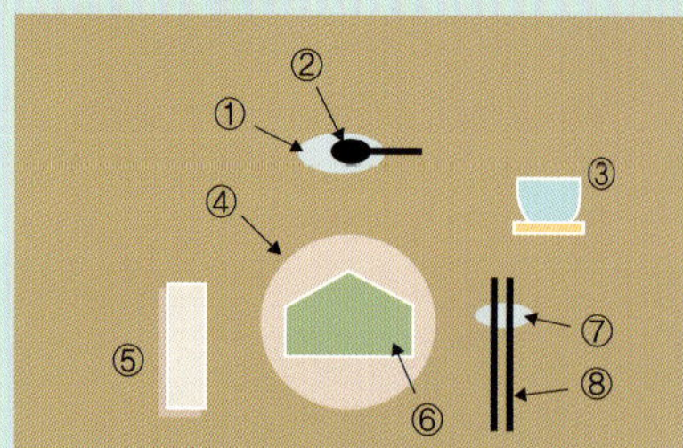

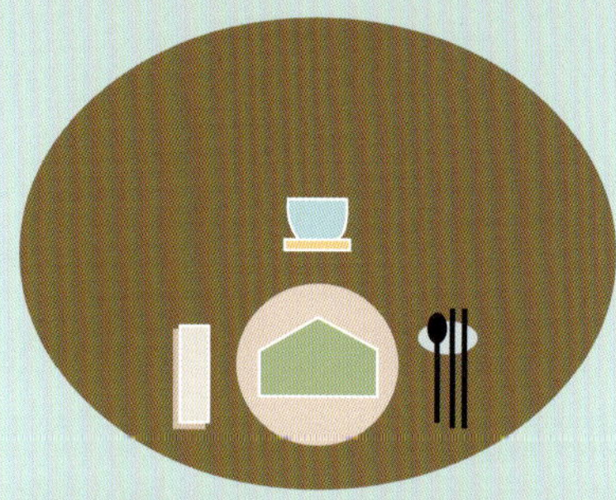

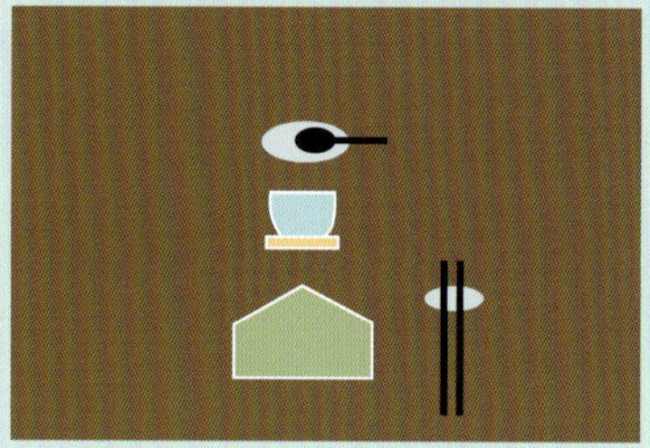

① Soup Spoon Holder
② Soup Spoon
③ Tea Cup & Tea Cup Sauce
④ Show Plate
⑤ Water Towel & Holder
⑥ Show plate & Napkin
⑦ Chop Stick Holder
⑧ Chop Stick

*** 테이블 세팅의 순서**

1) 식탁과 의자를 점검한다.
2) 테이블 클로스를 편다.
3) 탑 클로스를 편다.
4) Round Table일 경우 Lazy Suzan Stand를 테이블 중심에 올려놓고 그 위 Lazy Suzan을 올려놓는다.
5) Show Plate를 테이블 중앙에 놓는다. 또는 Napkin을 Table 중앙에 놓는다(Show Plate를 사용하지 않을 때, 주로 단체고객이나 어린이 고객이 많을 때)
6) Chop Stick Holder를 Show Plate 오른쪽 상단에 놓는다.
7) Chop Stick Holder에 Chop Stick을 가지런하게 놓는다. 이 때 Chop Stick Cover와 Chop Stick은 깨끗한 것으로 사용한다.
8) Soup Spoon Holder를 Show Plate 또는 Napkin 상단 중앙에 놓고 그 위에 Soup Spoon을 놓는다. 별실의 Round Table 세팅 시에는 Chop Stick 왼쪽에 Spoon을 Holder 위에 올려놓는다.
9) Tea Cup Sauce는 Chop Stick 오른쪽 상단에 놓고 그 위에 Tea Cup을 놓는다. Show Plate 는 상단 중앙에 놓는다.(별실 Round Table)
10) 예약된 테이블(VIP)에는 물수건을 Holder에 올려 Show Plate 왼쪽에 가지런하게 놓는다.
11) 마지막으로 Napkin을 바르게 편다.

1. 냅킨은 테이블 끝에서 0.5cm 정도 띄어서 의자 중앙에 놓는다.
2. 소스볼은 main plate을 놓을 것을 생각하고 setting한다.(테이블 끝에서 약 15cm 정도 띄운다.)
3. 엥겔 스푼은 소스 볼의 끝과 끝을 맞추어서 setting하고 간격은 1cm 정도 띄어서 setting 한다.
4. 스푼, 젓가락 받침대는 소스볼과 일직선이 되도록 한다.
5. holder 위에 젓가락을 setting하고 테이블 끝에서 1cm 정도 떨어지게 한다.
6. tea컵은 용머리 옆 정중앙에 setting한다.
7. wine글라스는 tea cup 위에 놓는다.
8. flower와 재떨이는 일직선이 되도록 setting하고 성냥은 하나 빼서 setting한다.
9. 반찬은 2인당 1set를 기본으로 한다.

2 Person Setting

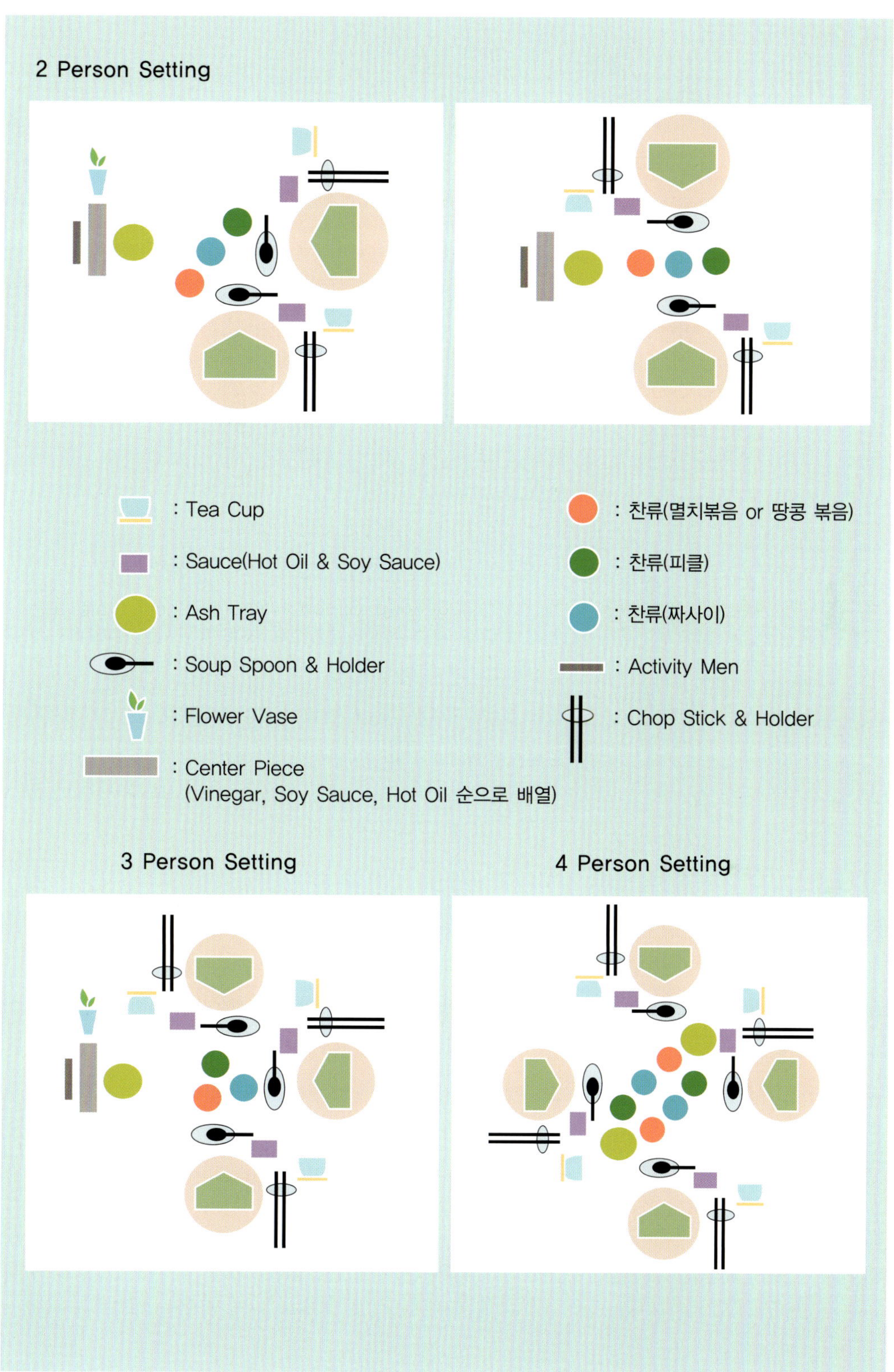

3 Person Setting

4 Person Setting

(3) 고객 관리

많은 기업들이 고객만족을 지상과제로 삼고 "고객은 왕이다"라는 슬로건 아래 고객을 감동시키기 위해 모든 수단을 다 동원하고 있다. 예전에는 고객과 직원의 관계를 주종관계로 생각했으나 최근에는 '인격적 관계'로 바뀜에 따라 좋은 서비스도 무조건적인 복종이 아니라 상호신뢰를 바탕으로 한, 서비스맨의 진정한 마음에서 우러나오는 서비스를 우선하게 되었다. 고객을 만족시키기 위한 서비스는 뛰어난 기술이나 훌륭한 시설이 필수적인데, 최근에는 서비스맨의 인격수양 정도나 호텔이 갖는 가치관 등에 의해 좋은 서비스인지 아닌지를 판단하게 되었다.

일반적으로 고객은 처음 방문하는 개별손님, 고정고객과 같은 일명 단골고객, 관광 혹은 행사 참여를 위한 단체손님의 유형으로 구분된다. 모든 직원들은 세 가지 유형의 고객형태에 맞는 적절한 고객접대 요령이 필요하다.

고객의 만족은 의식주 해결이 목적인 단순 만족, 적절한 상품과 가격에 목적을 둔 경제성에 따른 만족, 직원들의 서비스에 대한 만족도에 가치를 두는 인적자원에 대한 만족으로 분류할 수 있다. 기업마다 그토록 외치는 고객 만족의 결론은 '고객우선주의'이다. 고객은 어떠한 일이 있어도 불편해서는 안 된다.

고객의 불편은 곧 매출감소로 이어지고, 매출감소는 기업의 경영에 어려움을 주며, 기업의 매출감소는 결국 종업원들의 임금저하로 나타나게 된다. 결국 사기가 저하된 직원은 이직이나 퇴직으로 그 회사를 떠날 수밖에 없는 것이다. 손님에게 불편을 주는 것을 일일이 나열한다는 것은 불가능하고 그때그때 상황에 따라 현명하게 대처할 수밖에 없지만 일반인이 상식으로 해결이 될 수 있는 가치를 적용할 수 있으면 된다.

고객들만 이용해야 할 공간엘리베이터, 출입구, 주차장, 화장실, 전화 등을 직원이 이용함으로 인해 고객이 불편을 느껴서는 안 된다. 고객만족은 고객들의 방문횟수를 늘려주어 매출증대에 기여하고, 기업에 대한 만족은 사회적으로 인지되는 기업의 이미지 향상에 많은 기여를 한다. 결국 그 결과는 기업과 종업원이 나누게 되는 것이다.

1) 서비스맨의 자세

용모와 복장은 항상 청결하고 단정해야 하며 고객보다 화려하거나 눈에 띄는 복장과 용모는 피해야 한다. 대화 중에는 또렷한 발음의 경어와 표준어를 사용해야 하며 약간 높은 억양을 사용하여 밝고 긍정적인 이미지를 심어 주어야 한다. 권유화법을 많이 사용하여 되도록 고객에게 선택할 수 있는 기회를 많이 부여하여야 하며 항상 인내를 가지고 경청해 주어야 한다. 대화 도중 호감을 느끼게 하는 감탄사(맞장구를 쳐주거나 "네, 그렇군요" 등)를 적절하게 사용하여 고객의 의사에 동의하는 말을 많이 사용한다.

자세는 항상 곧은 자세를 유지하여 흐트러짐이 없어야 한다. 표정_{Image}은 항상 그 사람의 내면의 세계를 한눈에 파악할 수 있는 마음의 거울로, 의도적으로 짓는 표정이 아닌 가장 자연스럽고 인상깊은 느낌을 줄 수 있어야 한다. 전화는 2·2·2원칙(벨이 울린 후 2번 안에, 2분 이내로 간단하게, 상대방보다 2초 후에 끊는다)으로 경어를 사용하여 또렷한 목소리로 응답한다.

2) 표정과 인사

얼굴의 생김새는 선천적으로 타고나는데 한 사람이 지을 수 있는 표정은 그 가짓수가 50,000가지나 되기 때문에 '오만상'이란 말이 생겼다고 한다. 사람이 지을 수 있는 표정 5만 가지 중에 가장 아름다운 얼굴이 바로 미소와 웃음_{Smile}이 가득 찬 얼굴이라고 한다. 미소를 띠어 치아가 살짝 보이고 눈빛이 밝게 빛나는 표정이 가장 아름다운 표정이다. 누구나 다른 얼굴을 가졌지만 누구나 같은 미소를 지을 수는 있다.

인사는 내면 세계의 성품을 표현하는 교제의 첫걸음으로, 원만한 교제를 위한 가장 기본적인 수단인 동시에 상대방을 존중하고 인정한다는 자기 마음의 표현이다. 인사에는 고개를 15도 정도 가볍게 숙이면서 보행 중에나 멀리서 할 수 있는 목례, 고개를 30도 정도 숙이면서 서로 부담 없이 나누는 경례가 있고 윗사람을 만나거나 처음 사람을 만날 때와 같이 좀 더 정중하게 인사를 할 때는 45도 정도로 고개를 숙이면 된다. 인사는 항상 내가 먼저 하여 상황을 선점하는 것이 좋고 따뜻한 미소와 함께 상대의 시선에 눈을 맞추며 또렷한 말씨로 인사를 해야 한다.

3) 전화예절

전화는 업무나 생활에 필요한 용무를 유무선상으로 처리해 가는 과정으로 상대의 모습 및 주변상황을 모르는 상태에서 신속하고 정확하게 서로 간의 의사를 전달하는 과정이다. 따라서 전화는 통화시간을 2분 이내로 준수하여 고객이나 어떤 사람이 전화를 하더라도 통화 중이 걸리지 않도록 하며 모든 전화는 전화벨이 2번 이상 울리지 않도록 한다. 불가피한 상황에서 늦게 전화를 받았을 때에는 "늦어서 죄송합니다. ○○담당 김◇◇입니다."라고 밝힌다.

전화를 받을 때는 "안녕하십니까?/ ○○담당/김◇◇입니다."와 같이 대답을 하고 "네", "여보세요"와 같이 집에서 전화를 받듯이 받지 않도록 한다. 같은 말이라도 말하는 어감에 따라 듣는 사람이 받는 느낌에는 큰 차이가 있으므로 친절하고 상냥하게 응대해야 하며 사무적인 말투나 수화자의 기분상태업무과중, 불만족…가 표시되지 않도록 한다. 전화를 타인에게 전환시킬 때에는 "잠시만 기다려 주십시오. ○○담당 ◇◇에게 돌려드리겠습니다."라고 확인을 시켜 드리고 시간적 여유가 있을 때에는 타부서의 전환받는 사람에게 어떤 용무의 전화임을 미리 암시해 주어야 상대방이나 고객이 중복해서 설명을 해야 하는 번거로움을 사전에 방지할 수 있다. 전화 받을 사람이 통화 중이거나 부재 중일 시는 반드시 메모소속, 연락처, 이름, 용건 등를 적어 두었다가 전해 주어야 한다.

전화를 받을 때 고객 앞에서 어깨에 걸치고 받는 자세, 남에게 등을 돌리고 받음으로써 사적, 은폐적 인상을 주는 것을 삼가고 가능하면 표준말을 사용하며, 확인이 필요한 내용은 반드시 복명복창을 해야 재확인 통화를 사전에 방지할 수 있다. 통화 중에는 절대 음식을 먹거나 껌을 씹어서는 안되고 용건에 응답하는 "네"의 경우는 또렷하게 발음하고 불확실한 반말처럼 "으", 또는 "에"와 같이 흐지부지한 말은 삼간다.

통화가 끝나면 수화기를 상대방보다 2초 정도 늦게 내려놓고 전화기는 항상 깨끗이 닦아놓는다. 방향제는 자기 혼자 쓰는 전화기 외에는 가급적 붙이지 않도록 한다. 이는 가끔씩 알레르기성 재채기를 하는 고객 때문이다. 꼬인 전화기 줄은 잘 풀어놓는다.

5. 차茶와 음료

(1) 차茶

1) 차의 역사

우리가 차라고 부르는 대추차, 오미자차 등은 엄격하게 말하면 중국식의 차에 해당되지 않으며 기호음료라고 하는 편이 정확한 표현이다. 원칙적으로 차茶라고 하면 차나무의 어린 순筍이나 잎葉을 재료로 해서 만들어 마시는 음료만을 말한다. 차는 중화민족의 첫 번째 가는 음료수로 알코올이 포함되지 않은 세계 3대 음료차, 커피, 코코아 중의 하나이다. 차의 원산지는 중국의 운남성, 귀주성, 사천성 등 산간지역이며, 식물학적으로는 동백과의 상록수에 속한다.

중국은 차를 지구상에서 가장 먼저 마신 나라로, 차의 역사는 지금으로부터 약 5천 년 전으로 거슬러 올라간다. 중국의 차는 맨 처음 약용으로 사용되었는데, 고서인 『다경茶經』에 의하면 신농씨神農氏라는 사람이 처음으로 차를 마신 사람이라고 한다. 그는 처음으로 불을 이용해 물을 끓여 마신 사람으로, 어려서부터 산 속을 돌아다니면서 수많은 잡초를 직접 먹어 봄으로써 몸에 이로운 것과 독이 있는 것을 구별하다가 독이 있는 잡초를 먹게 되었다. 그때 해독을 위해 여러 가지 풀잎을 먹어 보다가 찻잎을 먹고는 찻잎 속에 해독 작용이 있다는 것을 알고 찻잎을 세상에 알리게 되었다고 한다.

옛날에 사람들은 차를 고차苦茶라 불렀고 지금의 차茶는 동한東漢에 이르러서야 차茶라는 명칭이 확립되었다. 그때까지만 해도 차는 단지 이뇨와 거담 작용을 하는 일종의 약재로 인식되었으나, 삼국시대에는 문인들이 차로 손님을 대접하는 것이 점차 유행하게 되었다.

남북조 시대에는 불교가 성행하면서 차는 좌선하는 승려들에게 없어서는 안 될 음료가 되었다. 당대唐代에 『다경』의 작가 육우는 차의 기원, 전래, 품종, 재배, 채취 및 제조, 차 끓이는 법, 끓일 물 등과 같은 문제의 연구에 일생의 정열을 쏟아 후세 사람들은 그를 차신茶神으로 부른다. 차가 대중음료로서 본격적으로 정착한 것은 당唐대약 7세기에서 10세기 무렵으로 추측되며, 그 당시 대도시였던 장안과 낙양 등에서는 일반 가정에서도 차를 마셨을 뿐 아니라 차를 전문적으로 판매하는 다점茶店까지 출현하였다.

오늘날의 엽차 형태로 바뀐 것은 명나라 때부터인데 가마솥에다가 차를 볶아서 만드는 형태로 일대 변혁을 가져왔다. 그 전까지는 떡차라고 하여 잎을 따서 절구로 찧어 떡 모양으로 굳혀서 보관하는 고형차 형태가 일반적이었다고 한다.

차의 주요 생산지는 절강浙江, 강소江蘇, 안휘安徽, 하남河南, 복건福建, 귀주貴州, 운남雲南 등지이며, 우리나라에는 신라시대에 불교의 유입과 함께 처음 들어와 고려시대에 와서 불교의 성행과 함께 보편화되었다고 한다. 조선시대에는 숭유억불 정책으로 차 문화가 쇠퇴하였으며 근대에 접어들면서 현재의 전남 보성, 나주 등지를 중심으로 차 재배가 본격적으로 시작되었다.

커피의 영향으로 최근까지 일반인들에게 생소하리만큼 멀어졌다가 차가 건강에 좋다는 것이 과학적으로 증명됨과 동시에 현대인들의 건강에 대한 인식이 높아감에 따라 다시 차 소비가 상승하고 있다.

우리나라 사람들이 일반적으로 알고 있는 중국 차라고 하면 자스민 향의 차를 생각하게 되는데 중국요리 집에

서 많이 사용해 일찍부터 우리들에게 친숙하며, 북경과 같은 북방지역의 중국 각지에서도 즐겨 마시고 있는 차이다. 이것은 보통 '花茶'로 통칭되며 황차, 백차처럼 특수한 종류의 찻잎으로 만들어지는 것이 아니라 여러 가지 찻잎과 꽃잎을 사용해 2차적으로 가공한 것이다. 중국에서는 커피가 아직 보편적이지는 않으나 개혁개방 이후 급속하게 진행되는 서구화의 물결 속에서 커피의 영향을 받지 않을 수 없는 만큼 분명 중국 전통의 차가 많은 부분 서양의 커피에 자리를 빼앗기리라 생각되지만, 앞으로 나름대로의 차 문화가 정착될 것이다.

2) 차의 분류

차는 차나무의 어린잎으로 만든 음료로 찻잎의 발효 정도와 색깔에 따라 여러 가지로 분류된다. 발효 정도에 따라 불발효차不醱酵茶, 반발효차半醱酵茶, 발효차醱酵茶, 후발효차後醱酵茶의 4종류가 있으며 이들 차는 발효도에 따라 색상과 맛이 다른데 색상에 따라 흑차黑茶, 황차黃茶, 백차白茶, 홍차紅茶, 청차靑茶, 녹차綠茶, 화차花茶로 분류한다.

차를 건조시키는 방법은 증기를 이용해서 말리는 방법과 솥에 볶아서 말리는 방법의 두 가지가 있는데 중국에서는 볶아서 말리는 방법을 사용하고 일본에서는 증기를 이용하는 방법을 사용한다.

발효정도에 따라

① 반발효차半醱酵茶

10~65% 정도 발효시킨 차로 기름기가 많은 요리에 잘 어울리는 제품으로 중국음식을 먹을 때 대표적 반발효차인 오룡차를 함께 마시면 입안을 산뜻하게 해주고 느끼한 맛을 없애주며 소화를 도와주는 작용을 한다.

오룡차烏龍茶는 청갈색을 띠어 청차靑茶라고도 하며 그 발효정도에 따라 10~20% 발효시킨 경반발효차輕半醱酵茶, 20~40%가량 발효시킨 중반발효차中半醱酵茶, 40~60% 정도 발효시킨 중반발효차重半醱酵茶로 나뉜다. 철관음鐵觀音과 동정오룡凍頂烏龍이 대표적이다.

② 발효차醱酵茶

85% 이상 발효시켜 떫은맛이 강하고 밝은 홍색을 나타내는데 홍차가 대표적이다. 다르질링Darjeeling, 우바Uva, 아삼Assam 등을 브랜드화한 잉글리시 브렉퍼스트English Breakfast, 오렌지 페코Orange Pekoe, 향을 첨가한 얼 그레이Earl Grey 등이 대표적이다.

③ 후발효차後醱酵茶

녹차의 효소를 파괴시킨 뒤 찻잎을 퇴적하여 공기 중에 있는 미생물의 번식을 유도해 다시 발효가 일어나게 만든 차를 말하며 황차, 흑차가 대표적이다.

④ 불발효차不醱酵茶

발효를 시키지 않고 바로 차를 만든 것으로 녹차가 대표적이다. 찻잎은 따서 채취하는 시점부터 탄닌이 산화되기 시작한다. 산화가 진행되면서 엽차는 다갈색으로 변하게 되는데, 산화작용을 멈추게 하기 위해 찻잎을 따서 즉시 열을 가해 만든 차가 불발효차이다.

차의 색깔에 따라

① 흑차黑茶

흑차는 중국의 운남성雲南省, 사천성四川省, 광서성廣西省 등지에서 생산되는 후발효차로서 차는 흑갈색이며 차를 우려 놓으면 갈황색이나 갈홍색을 띤다. 흑차 잎은 비교적 크고 쇤 잎을 쌓아 놓고 만들기 때문에 발효 시간이 비교적 길어져서 잎의 색깔이 흑갈색으로 보인다. 흑차는 주로 변강 지구의 소수민족들에게 음용으로 공급되어 변소차邊銷茶라고도 부르며 몽고, 위구르 등의 지역에서는 생활 필수품으로 하루 식사는 걸러도 차는 거를 수 없다고 할 만큼 음용이 생활화되어 있다.

차가 완전히 건조되기 전에 퇴적하여 곰팡이가 번식하도록 함으로써 곰팡이에 의해 자연히 후발효가 일어나도록 만들기 때문에 처음 마실 때는 곰팡이 냄새로 인해 역겨움을 느끼기도 하지만 익숙해지면 독특한 풍미와 부드러운 흑차의 진가를 알 수 있다. 중국에서는 잎차보다 차를 압착하여 덩어리로 만든 차가 주로 생산되며 오래 숙성시켜서 저장기간이 오래될수록 고급 차로 간주하는데, 체내의 기름기 제거효과도 강하기 때문에 기름진 중국 음식과 잘 어울린다. 근래에는 다이어트에 효과가 있다고 하여 많은 여성들이 즐겨 찾는다.

중국의 운남성雲南省 보이현에서 생산되는 대엽종 찻잎으로 만드는 후발효차인 보이차普耳茶는 알칼리도가 높아 피를 맑게 해 주고 혈압을 안정시켜 주며 머리가 맑아지게 한다. 『운남성지』, 『백화경』 등의 기록에 의하면 "보이차는 기름기를 제거하고 장을 이롭게 씻어 내고, 술을 깨게 하며, 소화를 돕고, 목의 통증을 다스리고 생강탕과 같이 쓰면 간기를 치료하고 피부의 출혈을 멈추게 한다"라고 하였다.

보이긴압차普耳緊壓茶는 운반의 편의와 장기간 저장을 위하여 찻잎에 수증기를 가한 다음 틀에 넣고 압착하여 일정한 형태의 덩어리로 만든 제품이며, 마실 때는 칼로 잘게 썰어서 우려 마시고 버터나 밀크, 소금을 첨가하기도 한다. 벽돌 모양, 원반형, 하트 모양, 탁구공 모양 등 다양한 모양과 크기를 갖는다.

② 황차黃茶

황차는 차의 잎, 차, 차를 우려내고 난 찌꺼기 세 가지 색이 모두 황색을 띠는 중국의 6대 차 중의 하나로 그 역사가 매우 오래되었다. 녹차를 제조하는 과정에서 잘못 처리되어 황색으로 변화되면서 우연히 발견된 황차는 송대宋代에는 하등제품으로 취급되었으나 연황색의 수색과 순한 맛 때문에 고유의 차로 자리잡게 되었는데, 녹차와는 달리 찻잎을 쌓아두는 퇴적과정의 습열 상태에서 찻잎의 성분변화가 일어나 특유의 품질을 나타내게 된다.

녹차와 오룡차의 중간에 해당되는 차로서 잎의 엽록소가 파괴되어 황색을 띠고, 쓰고 떫은맛을 내는 카테킨 성분이 약 50~60% 감소되어 차의 맛이 순하고 부드럽다. 또한 당류 성분과 단백질의 분해로 당성분과 유리 아미노산이 감소되어 단맛이 증가되며 고유의 풍미를 형성하게 된다.

황차의 대표적인 것으로 군산은침君山銀針이 있는데, 군산君山은 중국 호남성湖南省 악양현의 동정호洞庭湖 가운데 있는 섬으로서 이 동정호 근처에서 생산되어 황실에 바쳐지던 귀한 차이다. 차는 청명淸明전후 3~4일에 걸쳐 어린잎을 따서 먼저 솥에서 열처리를 한 뒤 1차 건조를 시키고 다시 수분 함량이 50~60% 정도일 때 종이로 싼 뒤 나무상자나 철제상자에 넣고 40~48시간 저장시켜 만드는데, 향기가 맑고 부드러운 맛에 차의 빛깔은 밝은 등황색이다. 차 싹은 백호가 많고 잎의 모양은 곧고 가지런한 것이 담황색을 띠고 차에 더운물을 부으면 차 싹이 곧게 뜨다가 천천히 가라앉는다.

또 다른 대표적인 황차로 온주황탕차溫州黃湯茶가 있다.

③ 백차白茶

잎에 흰털이 많이 있으며 10~20% 정도 발효시킨 차로 어린 싹을 인위적으로 볶지 않고 천연의 햇빛으로 건조시키는 차이다. 차의 잎은 새하얗고 찻물은 아주 연한색이 특징이다. 맑은 향이 추출되고 생산량이 많지 않아서 귀하다.

백차는 일반적으로 싹이 통통하고 잔털이 많은 복정대백차福鼎大白茶와 같이 갓 나온 잎에 하얀 솜털이 많은 품종을 골라서 사용하는데, 다 만들어진 완성품에는 하얀 잔털이 덮여 있어 아주 소박하고 단아하며 찻물이 맑고 담담하여 그 맛이 깔끔하다. 여름철에 열을 내려주는 작용이 강하여 한약재로도 많이 사용한다. 중국 복건성福建省이 주산지로 차 싹이 크고 솜털이 많은 품종을 선택하여 이십사절기 중 청명 전후 2일 사이에 걸쳐 제조한다. 특별한 가공과정을 거치지 않고 그대로 건조시키면서 약간의 발효만 일어나도록 하기 때문에 가장 간단한 차이다.

황산모봉차黃山毛峰茶는 중국 안휘성의 유명한 명승지이며 중국의 5대 명산의 하나인 황산에서 생산되는데, 작고 흰 은빛 털이 잎을 덮고 있어 마치 여우 털이나 밍크를 온몸에 감고 있는 귀부인을 연상시키는 차로 짙은 향기와 부드러운 맛이 특징이다. 중국의 차 소개서에는 백차가 아닌 녹차로 분류하고 있다.

④ 홍차紅茶

발효차의 대표적 품종으로 찻잎을 시들게 하고, 발효시키고, 비비고, 볶고, 체로 치는 과정을 거쳐 만들어진다. 세계 전체 차 소비량의 75%를 차지하는 차이기도 하다. 인도, 스리랑카, 중국, 케냐, 인도네시아가 주 생산국이며 영국과 영국식민지였던 영연방국가들에서 많이 소비되며 특히 영국에서 호평받고 있다. 발효도 80~90%의 완전발효차이며 찻잎과 차가 모두 붉은 색으로, 홍차의 품질적인 특징은 발효를 거친 후에 형성된다. 현재 세계적으로 마시는 홍차의 원조는 중국 송나라 때 생긴 것으로 전하여지고 있으나 지금의 홍차는 17세기 중반 경 오늘날의 홍차 형태로 완성되게 되었으며 19세기경에는 인도, 스리랑카 등으로 전해져 세계적으로 퍼지게 되었다. 우유나 레몬 등 여러 가지 재료와 혼합하여 마셔도 잘 어울린다.

인도의 히말라야 산맥의 고지대인 다르질링 지역에서 3월과 11월 사이에 생산되며 오렌지색이고 부드러운 맛이 나는 다르질링darjeeling, 중국의 안휘성 기문祁門에서 6월과 8월 사이에 생산되며 훈연한 맛이 나는 기문홍차, 스리랑카의 중부 우바 1,200m 이상의 산악지대에서 생산되는 우바Uva 홍차가 세계3대 홍차로 꼽힌다. 세계 최대의 홍차 생산지는 인도 북동부의 앗샘평원에서 생산된 앗샘홍차로 주로 블렌딩용 원료로 많이 사용되고 있다. 통상 3~11월에 걸쳐 수확하며 농후한 맛과 진한 적갈색을 띠고, 밀크를 첨가하여 마시는 밀크티로 적당하다.

홍차로 대표적인 것은 기문홍차祁門紅茶, 운남홍차雲南紅茶, 사천홍차四川紅茶 등이 있다.

⑤ 청차青茶

중국남부와 대만이 주산지인 차로서 발효 도중에 가마에 넣고 볶아 발효를 멈추게 한 반발효차半醱酵茶로 비발효차인 녹차와 완전발효차인 홍차 사이의 한 종류인데, 그 발효정도에 따라 10~20%의 경반발효차輕半醱酵茶, 20~40%의 중반발효차中半醱酵茶, 40~60%의 중반발효차重半醱酵茶로 나눌 수 있다. 물에 우려낸 찻잎을 보면 빨간색과 푸른색이 함께 나타나는데 빨간색 부분은 발효가 된 것이고 푸른색 부분은 발효가 되지 않은 것이다. 따라서 빨간색에 가까울수록 많이 발효된 차이다. 약하게 발효된 차는 물의 온도를 70℃ 정도로 우려내고, 많이 발효된 차는 90℃ 정도로 우려낸다.

제품의 빛깔이 까마귀같이 검고 모양이 용처럼 구부러져 있어서 오룡차烏龍茶라고 하며 보통 중국차라고 한다. 중국 남부 복건성福建省과 광동성廣東省이 주산지인 오룡차烏龍茶는 기름기가 많은 요리에 잘 어울리는 제품으로, 중국음식을 먹을 때 오룡차를 함께 마시면 입안을 산뜻하게 해주고 느끼한 맛을 없애주며 소화를 도와주는 작용을 한다.

오룡차를 마실 때는 의흥宜興의 소형 다기를 이용하여 다관에 절반 정도 차를 넣고 90~100℃의 뜨거운 물을 부어 우려 마셔야 제맛이 나며, 소형 다기가 없을 경우에는 일반 사기형 다관을 사용하여도 무방하나 녹차나 홍차를 우려 마시는 다관을 그대로 사용하면 향이나 맛이 혼합되어 본래의 맛과 향이 떨어진다. 철관음차鐵觀音茶, 수선水仙, 백호오룡白毫烏龍등의 차가 있다.

백호오룡은 발효정도가 65% 전후로 높기 때문에 수색이 홍차에 가까운 홍색을 나타내며 대만의 신죽新竹, 묘율苗栗지역에서 여름철 무소독·무비료 재배로 생산되어 벌레가 잎의 즙을 빨아먹은 뒤 찻잎을 따서 만들기 때문에 벌꿀과 같은 향이 형성된다. 향빈오룡香檳烏龍 또는 동방미인東方美人이라 부르기도 한다.

⑥ 녹차綠茶

중국에서 생산량이 가장 많은 차 중의 하나로 전국 18개 차 생산지역 모두 녹차를 생산한다. 찻잎을 따서 바로 증기로 찌거나 솥에서 덖어 발효가 되지 않도록 만든 녹차는 세계 차 시장에서 무역량의 70% 내외를 차지하며, 오늘날에는 중국에 이어 일본이 녹차의 으뜸 생산국이 되고 있다.

녹차는 새로 돋은 가지에서 딴 어린잎을 사용하여 만든다. 대개 5월, 7월, 8월의 3차에 걸쳐 잎을 따며 그 중에서도 5월에 채취한 것이 가장 좋은 차가 된다고 한다.

녹차를 만드는 기본적인 제조 과정은 살청殺靑, 비비기, 말리기의 세 공정으로 이루어지는데 살청殺靑방식에는 가열살청加熱殺靑, 증기살청蒸氣殺靑의 두 종류가 있고 말리는 방식에 따라 덖어서 말린 '초청炒靑', 불에 쬐어 말린 '홍청烘靑', 햇볕을 쬐어 말린 '쇄청'으로 구분한다. 차를 마시는 방법은 차관작은 찻주전자이나 도자기 컵에 찻잎을 1인분 기준 2~3그램을 넣고 생수를 끓여서 60~70℃로 식혀 물을 붓고 1~2분간 우려내 마신다.

중국에서는 덖음 차가, 일본에서는 증기로 찌는 차가 주로 생산되며 우리나라의 경우는 덖음 차가 주류를 이루고 있고 증제 차는 전체 생산량의 25% 정도를 차지하고 있다. 또한 열처리 과정에서 증기로 찐 다음 덖음 차와 같이 말려있는 형태로 만든 옥록차도 생산되고 있는데 이는 증제 차의 산뜻한 맛과 덖음 차의 고소한 맛이 조화된 새로운 형태의 녹차이다.

일반적으로 좋은 차일수록 물의 온도를 낮추어야 제맛이 나며, 차를 만드는 방법은 찌는 방법과 볶는 방법이 있는데 볶는 방법이 정통 중국식으로 떫은맛과 쓴맛이 적고 향기와 맛이 상쾌하다.

말차는 찻잎을 증기로 찐 다음 건조시켜 맷돌과 같은 말차 제조용 기계를 사용해 아주 미세한 가루로 만든 차이다. 떫은맛이 적고 아미노산과 엽록소가 많아 가루 차 그대로 물에 타서 마시거나 빵, 국수, 아이스크림 등 여러 가지 식품소재로 이용되고 있으며 특히 비타민 A나 토코페롤, 섬유질 등을 그대로 섭취할 수 있어 영양가치가 높은 차이다.

용정차龍井茶는 중국 녹차의 대명사로 원래는 중국 절강성 항주의 서호西湖 주변의 산에서 생산된다. 아주 어린 싹만을 따서 처음 덖는 과정에서 최종 제품이 될 때까지 솥 안에서 덖고 비비기를 하여 편평한 모양의 차가 되도록 만들어 차의 맛이 부드럽고 향이 독특하나 우리나라 사람들의 기호에는 다소 부적합한 차이다. 대표적인 녹차는 서호용정차西湖龍井茶, 동정벽차洞庭碧螺, 노산운무차盧山雲霧茶, 황산모봉차黃山毛峰茶 등이 있다.

하늘에서는 천국, 지상에서는 소주항주蘇州抗州라 불릴 정도로 아름다운 호수, 서호西湖를 감싸고 있는 항주시抗州市는 중국에서도 손에 꼽을 정도로 경치가 매우 아름다워 일찍이 마르코 폴로는 항주를 세계에서 가장 아름다운 도시라고 찬미했다고 한다. 이 아름다운 서호 근처에서 차가 채집된 시기는 326년 정도로 보고 있다. 서호의 용정차龍井茶는 맑은 향, 신선한 맛, 맑은 연둣빛의 아름다운 색상을 가진 차로 원나라의 시인 우백생虞伯生과 명나라의 전운형田芸衡이 즐긴 차로 원나라, 명나라 때부터 지금에 이르기까지 중국녹차의 우위를 차지하고 있으며, 중국 차 전체의 왕좌의 위치에 있다해도 과언이 아니다.

⑦ 화차花茶

색상에 따른 구분은 아니나 차와 꽃을 합해 차 잎에 꽃향기가 스미게 하여 만들어지는 차로 국화차, 자스민차, 장미차 등 작은 꽃봉오리를 원료로 하여 만든 차도 있다. 화차는 향과 분위기를 즐길 뿐만 아니라 약효가 많아서 건강에 좋고 기분을 편하게 해주며, 꽃의 향기가 풍부하여 향이 있는 요리에 잘 어울린다. 생수를 끓여 낸 후 약 70~80℃ 정도의 물을 넣어 우러나면 마신다. 국화차는 여름에 열을 내리는 효과가 탁월하다.

3) 차의 효능

쓴맛으로 시작해서 단맛으로 끝나는 차는 비타민, 각종 아미노산, 카페인, 탄닌, 단백질, 탄수화물, 엽록소, 무기질 등이 들어 있다. 우리가 상식적으로 몸에 안 좋은 것으로만 아는 카페인은 지적 직업인에게 경쾌한 사고와 두통을 없애주고, 고혈압에 효과가 있다.

비타민은 괴혈병·당뇨 예방, 식욕 촉진, 병의 저항력 증진, 항노화 및 항암 효과가 있으며, 탄닌은 이뇨작용으로 피를 맑게 한다. 요즈음은 많은 피부미용과 다이어트diet에 효과가 있다고 하여 많은 여성들에게 각광을 받고 있다.

① 항암효과

하루에 차를 평균 5잔에서 10잔 정도 마신 사람의 평균 연령이 그렇지 않은 사람보다 3세에서 6세가량 많게 알려져 있는데 국제학술회의에서 발표한 보고서에 따르면 녹차와 홍차 등이 폐암을 비롯하여 구강암, 결장암 등을 예방하는 효과가 있으며 심장병과 뇌졸중 등에도 효능이 있는 것으로 알려져 있다. 그리고 차의 쓴맛과 떫은맛은 사포닌이란 성분 때문인데, 이 성분은 항암 및 항염증 작용이 있는 것으로 밝혀졌다.

② 다이어트 효과

차 속에 있는 카테킨이란 성분은 지방 분해 효소의 작용을 강화시켜 준다고 알려져 있다. 중국의 거의 모든 음식은 기름을 이용하는 요리임에도 서양 사람들처럼 비만인 사람이 많지 않은 것은 중국인의 생활습관 중 때와 장소를 가리지 않고 차를 마시는 습관 때문이라고 한다.

대학교수가 강의를 할 때도, 집에 손님이 찾아왔을 때도 차를 내며 기차 안에는 차를 먹기 위한 뜨거운 물이 준비되어 있다. 중국 사람들을 자세히 보면 많은 사람들이 차를 먹기 위한 물통을 들고 다니는 것을 쉽게 볼 수 있다.

③ 당뇨병 치료 효과

차 속에 함유되어 있는 카테킨이란 성분은 당질의 소화 흡수를 지연시키는 작용을 함으로써 포도당이 혈액 중으로 흡수되는 것을 억제하여 혈당치의 상승을 억제시키는 작용을 한다고 알려져 있다.

④ 식중독 예방효과

차는 포도상구균 등 일반적으로 식중독을 일으키는 세균에 대하여 살균 작용을 하여 설사와 이질에 효과가 있는 것으로 알려져 있다. 중국 사람들이 아무 음식이나 먹어도 배탈이 잘 안 나는 이유가 차를 많이 마시기 때문이라고 한다.

⑤ 노화방지와 피부미용

녹차성분이 첨가된 비누가 요즈음 많이 나오고 있는데 녹차성분은 피부의 기름기를 제거하고 소독, 살균, 피부노화방지의 효과가 있으며 차의 차다분茶多芬, 폴리페놀은 비타민 E보다 18배나 높은 노화방지 효과가 있다고 한다.

그 외에도 많은 효과가 입증이 되어 심혈관 질병을 억제하고, 정신을 맑게 하며, 신장을 자극해서 오줌이 신속하게 체외로 배출되게 하여 유해물질이 신장에 남아있는 시간을 단축시키는 이뇨 효과 등이 있는 것으로 알려져 있다. 또 카페인은 위액의 분비를 촉진시켜 소화를 증진시키고 지방 분해를 도와 다이어트에 효과가 있다. 찻잎에 함유된 불소는 알칼리성으로 치아를 보호해 주며, 비타민 C는 눈의 수정체의 혼탁도를 낮추어 차를 마시면 눈이 밝아진다.

4) 좋은 차를 마시려면

① 좋은 차를 선택해야 한다.

찻잎의 모양, 향기, 맛 등을 여러 모로 따져 봐야 하는데 녹차의 경우 비취녹색이거나 푸른 녹색으로 기름 바른 듯한 색상에 깨끗한 향과 순한 맛이 나는 것이 좋다. 홍차는 잎이 똘똘 뭉치고 치밀하고 검은색의 윤기가 있어야 하며 오룡차는 청갈색으로 단 맛과 짙은 향,

잎은 광택이 있어야 좋은 것이다.

맑고 신선한 찻잎은 그 해의 기후에 많은 영향을 받게 되는데 찻잎을 채취하는 전날 밤 구름이 끼지 않고 싱싱하게 하늘 기운이 뻗쳐 은빛 이슬이 흡족히 내린 후에 딴 것이 최상품이고, 한낮에 딴 것이 다음이며, 습기가 서린 음산한 우기에 채취한 것은 좋은 차를 얻기에 적합하지 않다.

찻잎은 두툼하고 반질반질 윤기가 나는 것이 제일 좋은 잎이고 쭈글쭈글한 것이나 돌돌 말리고 윤기가 없이 마른 것은 좋지 않은 제품이다. 또 깊은 계곡에 어리는 운무雲霧를 마시고 자란 것이 제일 귀한 것이고, 대밭 근처에서 맑은 이슬 기운으로 자란 것이 그 다음이고, 암석 사이나 황토에서 자란 것이 그 다음이다.

② **좋은 물을 선택해야 한다.**

인간이 생을 영위해 가는 데 있어서 단 하루도 물 없이 살아갈 수 없다. 신이 우리에게 베풀어주신 선물 가운데 가장 신비스러운 조화라고 할 수 있는 물은 차의 근본인 몸체가 되며, 차는 물의 영혼이다.

물을 누구보다 신중하고 섬세하게 선택했던 초의스님은 품천品泉의 절목節目에서 "산정山頂의 샘물은 맑으나 가볍고, 수하水下의 샘물은 맑으면서 무겁고, 석중石中의 샘물은 맑으며 달고, 사중沙中의 샘물은 맑고 차며, 토중土中의 샘물은 담백하며, 황석黃石으로 흐르는 물은 쓸 만하나 청석靑石에서 나는 물은 쓰지 않는다"고 했다. 또한 흐르는 물은 고여 있는 물보다 더 좋고, 그늘의 물은 햇빛을 받은 물보다 좋다고 하며, 순수한 물은 맛이 없고 향기가 나지 않는 것이라고 한다.

육우의 『다경』에는 "산속의 샘물이 으뜸이고 강 복판의 물이 중등이며 우물물이 최하이다"라고 하였는데 전문가들은 좋은 물은 맛이 가볍고 순하며 끝 맛이 좋은 여운을 남기는 것이 좋은 물이라고 한다. 어디 그뿐인가? 당나라 장우신張又神의 『전다수기煎茶水記』에서는, 양자강 남영南零의 물을 제일로 하여, 혜산사惠山寺의 석수石水, 소주蘇洲의 호구虎丘, 단양 관음사觀音寺의 물, 양천揚川의 대명大明, 오송강吳松江, 회수淮水의 물 등 헤아릴 수 없을 정도로 현란스럽게 여러 등급으로 물을 분별하고 있으며 일제 때 출판된 가입일웅家入一雄의 저서 『조선의 차와 선』에서도 우리나라 각 곳의 물과 우물물의 좋고 나쁨을 상세하게 기록하고 있다.

물이 끓은 상태를 분별하는 방법에는 세 가지의 큰 것과 열다섯 가지의 작은 것이 있는데 첫째는 물이 끓는 모양에 의하여 알아내는 형변形辨이고, 둘째는 물이 끓는 소리를 들어 알아내는 성변聲辨이며, 다음은 물이 끓어오르는 기세에 의하여 분별하는 첩변捷辨이 곧 세 가지 큰 것인데, 형形은 차관茶罐 안에서 일어나는 것이며 성聲은 밖의 것이다. 형변은 찻물이 끓으면서 생겨나는 작은 기포를 형용한 말로 육우의 『다경』에는 물고기의 작은 눈처럼 물방울이 맺히면서 솔바람 부는 그윽한 소리가 들리는 것을 일비一沸, 물솥의 연변緣邊에 샘 솟듯 끓기 시작하고 수기水氣가 서려서 물방울이 고운 구슬처럼 연이어 맺히게 되는 상태를 이비二沸, 물이 펄펄 끓어 파도가 물결치듯 일어나는 상태를 삼비三沸라 하였으며 삼비가 넘어가면 물이 노수老水가 되어 짙어져 차 맛을 잘 낼 수 없다고 하였다. 우리가 밥을 짓는 데에도 물을 잘 다스려 뜸을 잘 들여야 밥이 맛있듯, 물이 영글지 않고 간間이 맞지 않은 물은 차 맛을 잃게 한다.

물의 성품은 까다로워서 금방 변하고 상하기 때문에 나무 그릇이나 플라스틱, 양은그릇은 될 수 있으면 피하는 게 좋고, 새로운 그릇도 냄새 때문에 물맛을 잃게 된다. 옛날에는 매우梅雨를 담는 항아리를 그늘진 뜰에 놓고 베로 덮어, 별빛과 이슬을 받아 찬물을 얻었으며, 또한 선인先人들은 더욱 신령스런 물을 만나기 위해 대추나무 밑에 항아리를 놓고 삼베로 덮어, 흐르는 성운의 정기를 머금은 물을 받아서 사용했다고 한다.

명차는 반드시 명수名水에 끓여야 하는데 요즈음처럼 좋은 물을 구하기가 쉽지 않은 시대에 제대로 된 차맛을 아는 사람도 드문 것 같다. 오늘날 가장 많이 사용하는 수돗물은 포트나 주전자의 뚜껑을 비등점에서 열어 소독약 특유의 냄새가 날아가게 하거나 물을 저장한 수반에 맥반석이나 수정을 넣고 물을 맑게 해서 마신다면 그나마 차의 맛이 살아나지 않을까 싶다.

③ 물의 온도불을 다루는 일

차를 끓이는 데 제일 중요한 것은 불이다. 화로를 완전히 달군 후, 다관을 얹어서 가볍게 빨리 끓여야 한다. 그래서 찻물을 끓이는 숯은 단단한 것으로 골라 불이 완전히 핀 것으로 속에 나무가 남아 있어 연기를 내지 않아야 한다. 이렇게 까다롭게 물을 끓이는 온도는 고급 녹차인 경우 온도가 80℃ 정도이면 좋고 아주 특별히 고급 녹차라면 50℃ 정도로 온도가 낮은 것이 좋다고 한다.

맑게 헹군 차호에 찻잎과 물을 넣어 차를 우리는 방법에 대한 설명을 초의스님은 다신전에서 투차投茶하는데 차호에 먼저 찻잎을 넣고 물을 붓는 것을 하투下投, 차호에 탕을 반쯤 붓고 찻잎을 넣은 뒤 다시 탕을 붓는 것을 중투中投, 그리고 하투와 반대로 탕을 붓고 찻잎을 넣는 것을 상투上投라고 하였으며 봄과 가을에는 중투가 좋고, 여름에는 상투, 겨울에는 하투를 하면 좋은 차를 얻을 수 있다 하였다. 차를 내는 데 또 주의해야 할 것은 차를 마시는飮茶 손님의 수에 맞추어 차를 알맞게 넣고 너무 빠르지도, 늦지도 않게 우려내는 일이다. 너무 빠르면 차의 향기가 온전치 못하고 맛도 싱거울 뿐만 아니라 빛깔도 선명치 못하며, 반대로 너무 늦으면 진하며 떫고 탁하며 차의 담백한 아취를 맛볼 수 없기 때문이다. 다시 말해 차가 맑고 고운 것일수록 온도를 내려 차를 우리며 차를 넣기 전 차호와 찻잔을 끓는 물로 데워서 그릇에 온화한 숨결이 젖도록 하여 그릇을 만질 때 살아있는 생명의 체온을 느낄 수 있도록 하는 것이 좋다.

예전에는 편리하고 쉽게 다룰 수 있는 도구가 갖추어져 있지 않아 차를 마신다는 것이 여간 번거로운 것이 아니었지만 오늘날은 물을 끓일 수 있는 포트 같은 가전제품이 많이 있어서 쉽게 구할 수 있다. 그러니 굳이 전통이라는 틀에 얽매여 차를 마실 필요는 없지만, 옛스러운 멋과 품위가 살아 있는 차 한 잔이야말로 지금의 차와는 다른 진정한 차 맛이 아닐까 한다.

전통이란 과거 속에 집착하여 과거의 모습이나 습관을 그대로 본 따는 것이 아니라 과거의 고유한 뿌리 속에서 미래로 향하는 새로운 생명과 숨결을 찾아 가지를 내리고 싱그러운 열매를 맺도록 하는 것이다. 서툴고 다도가 무엇인지 잘 모르더라도 우선 차를 마시는 생활을 하다 보면 차의 깊고 넓은 색色, 향香, 맛味에 흠뻑 젖는 다도의 세계를 맛볼 수 있을 것이다.

④ 그릇을 탓하라

찻잔을 무시할 수 없다. 흰 도자기를 찻잔으로 사용하면 사람들에게 담백하고 청아한 느낌을 주기 때문에 가장 좋다고 한다. 명나라 때 강소성 의흥 자사도자기 찻잔 기술자 공춘이 만든 찻잔들은 금이나 옥보다도 더 귀했다고 한다. 이 찻주전자와 찻잔은 소박하면서도 시원스럽고 색조가 고풍적이면서도 우아하였으며, 차 맛이 잘 변하지 않고 쉽게 식지도 않았다고 전해진다.

중국사람들은 차 마시기를 좋아하는 만큼 다기도 좋아한다. 아름다운 다기를 집안의 눈에 잘 띄는 곳에 실내 장식용으로 진열하며 친구가 결혼할 때에는 항상 아름다운 다기 세트를 사서 신혼부부에게 선사한다. 중국의 다기 세트는 일반적으로 한 개의 찻주전자茶壺, 네 개의 찻잔茶碗과 한 개의 다반茶盤으로 구성되며, 강서성江西省 경덕진景德鎭의 도자기, 하북성河北省 한단邯鄲 자주요磁州窯의 도기, 그리고 강소성江蘇省 의흥宜興의 니호泥壺다기가 유명하다.

다관茶罐은 탕湯을 붓고 차를 넣어 우려내는 그릇으로 요즈음은 대부분 찻잔과 한 세트로 만들어 내는데, 이것도 너무 호사스럽지 않고 담백한 느낌을 주며 우려낸 차를 찻잔에 따를 경우 찻물이 주둥이를 따라 흘러내리지 않아야 한다. 다반茶盤은 찻잔을 보관하거나 차를 낼 때 사용하는 쟁반으로 주로 밤나무·참나무·대추나무·모과나무와 같은 목재를 이용해 만들며 나무의 무늬를 잘 살려 만든 것이 좋다. 차수건茶巾은 찻잔이나 차 도구를 닦는 데 쓰이는 행주로 무명, 면, 마포麻布 등으로 만들어야 물기를 잘 흡수한다. 잘 마르는 흰색이 좋으나 천연염료가 사용된 것도 큰 무리는 없고 위생상 자주 빨거나 삶아서 깨끗하게 쓸 수 있는 것이 좋다.

※ 차의 색과 향은?

근세 중국의 석학 임어당은 청향淸香한 분위기와 한적한 정취 있는 곳에서 적정한 기분으로 한 잔의 차를 홀로 즐기거나 지우知友와 청담을 즐기며 마시는 아취는 가없는 인생의 번뇌를 한순간이나마 푸근히 가라앉혀 주는 것으로 홀로 마시는 차를 이속離俗이라 했고, "산정山頂의 새벽기운 먹은 이슬의 방향芳香이 아직 입 끝에 남아 있는 이른 새벽에 마시는 차 맛은 참으로 현묘한 노적露滴의 내용과 청순을 연상케 한다"고 하였다.

또한 둘이서 마시면 한적閑適하고, 셋이나 넷이 마시면 유쾌愉快하나 그 이상의 많은 사람이 마시면 저속低俗하여 단아한 풍미를 잃게 될 수 있다고 하여 경계하고 있다. 차는 많은 사람들이 어울려 떠들며 번잡하게 마시는 속물이 아니고, 명상하며 영혼의 저 깊은 곳으로 도달하고자 하는 맑고 지순한 사람들의 소유물인 것이다. 그렇다고 차가 사치나 부리는 고상한 사람들이나 권세 있는 귀족들만의 전유물은 더욱 아니며 차관茶罐을 깨끗한 냉수로 헹궈 차반茶盤에 차를 낼 수 있는 여유만 가진 사람이면 누구나 즐길 수 있는 향과 맛을 가진 음료이다.

5) 좋은 차를 만들려면

① 차를 볶는 것

정성스럽게 채취한 좋은 차를 볶거나 쪄서 완전한 차를 만드는 것 또한 중요한 과정이다. 찌거나 볶는 방법에 따라 차의 깊고 그윽한 향기가 다른 차를 만들 수 있다.

새로 딴 찻잎을 줄기와 불순물을 골라낸 다음 적당한 솥에 알맞게 생 잎을 넣고 볶는다. 이때 한꺼번에 찻잎을 너무 많이 넣으면 손의 힘이 골고루 미치지 못하여 좋지 않다. 차를 볶는 가마솥은 두껍고 폭이 넓을수록 좋으며 솥에 기름기가 있어서는 안 된다. 솥은 깨끗이 닦아서 쇠 냄새가 나지 않도록 해야 하며, 차는 다른 냄새를 쉽게 흡수하기 때문에 다른 음식을 조리하거나 다른 용도로 사용해서는 안 된다.

좋은 솥에 찻잎을 넣고 볶을 때는 도중에 화력을 낮추면 골고루 익지 않을 뿐 아니라 맛이 제대로 나지 않는다. 찻잎이 충분하게 마르면 불을 끄고 꺼내서 식힌 후, 두 손으로 힘과 정신을 모아 찻잎을 압축하여 비벼서 맛과 향이 고루 스미게 한 후 초벌보다 불을 낮게 하여 찻잎을 다시 솥에 넣고 덖어 말리는데, 이러한 작업을 몇 번 되풀이하게 된다. 그 횟수는 한정되어 있는 것은 아니고 찻잎의 연하고 질긴 정도에 따라 달라진다.

차를 볶을 때 화력에도 신경을 써야 하는데 사용되는 나무 또한 세심한 선택을 해야 한다. 큰 장작은 화력이 너무 세고, 나뭇잎은 잘 타지만 쉬이 꺼지기 때문에 나뭇가지가 가장 좋은 재료이다. 오늘날은 가스나 전기 등 여러 가지 좋은 불을 이용할 수 있어서 편리한 면은 있으나 성질이 미묘하고 섬세한 차를 만드는 화력은 나뭇가지를 사용한 것에 미치지 못한다. 볶은 차는 솥 안에 오래 두게 되면 차의 신기神氣가 떨어져 향기와 색을 잃어버리게 되므로 지극한 마음으로 다스리지 않으면 좋은 차를 얻기가 어렵다.

② **차를 저장하는 일**

다도를 정精, 조燥, 결潔의 세 가지에서 비롯된다고 한다. 곧 차를 만들 때 그 정성과 미묘함을 다하여야 하고精, 습기가 스미지 않게 잘 보관되어야 하며燥, 그리고 차를 낼 때에는 깨끗하고 청결함이 따라야 한다潔는 것이다. 차를 담아 보관할 때는 차가 지닌 고유한 향기를 잘 간직할 수 있는 용기用器에 담아 습기를 철저히 막을 수 있어야 한다.

아무리 정성 들여 만든 차라도 잘못 저장하면 다 버리는 낭패를 보게 되는데 무엇보다도 차는 습기가 차는 곳과 음산한 곳을 가려야 한다. 사람들이 밝고 청결한 곳에 안주하여 지순한 삶을 얻고자 하는 것처럼 차 또한 좋은 장소에 저장해야 한다.

차를 잘 저장하려면 먼저 차를 깨끗한 문종이나 닥종이 같은 한지로 여러 겹의 자루를 만들어서, 그 속에 넣고 공기를 차단하여야 오래도록 저장할 수 있다. 이때 다실에는 바람이 스며들거나 화기가 있으면 안 된다. 바람이 차에 스미면 냉해지고 화기에 접하면 차색이 황색으로 변하기 때문이다. 명나라 때에는 차를 자기항아리에 넣고 죽순껍질과 죽피로 꽉 채워 봉하고 삼끈으로 맨 다음 새로 구운 곱돌을 그 위에 눌러 보관을 했다는 기록이 있다. 차를 저장하는 것은 옛날이나 지금이나 마찬가지로 어려운 일로, 고급 차를 보관하는 데에는 오동나무로 만든 통이 사용되었으나 요즈음은 특수 코팅된 진공 캔깡통이 많이 사용된다.

(2) 음료酒

1) 중국 술의 역사

술酒의 어원은 밑이 뾰족하고 목이 긴 항아리의 겉모양에서 따온 상형문자 酉유라는 글자에 氵삼수변을 붙인 글로 오늘날 酒자를 이루게 되었으니 술을 담는 항아리라는 뜻과 통한다.

추장酋長이라 하면 어떤 부족의 우두머리를 뜻하는데 추장의 酋자는 항아리의 주둥아리 위로 향기가 나오는 모습을 묘사한 것이다. 원시시대에 술을 담그고 관리하는 사람은 제사를 받드는 사람으로 무리의 우두머리인 것이다.

우리가 냉수 마시는 것보다 더 자주 차를 마시는 중국사람들이 "맹물 같은 술도 차보다는 낫다", "술은 모든 약의 으뜸酒百藥之長"이라고 할 정도로 술에 대한 칭찬을 늘어놓으며 급기야 "술은 하늘이 내려준 아름다운 상酒天之美祿"이라고 결론을 내렸으니 중국 사람들이 얼마나 술을 좋아하는지를 단적으로 설명하는 말이다.

중국 술의 역사는 여러 가지가 있는데 어떤 것이 정확하다고 말하기는 어렵다. 서한西漢

때에 쓰여진 『전국책戰國策』에는 우왕夏나라의 임금의 딸 의적儀狄이 술을 맛있게 빚어 우왕에게 올렸더니 우왕이 이를 맛보고서 의적을 멀리하고 술을 끊으며 말하기를 "앞으로 반드시 술로서 나라를 망치는 자가 있으리라"고 말한 기록이 있으며, 서기 100여 년경 후한의 허신許慎이 지은 중국에서 가장 오래된 한자 해설서인 『설문해자說文解字』에는 "가슴에 근심이 있을 때 이를 풀어주는 것은 단지 두강뿐이다."라는 구절이 있는데 여기서 두강은 술의 대명사로 하나라의 다섯 번째 임금이었다고 한다. 지금도 하남河南성 여양현에 가면 두강샘, 두강묘, 두강선장杜康仙庄 따위가 남아있고 매년 두강묘에서는 두강을 술의 시조로 받들어 제사를 지낸다고 한다.

따라서 중국의 술은 하夏왕조 때부터 제조하기 시작하였다고 보았으나, 1983년 10월에 섬서성 매현 양가촌에서 출토된 오지그릇을 전문가들이 감정한 결과 오지그릇은 술을 담는 용기로서 5,800~6,000년 전의 것으로 판명됨으로써 4,000여 년 전의 하왕조보다 훨씬 앞선 6,000여 년 이상의 역사를 가지고 있음이 증명되었다.

우리가 아는 대표적인 술은 기원 후 1000년부터 기원 후 1840년 청조 말기까지 약 840여 년 사이에 만들어진 술로 서역으로부터 증류기가 전해져 들어옴으로써 세계적으로 유명한 백주, 황주, 과주, 약주와 같은 명주들이 탄생하게 되었다. 청나라 말기인 1840년 이후부터는 서방의 선진적인 술 제조기술과 중국의 전통적인 술 제조기술이 서로 결합되어 술 제조사업이 전례 없는 발전을 이루어 남녀노소를 막론하고 술을 많이 마시는 것으로 알려져 있다. 중국사람들은 술을 많이 마시는 반면 잘 절제된 습관으로 술 주정을 하거나 기타 술로 인해서 사회질서를 어지럽게 하는 일은 거의 없다.

중국에서는 쌀, 보리, 수수 등을 이용한 곡물을 원료로 해서 그 지방의 기후와 풍토에 따라 나름대로의 독특한 맛을 지닌 술이 발달하였는데, 북방지역은 추운 지방이라 독주가 발달하였으며 남방지역은 순한 양조주를 즐겨 먹는다. 술의 종류는 요리만큼이나 많아 4,500여 종의 술이 있고, 전국 평주회品평회를 개최하여 금메달을 받은 술, 이른바 명주로 선정된 술은 중국정부에서 명주라 하는 붉은 색 띠나 붉은 색 리본을 매어 구분한다.

다양한 중국의 술

역대의 영웅호걸 중에서 술을 좋아하지 않은 사람은 거의 없었다. 이백李白은 술 한 말에 시 백 편을 지었다고 할 만큼 술을 좋아하였다고 하며 맹호연孟浩然, 두보杜甫, 백낙천白樂天 등도 시선인 동시에 주선으로 통한다.

2) 중국 술의 분류와 종류

중국 술은 제조방법 및 원료에 따라 종류가 상당히 다양하게 분류되나 일반적으로는 만드는 방법에 따라 황주黃酒, 백주白酒, 약주藥酒, 과일 등을 이용한 과실주果實酒, 맥주 등으로 나눈다.

① 황주黃酒

황주黃酒는 곡물을 원료로 해서 전용 누룩과 주약약초와 그 즙 등을 넣어 배합한 것을 첨가하여 당화, 발효, 숙성의 과정을 거쳐 마지막에 압축해서 만들어진 황색의 저알코올12도~17도 양조주이다.

황주 중 소흥황주샤오싱황지우, 紹興黃酒는 중국의 황주 중에 4,000여 년의 가장 오랜 역사를 지닌 명주로서 절강성 소흥에서 생산되는데, 그 해에 수확된 상질의 찹쌀을 원료로 수질이 좋아 경수와 연수가 적당하게 섞이고 미량의 미네랄을 포함한 감호지엔후, 鑒湖의 얼음물과 보리누룩을 배합해서 정성을 들여 겨울에 만든 것이다.

중국에서는 예로부터 여자가 귀하여 여자를 낳으면 술을 담아서 대들보 밑에 묻어놓았다 여자가 성장하여 결혼 혼례를 치르게 되면 파내어 잔치를 하였는데, 이것이 소흥노주老酒이다. 딸이 시집가기 전에 죽으면 영원히 잊어버려 집을 고치기 위해 땅을 파는 과정에서 발견되는 술이라 하여 노주라고 한다. 오랫동안 병에 담아두어 향이 진해진 노주는 맛이 좋으며 요리에 사용해도 좋은 술이다.

누룩에 동충하초冬蟲夏草, 당귀當歸, 정향丁香, 회향茴香등으로 만든 복건황주후지엔황지우, 福建黃酒는 20도에 당분이 22% 정도의 단맛이 나는 술이고, 산동황주山東黃酒는 기장과 광천수를 원료로 빚어 자홍색을 띤 흑갈색으로 자극이 없어 근육통과 혈액순환에 좋다고 한다.

향조香糟 xiang zāo는 황주를 만들고 남은 술지게미로, 설탕, 소흥주, 소금 등을 넣고 잘 섞어서 하루나 이틀 동안 발효시켜 깨끗한 흰 주머니에 담아 천천히 액즙을 걸러서 조리할 때 사용하면 향기가 아주 좋다. 황주를 요리에 그대로 사용하기도 한다.

② 백주白酒

고량高粱, 즉 수수 등의 곡류나 잡곡을 원재료로 해서 만든 증류주로 우리가 일반적으로 배갈白干兒, 즉 고량주라고 하는 것이다. 중국 술이 독하다고 하는 것은 백주를 두고 하는 말로 보통 알코올 도수가 50도~60도이며 65도까지 되는 것도 있다. 백주 계통의 독한 술은 원래 북쪽 추운 지방의 유목민족들이 즐기던 것인데 원나라 때쯤부터 중국에 널리 퍼져 즐기게 되었다고 한다. 백주 이전에는 소주燒酒라고 불렸던 술이다.

대표적인 백주로는 모태주茅台酒, 분주汾酒, 오량액五粮液, 죽엽청竹葉青이 있으며 특히 모태주인 마오타이주茅苔酒는 1915년 파나마 만국 박람회에서 3대 명주로 평가받은 후 세계 도처의 애주가들의 사랑을 받고 있으며, 원료인 고량을 누룩으로 발효시켜 10개월 동안 9회나 증류시킨 후 독에 넣어 밀봉하고 최저 3년을 숙성시킨 독특한 술이다. 모택동의 중국 혁명을 승리로 이끈 정부공식만찬에 반드시 나오는 술로 닉슨 대통령이 중국에 방문하여 대접받았을 때 단숨에 들이키고 감탄하여 국제적인 명성을 얻게 된다. 이후 중국 사람들은 외국 손님을 대접할 때면 의례 중국의 8대 명주 중에서 일품으로 알려져 있고 다른 종류의 술과 비교해 보아도 더 독특한 풍미를 지녔으며, 각종 육류요리와 잘 어울리고 숙취도 없는 고급술인 마오타이를 내놓는다고 한다. 마오타이주는 중국 남부의 귀주성貴州省 인회현 모태진에서 생산되며 전체 양조과정은 5~6년 정도의 긴 시간이 걸리는, 세계 3대 명주 중의 하나에 속하는 술이다. 다른 지방에서 마오타이주茅台酒의 제조 방법에 따라 원료, 물, 지하 저장고의 진흙까지 운반해다 풍부한 경험을 가진 양조사들이 술을 만들었는데도 결코 성공할 수 없었다고 한다.

분汾주는 산동성 분양현 행화촌에서 생산되며 자료에 의하면 남북조시대420~589부터 현재까지 1,500여 년의 역사를 갖고 있는 술이다.

오량액五粮液오우량예은 사천성四川省에서 생산되며 5곡수수, 쌀, 밀, 옥수수, 찰벼을 원료로 만들어지는, 향기가 진하고 단맛이 나는 깨끗한 술이다. 60도나 되는 고도주高度酒이지만 강한 자극성이 없고 향기가 오래가며, 마실 때 단맛과 목에서 시원함을 느낄 수 있는 명주이다.

③ 약주

한방약초 등을 사용하여 만든 술로 배합주配制酒라고도 하는데 배합 물질에 따라 맛, 색, 효능 등이 천차만별이다. 대표적인 술로 오갈피나무의 껍질 등 10여 종의 약초를 고량에 넣어 만든 오가피주, 대나무 잎 등의 약초를 넣어 만든 죽엽청竹葉青주, 녹용주 등이 유명하다. 특히 죽엽청주는 1,400년 전부터 유명한 양조산지로 알려진 행화촌의 약주로, 고량을 주원료로 녹두, 차나무 잎 등 10여 가지 천연약재를 사용한다. 연황빛을 띠며, 향기롭고 풍미가 뛰어난, 알코올 도수 45도 정도의 술이다. 처음 느낌은 탁 쏘는 맛이, 두 번째는 단 맛이 입 안 가득 퍼지며, 혈액순환과 간 기능개선, 정력증진에 좋은 술로 평가되고 있다.

오가피주五加皮酒는 당귀當歸, 정향丁香, 육두구, 사인砂仁, 삼 등 30여 종의 약재로 빚어 향이 짙고 순하며 조화를 이루어 뒷맛이 특히 좋은 특색이 있는 술로 피로회복, 근육이완, 간장 및 신장 보양, 중풍예방과 수족마비 그리고 신경통에 효험이 있다고 한다.

④ 과실주

과실주는 과일을 직접 발효시켜 압착 양조해서 만드는 일종의 저알코올 술로 알코올 함유량은 일반적으로 20도 미만이다. 포도주는 과일주 중에서 역사가 가장 오래된 술 중의 하나로 중국에서도 과실주로는 포도주가 대표적이다. 연태烟台지역으로부터 북쪽 9km에 있는 지부는 프랑스의 보르도나 포르투갈의 오포르토와 같은 곳으로 중국 포도주의 대명사가 되어 있다.

그 외에 자홍색의 자매주紫梅酒, 금홍색의 금매주金梅酒, 담홍색의 그윽한 향이 나는 향매주香梅酒의 3자매姉梅주가 있는데 맛과 향이 그윽한 매실주로 우리나라에서 근년에 불고 있는 매실주 열풍의 진원이 되지 않았나 생각된다. 1892년에 창업한 장유공사의 연태 적포도주는 장미향이 나며 단맛이 강하다.

⑤ 맥주

가장 먼저 보리를 이용해 맥주를 만든 나라는 이집트와 시리아로 4,000년 이상의 역사를 가지고 있다. 맥주의 주원료는 보리, 호프, 물 및 효모로 알코올 함량은 보통 3.5% 전후이다. 거품은 맥주의 꽃이라고 일컬어지며 맥주의 독특한 상징으로 맥주의 중요한 품질 측정의 지표가 된다. 맥주를 딴 후 잔에 따를 때에 깨끗하고 부드러운 거품이 잔의 표면에서 3분 이상 5분가량 지속될 수 있어야 하며 거품의 양은 전체 술의 1/2 이상 되는 것이 좋은 맥주이다. 거품이 사라진 후 잔의 표면에 솜과 같은 꽃 모양이 잔류되어 붙어 있는 것이 많을수록 품질이 좋은 맥주이며, 잔이 물로 씻은 것처럼 깨끗해지면 좋은 맥주가 아니거나 잔이 더러운 것이다.

중국에서 최초의 맥주 공장은 1915년 북경에서 시작되었으며 중화인민공화국 건립 이후 급속하게 증가하였다. 현재는 전국에 800여 개의 맥주공장이 가동될 만큼 최근 몇 년 사이에 맥주를 좋아하는 사람들이 많이 늘어나서 음식점에서 맥주를 반주로 마실 정도로 즐기는 사람들이 늘어나고 있다고 한다.

중국에서 유명한 맥주로는 청도칭다오,靑島맥주, 오성우싱, 五星맥주, 연태얜타이,烟台맥주 등의 이름난 맥주들이 있다.

맥주와 함께 식사를 하는 북경 역 인근의 식당모습
(옷을 벗고 다녀도 간섭을 하거나 신경을 쓰지 않음)

3) 중국사람들의 음주문화

중국사람들은 대단한 애주가愛酒家의 자격이 있는 듯하다. 밖에서 식사를 할 때 거의 예외 없이 술을 마시는 그들의 습관에도 불구하고 만취한 사람은 거의 보기 힘들다. '滿'이란 말을 좋아하여 잔이 다 비기 전에 계속해서 첨잔을 하는데 제사를 지낼 때만 첨잔을 하는 우리와 큰 차이를 보이는 음주습관이다. 뿐만 아니라 잔을 돌리거나 강제로 술을 권하는 습관도 없다.

대개의 경우 자신의 능력에 따라 술을 마시지만 친한 친구 사이나 호기를 부릴 때는 건배干, 幹를 요구하기도 한다. 중국사람들이 건배를 제안해 올 때는 한번에 다 들이키는 건배의 의미로 중도에 내려놓으면 실례가 되니, 술이 약한 사람의 경우 음주 전에 미리 양해를 구해놓는 것이 좋다.

중국가정을 방문했을 때는 보통 차를 대접하나 만약 술을 대접하면 주객의 사이가 보통이 아님을 의미한다. 중국의 술은 백주와 같은 경우 알코올 함량이 50도 이상으로 매우 높기 때문에 우리나라의 소주 마시듯 마시면 취하기 쉬운데, 술에 취한 사람을 술고래라는 뜻으로 해량하이량, 海量이라고 한다. 술의 소비는 기후와 시역에 따라 차이가 있지만 북부지역에서는 도수가 높은 백주를, 남쪽에서는 기온이 따뜻한 관계로 알코올 함량이 낮은 황주가 많이 소비되어 중국 음주문화를 한마디로 남황북백南黃北白이라고 한다.

날씨가 아주 추운 고산지대 동북지역 사람들은 '말술'로 통하기도 한다. 서민들이 많이 마시는 술은 알코올 도수가 65도나 되는 이과두주二鍋頭酒나 공부가주인데, 공부가주는 중국시장 점유율 1위와 가짜가 가장 많은 술 1위를 겸하고 있다고 한다.

중국인들이 술을 가장 많이, 그리고 가장 떠들썩하게 마시는 때는 결혼식의 연회에서 축하주인 '희주喜酒'를 마실 때인데, 모두들 서로 술을 권하면서 떠들썩하게 실컷 마시지만 절제된 음주문화로 만취한 사람은 그다지 많지 않다고 한다. 중국 도시민들의 음주습관을 보면 알코올 함유량이 많은 술보다 맛이 순하고 연한 황주, 포도주, 맥주와 같이 알코올 함유량이 낮은 술들의 소비량이 점점 늘어나고 있다고 한다. 그러나 황주의 경우 장강 이북지역 같은 날씨가 추운 지역 사람들은 북방의 추운 기후 때문에 알코올 함량이 높은 술을 더 많이 찾아, 앞에서 말한 '남황북백'의 소비구조가 아직까지 중국의 음주문화를 대변하고 있다. 한 가지 특이한 것은 맥주나 포도주의 시장점유율이 점점 늘어 북방인들도 많이 마시는 술이 되었다는 것이다.

4) 중국의 8대 명주

중국에서는 1953년 1차 술 평가회에서 8가지의 명주를 선정한 이래 1963년 2차, 1973년

3차 술 평가회가 있었다. 중국의 명주名酒라 함은 1953년부터 거행되어 온 국가공인 감정대회에서 수상한 8가지 술을 지칭하는 것으로 8대명주八大名酒, 18대명주十八大名酒는 4,500여 종의 술 중 명주 칭호를 받는 술로 마오타이주茅臺酒, 분주汾酒, 오량액五粮液, 죽엽청주竹葉靑酒, 양하대곡洋河大曲, 노주특곡蘆酒特曲, 고정공주古井貢酒, 동주董酒를 말한다.

표 2-5 중국의 8대 명주

이름	특징
마오타이(茅臺酒)	중국 귀주성(貴州省)에서 생산하는 마오타이주는 알콜도수가 53도로 고원지대의 질 좋은 고량(수수)과 소맥, 약재를 주원료로 일곱 번의 증류를 거쳐 밀봉 항아리에서 3년 이상 숙성과정을 거친 것이다. 숙성 후 혼합, 배합과 포장을 한 뒤 엄격한 검사를 거쳐 합격품만 출고되는데 1915년 파나마 만국박람회에서 스카치위스키-코냑과 함께 세계의 3대 명주로 평가받아 세계 애주가들의 사랑을 받고 있는 술이다.
분주(汾酒)	수수, 누룩을 섞고 샘물을 부어 땅에 묻은 다음 3주 동안 발효시켜 증류하여 만든다. 1,500년의 역사를 자랑하는 분주는 알코올 도수 61도로 술 빛이 맑고 순한 향의 상큼한 뒷맛이 갈증을 풀어주는 효과가 있어 색, 향, 맛이 모두 뛰어나 삼절(三絶)이라고 불리는 술로 액체보석(液體寶石, 액체로 된 보석)이란 찬사를 받아 왔다고 한다.
오량액(五粮液)	당나라 시대에 처음으로 만들어진 오량액은 고량, 쌀, 옥수수, 찹쌀, 소맥 등 5가지 곡물로 만든 것으로 그 맛과 향기가 그윽하고 술맛이 순수하며 깨끗한 뒷맛이 일품인 사천지방의 명주이다.
죽엽청주(竹葉靑酒)	죽엽청주는 분주를 기본으로 대나무 잎과 10여 가지의 천연약재를 우려내 만들기 때문에 단맛이 나면서 연둣빛을 띠므로 죽엽청(竹葉靑)이라는 이름을 얻게 되었다고 한다. 음주 후 나타나는 두통 등의 부작용이 없는 술로 혈액순환에 특히 좋다고 하며 중국 술의 전통적인 발원지인 산서성(山西省)의 명주이다.
양하대곡(洋河大曲)	알코올 도수 48도로 강소성(江蘇省)이 원산지이며 국제평주대회(國際評酒大會)에서 여러 차례 수상한 경력이 있다. 중국의 평주가(評酒家)들은 양하대곡이 달콤하고 부드러우며 연하고 맑고 깔끔한 향기 등 다섯 가지의 특색을 지니고 있어 일반 술의 음주량을 초과하더라도 음주 후 나타나는 불편한 증상이 전혀 없다고 입을 모은다.
노주특곡(蘆酒特曲)	알코올 45도의 노주특곡은 4백 년의 역사를 지닌 사천성 노주성(四川省 蘆州省)에서 생산되며 향기가 농후하고 순수한 것이 특징이다.
고정공주(古井貢酒)	술 중의 모란꽃이라는 별명을 가지고 있다. 옛날 삼국지(三國志)의 조조가 안휘성(安微省)의 고정(古井)물로 만든 술로, 한(漢)나라 황제에게 조공으로 올려 황제의 칭찬을 받았다고 하여 고정공주(古井貢酒)란 이름이 붙었다고 한다.
동주(董酒)	동주는 양질의 고량을 주원료로 산 속의 순수한 산천수(山川水)를 사용하고 여기에 유명약재를 첨가하여 만든다.

식재료

세계 어느 나라 요리보다도 다양한 재료를 사용하는 중국요리의 개고기, 해삼, 멍게와 같은 메뉴는 서양사람들에게 있어 혐오의 대상이 될 수 있을 것이고, 우리나라 사람들에게 있어 말고기는 아직까지도 혐오식품으로 인식이 되고 있지만 중국사람들에게 있어서는 이런 모든 것들이 훌륭한 식재료로 보일 것이다. 이 세상 모든 먹거리는 주재료와 부재료 그리고 향신료로 나눌 수 있는데, 이것만 알아도 이미 중화요리의 30%는 이해할 수 있다. 어떤 종류의 요리이든 음식을 맛있게 만들기 위한 가장 중요한 요소는 신선하고 좋은 식재료를 선정하는 것부터 시작되는데, 중국요리에 있어서도 맛있는 요리를 만들기 위한 가장 기본적인 조건은 다른 나라의 요리들과 크게 다르지 않다고 본다.

특히 중국요리를 하다 보면 많은 종류의 식자재들을 말리거나 가공을 하여 두었다가 사용하는 것을 볼 수 있는데 그렇다고 식재료의 선정이 중요하지 않다는 것은 아니다. 요리에 있어서 가장 기본은 식재료의 선정에 있다는 것에 이의를 품을 사람은 한 사람도 없을 것이다.

1. 중국요리의 다양한 식재료

(1) 해산물 및 육류

제비집燕窩

　　원래 제비집요리는 베트남의 왕실 요리였는데, 이것이 중국에 전해지고서 중국 역대 왕조의 임금들이 즐기는 음식이 되어 지금의 중국요리로 자리 잡게 되었다. 역사상 유명한 미식가로 알려진 건륭乾隆 황제는 매 아침식사 때 제비집으로 만든 달콤한 당연와糖燕窩 한 그릇을 먹었고, 그 때문에 그는 중국의 역대 임금 중에서 가장 오래83세 산 임금이 되었다고 한다. 제비집은 보루네오 북해안과 수마트라 서해안 자바의 남북해안에서 서식하는 제비의 둥지를 따서 말린것을 말하며 연와燕窩 yàn wō 또는 연채燕菜 yàn cài라고도 한다. 제비는 집을 지을 때 뱀이나 맹조류의 침입을 피하기 위해 해안 절벽에 짓는다. 그래서 제비집을 채취하려면 목숨을 걸 정도로 어려운 작업이 뒤따르기 때문에 더 귀중하게 생각되는지 모른다. 따라서 가격도 대단히 비싸며 중국에서는 금과 동일하게 매매가 이루어진다는 속설까지 있다. 중국 남부를 비롯해 동남아시아 여러 나라 바다 주변의 산과 절벽에 사는 바다제비는 목구멍 속의 침샘에서 끈적이는 분비물금사연, 金絲燕로 누에가 누에고치를 짓듯이 머리를 저어가며 암벽에 발라 집을 만드는데, 이 제비집은 교질 단백질을 주성분으로 한 보양정식補陽精食으로 알려져 있다. 제비집은 둥지 모양이 완전하고 둥지가 크고 두껍고, 색이 희고 반투명하며 밑바닥이 작고 제비 깃털이 적게 든 것이 상등품이다. 투명하고 새하얗고 두꺼운 것이 가장 좋다.

　　요즈음은 상어지느러미처럼 인공으로 제조하기도 하는데 해조류를 끓여 만들기 때문에 해조류 맛이 나며 약간 질긴 것이 특징이다. 국제 동물보호운동 단체에서 상어지느러미와 제비집의 채취를 제한하려는 움직임을 강화하고 있다. 어쩌면 머지않아 제비집도 진짜를 먹기가 힘들게 될지 모르겠다.

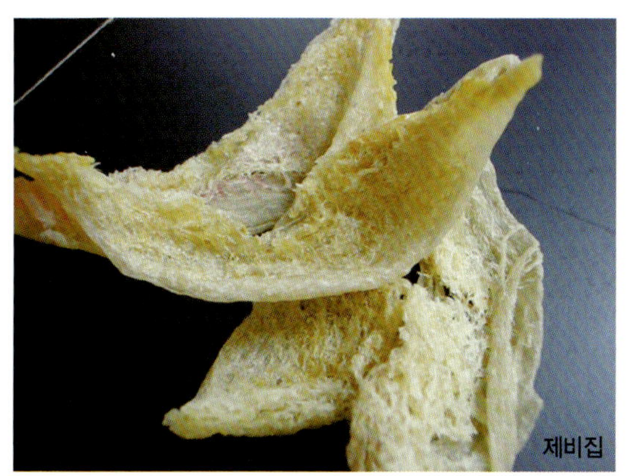

제비집

제비집을 온수에 넣고 뚜껑을 덮어서 부드러워질 때까지 담가 두었다가 깃털을 골라낸다. 물속에 담그면 잘 보이지 않던 잔털까지 잘 보여서 잔 깃털을 확실하게 골라낼 수 있다. 깃털을 없앤 제비집은 소금을 약간 넣은 끓인 물에 넣어 젓가락으로 신속하게 휘저어 건져낸다. 그리고나서 다시 빈 그릇에 제비집을 넣고 끓는 물을 부어 10분 정도 소금기를 빼 준 다음, 물기를 제거하고 깨끗한 천에 싸서 사용할 양만큼 나누어 냉장 보관하면서 사용한다. 단백질과 미네랄을 듬뿍 함유하고 있고 영양가는 높지만 제비집 자체는 아무 맛이 없다.

표 2-6	제비집의 종류
관연(官燕)	최고급품으로서 색이 희고 잡물이 섞이지 않아 백연(白燕)이라고도 하며 모양에 따라 용아(龍牙), 연잔(燕盞)이라고 함.
모연(毛燕)	회연(灰燕)이라고도 한다. 사람들이 제비가 처음에 짓는 제비집을 채취하고 나면 타액이 넉넉하지 못한 제비는 하는 수 없이 회색 빛의 제비털과 잡물이 섞인 제비집을 짓기 시작하는데 이것은 중급품으로 전사연(全絲燕)이라고도 한다. 일부 제비는 타액에 피가 섞여서 나오기도 하는데 피가 섞인 제비집은 혈연(血燕)이라고 한다. 생산지는 셀레베스, 자바 지방인데 근래에는 홍콩에서 제비둥지를 모아 건조시킨 후 정제하여 수출하고 있다.
연사(燕絲)	형태가 흐트러지고 이물질이 많이 섞인 하급품이다.

상어지느러미魚翅, 어시

상어지느러미를 말린 것으로 상어의 종류와 취급법에 따라 맛의 차이가 있으나 단백질 함유량이 83%나 되는 진귀한 재료이다. 어시는 부위에 따라 등지느러미, 가슴지느러미, 꼬리지느러미로 나뉘며 아프리카, 인도, 일본, 베트남, 태국 등에서 생산된다. 중국에서는 광동, 대만, 복건, 절강, 산동, 해남에서 생산되는데 대만의 대황어시大黃魚翅가 품질이 좋다. 아프리카산도 최고급품으로 지느러미의 비늘이 매끄럽고 부드러울 뿐 아니라 굵어서 매우 값진 것으로 평가된다.

부위별로는 등지느러미가 살이 적고 지느러미의 양이 많아 품질이 가장 좋고, 가슴지느러미는 살이 많고 지느러미의 양이 적다. 꼬리지느러미는 살이 많고 지느러미의 양이 가장 적어 품질이 떨어진다. 상어 지느러미는 다시 색깔에 따라 노랑, 흰색, 회색, 청색, 검정, 여러 색이 섞인 것 등 여섯 종류로 나뉘며 황색, 흰색, 회색 등이 비교적 품질이 우수하다.

산지와 말리는 법에 따라 햇볕에 쬐어 말리거나 혹은 석회수에 담가 말린 것으로 품질이 좋은 담수시淡水翅와, 소금물에 담갔다가 말린 것으로 품질이 떨어지는 염수시鹽水翅로 구분한다.

말린 후 모양에 따라서도 이름이 달라지는데, 원형 그대로 모양이 살아 있는 것을 배시排翅라 하고 모양이 흐트러진 것을 산시散翅라 한다.

냉동 상어 지느러미는 냉장에서 해동 후 물에 담가 불리고 건조된 상어지느러미는 흐르는 물에 담가 충분히 불린다. 그런 다음 그릇에 육수, 대파, 생강, 청주, 소금, 조미료를 넣고 물기를 없앤 상어지느러미를 넣어 찜통에서 약 30분간 찐 다음 사용한다. 같은 방법으로 삶아서 사용할 수도 있고 중탕으로 삶아서 어시만 걸러내 사용할 수도 있다.

표 2-7 상어지느러미의 분류

형태별	全翅(첸츠)	지느러미를 원형태별로 말린 것
	散翅(싼츠)	껍질을 벗기고 지느러미의 섬유질을 찢어 말린 것
부위별	背翅(뻬이츠)	최고급품으로 가장 맛이 좋다.
	尾翅(웨이츠)	2등급에 속하며 사용할 수 있는 부분이 많다.
	胸翅(슝츠)	품질이 좋지 않으며 형태가 흐트러져 있다.

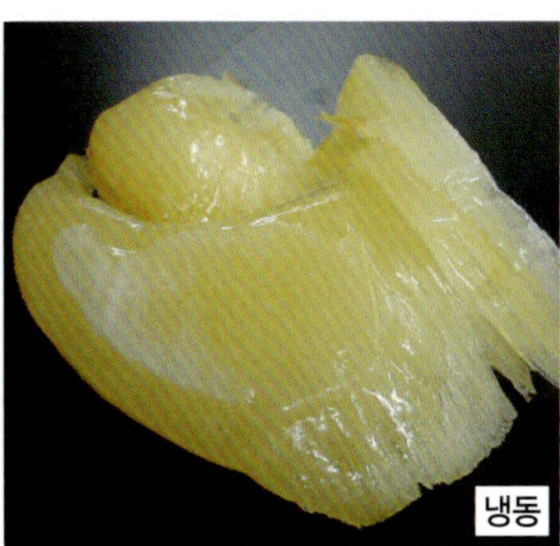

상어지느러미

조리비화 – 상어지느러미와 제비집

세계적으로 널리 알려진 중국요리 중에서 장수식품으로 알려져 있는 것에는 상어지느러미와 제비집이 있다. 상어지느러미가 나오는 연회를 어시석魚翅席이라고 하며 제비집이 나오면 연화석燕華席이라고 한다. 이들이 요리용으로 나오기는 중국 명나라 때부터의 일이다. 정화장군鄭和將軍이 인도양에 나갔을 때 상어지느러미를 얻어 영락황제永樂皇帝에게 바쳤다고 한다. 상어지느러미는 햇볕에 말려 무미, 무색, 무취인데 한국산도 한몫을 차지하고 있다. 닭고기, 새우, 육류 요리 등 요리에 섞어 최고의 요리를 만든다. 지느러미는 노화방지에 뛰어난 효과가 있으며 항암작용도 있어 건강식으로 확실히 뛰어나다.

조리비법 팔진 八珍

중국은 광대한 국토의 자연적 조건에 따라 여러 가지 특산물이 생산되고 있는데 이 다양한 재료는 훌륭한 조리의 밑받침이 되었다.

다음은 가장 희귀한 8가지 재료이다.

1) 용간龍肝: 용의 간 2) 이미鯉尾: 잉어의 꼬리
3) 봉수鳳髓: 봉황새의 골 4) 악구鰐炙: 솔개
5) 표태豹胎: 표범의 새끼 6) 성순猩脣: 성성이의 입술
7) 웅장熊掌: 곰의 발바닥 8) 노미鹿尾: 사슴의 꼬리

조리비법 모기눈알 蚊目料理

매우 작은 모기눈알을 수집하는 일이 어려운 것은 당연하다. 중국 서남쪽 운남성雲南省지방의 동굴에 사는 박쥐의 배설물을 모아 그것을 명주실로 짠 보자기에 담아 흙에서 사금沙金을 추려내듯 물에 담가 정성 들여 흔들어 일어낸다. 그러면 마지막에 검은 깨보다 더 작은 알갱이가 보자기 천에 달라붙어 남게 되는데 이 까만 알갱이들이 전날 밤 박쥐들이 밤하늘을 날면서 잡아먹은 모기눈알들이다. 모기 눈 요리는 강장 및 강정 효과가 있어 피부나 혈관, 내장 등에 생기를 주며 또한 간장의 해독작용이 있다고 한다.

조리법은 족제비의 생식선에서 추출한 극소량의 기름을 조금씩 뿌리고 소금으로 간을 하면서 약한 불로 천천히 볶는 것이 최고라고 한다.

하편蝦片

으깬 새우살에 쌀가루를 섞어 막대기 모양으로 찐 다음 얄팍하게 썰어 말린 것으로 우리가 기름에 떡국 떡을 튀기듯 튀겨서 사용한다.

개구리田鷄

식용개구리이다. 우리나라에도 개구리를 좋아하는 사람이 있지만 중국에는 개구리를 즐기는 사람이 더 많은 듯하다.

개구리

개구리요리

해삼海蔘

극피동물인 해삼海蔘 hǎi shēn을 서양사람들은 오이를 닮았다고 하여 바다의 오이sea cucumber라 부른다. 모양이 괴상하기 때문에 멀리하는 사람도 있지만 중국에서는 인삼에 맞먹는다고 해서 바다의 삼海蔘이라고 부르고 있다. 마른 해삼의 단백질은 32%나 될 정도로 고단백이라 영양가가 높다.

세계 각 해양에 널리 분포되어 있다. 몸집이 크며 육질이 두텁고 체내에 모래가 없으며 빛깔이 검고 흠이 없이 가시가 고루 퍼진 것을 상품으로 친다.

국산

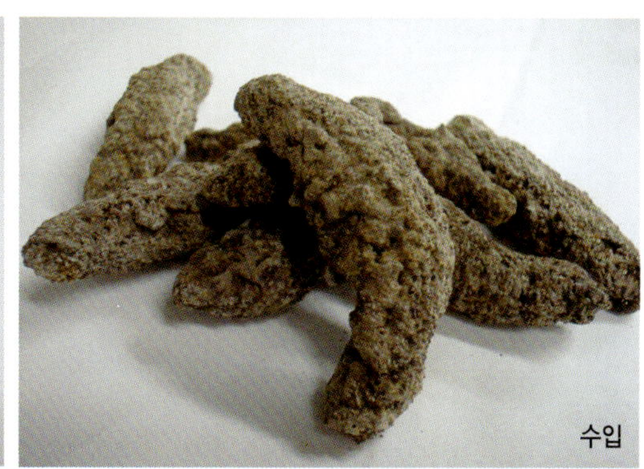
수입

해삼

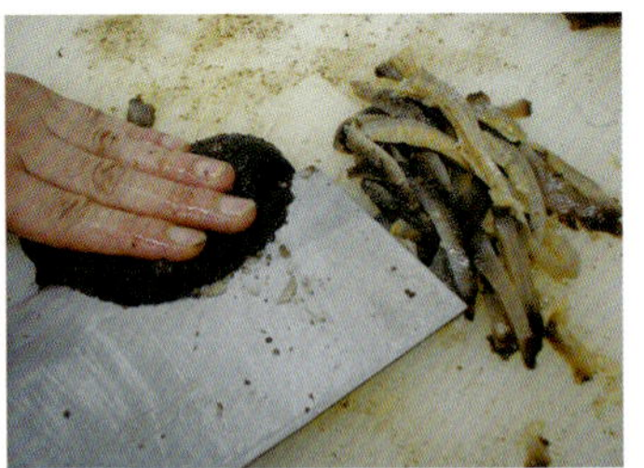

해삼 손질하기

해삼은 가시가 없는 광삼光參과 가시가 있는 자삼刺參으로 나뉜다. 일명 진하이수金海鼠라고도 불리며 영양가가 높아 바다의 인삼이라고 평가된다. 해삼은 바다 밑에 깔려 있는 모래 속의 미생물을 먹고 사는데, 낮에는 바위 같은 곳에 숨어 있다가 밤에 활동을 하므로 육지의 쥐와 비슷하다고 해서 바다 쥐海鼠라고도 부른다. 해삼의 길이는 40cm 정도까지 이르며, 해삼은 뱀이나 개구리의 동면과는 정반대로 여름잠夏眠을 잔다. 알은 여름잠을 자기 직전에 산란하며 해삼의 종류는 5백여 종이나 된다고 한다. 일설에 의하면 겨울잠冬眠과 같은 일성기간 동인 잠을 자는 동물들은 정력에 좋다고 하여 사람들이 더 좋아한다.

마른 해삼을 불릴 때는 찬물에 3시간 이상 담근 후 물을 따라 버리고 소금기와 이물질을 씻어낸다. 해삼을 두꺼운 스테인리스 용기에 담고 물을 끓여서 해삼에 붓고 뚜껑을 덮어 빨리 식지 않도록 한다. 물이 식으면 물을 따라 내고 다시 물을 끓여 붓고 뚜껑을 닫아 하루 동안 불려서 가위로 배를 가르고 내장과 모래 등 이물질을 제거한다. 이것을 다시 스테인리스 그릇에 담고 처음처럼 반복해서 하루 동안 불린다. 3일 정도 불리면 약 2배가량 불려진다.

※ 주의 사항

해삼을 불릴 때 사용되는 그릇은 반드시 스테인리스 재질을 사용해야 하며 알칼리나 기름이 들어가면 해삼이 녹아버릴 수 있기 때문에 각별히 조심해야 한다.

내장은 꺼내서 해삼 창자海蔘暢만 따로 손질해 두었다가 야채와 함께 볶아 먹기도 하는데 맛이 일품이다.

해파리 海蜇皮

강장동물로 모양은 갓처럼 생겼고 갓 밑에는 많은 더듬이 손이 있다. 중국 요리에 쓰는 해파리海蜇皮 haǐ zhé pí는 명반과 소금으로 압착하여 수분을 없애고 깨끗이 씻은 뒤 다시 소금에 절인 것이다. 직경이 30cm 이상으로 색이 희고 광택이 있으며 오돌오돌하면서 부드럽고 모래가 없는 것이 좋다. 해파리는 새콤달콤하게 무쳐서 차갑게 해 주로 술안주로 먹는다.

해파리 갓을 썰 때는 돌돌 말아서 채를 썰고, 해파리를 끓는 물에 데쳐 수축되면 즉시 건져 흐르는 맑은 물에 6시간 이상 담가 소금기를 뺀다. 소금기가 빠지면 해파리가 부드러워진다.

전복鮑魚

전복鮑魚 bào yú은 4~5개의 빨판을 가진 조개의 일종으로 머리에는 한 쌍의 더듬이와 눈이 있고 빨판이 7~9개로 조개보다 많다. 크기가 전복보다 비교적 작은 오분자기와 비슷하여 혼동하기 쉽다. 말린 전복은 표면에 눈처럼 흰 가루가 솟아난 것을 상품으로 치는데 그 이유는 수송수단이 덜 발달하고 나라가 큰 중국에서는 한번 익혀서 말리면 보관과 수송에 편리하고, 건조과정에서 아미노산 맛이 더욱 좋아지기 때문이다.

전복에는 단백질을 비롯하여 칼슘, 철, 요오드와 같은 광물질과 비타민이 많이 함유되어 있다. 때문에 상어지느러미, 해삼, 부레와 함께 자양 기능이 있는 4대 해산물의 하나로 꼽힌다. 전복은 연황색으로 투명하고 탄성이 있으며 큰 것이 좋다. 건전복은 타원형으로 연한 갈색을 띠고 형태가 완전하고 살이 두텁고 크기가 고르면서 잘 마른 것이 품질이 좋은 것이다. 우리나라 사람과 일본사람은 생전복을 좋아하나 중국사람들은 마른 전복을 많이 사용한다.

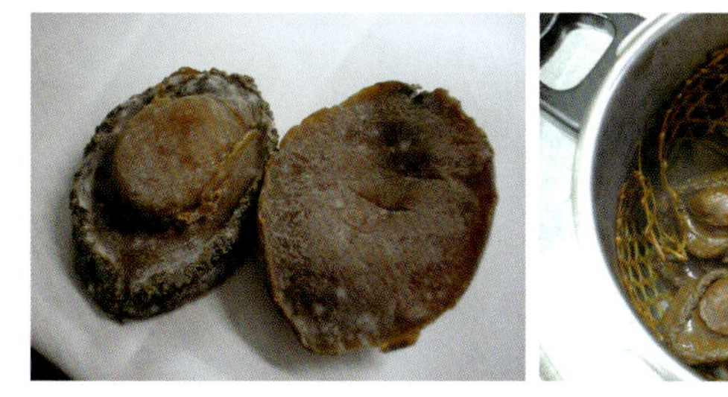

전복 말린 것

전복 삶기

　마른 전복을 먼저 맑은 물에 담가 10시간가량 불린 다음 깨끗이 씻어내고 내장을 제거한다. 닭, 중국식 햄, 돼지갈비, 소흥주紹興酒, 우리의 약주와 비슷한 곡주를 전복과 함께 토기에 넣고 뭉근한 불로 그릇 속의 국물이 없어질 때까지 10시간가량 끓인다. 닭, 중국식 햄, 돼지갈비를 따로 끓여 야간 걸쭉한 갈색 육수를 만들어 전복에 부어 먹으면 갈색과 황금빛의 전복 요리를 먹을 수 있게 된다.

새우피蝦皮

　새우를 소금에 삶아 껍질과 머리를 제거하고 햇볕에 말린 것으로 샤깐蝦乾 또는 하이미海米라고도 한다. 어린 대하를 소금에 삶아 껍질과 머리를 없앤 후 말린 감자미柑子米, 바다의 백새우와 홍새우를 소금에 삶아 말려 껍질과 머리 부분을 없앤 해미海味, 담수 새우를 소금에 삶아 말려 껍질을 없앤 호미湖米로 구분하기도 한다.

새우살蝦子

　새우의 살을 말린 것으로 새우알이라고도 한다.

귀린고龜令膏

　후식에 사용되는 식재료로 거북이를 가루로 만들어 보신용으로 많이 이용한다.

가리비

냉동 관자

말린 관자

관자(Fresh)

관자帶子

손바닥 크기의 가리비조개의 패주

부레魚肚

철갑상어, 민어, 청어 등의 생선 부레를 말린 것으로 두꺼운 것이 좋은 것이다. 부레를 불리는 방법은 뜨거운 물에 담가서 불리는 방법과 기름에 튀겨서 뜨거운 물에 담가 기름기를 빼는 방법이 사용되며 단백질의 씹는 맛이 일품이다.

굴蠔, 호

굴을 말려 두었다가 요리에 사용할 때는 다시 불려서 사용한다.

부레

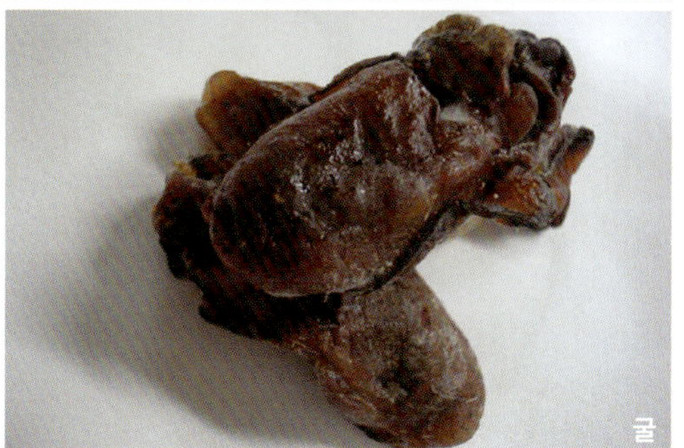

굴

자라甲魚

보양요리로 으뜸이다.

장어鱔魚

장어는 민물장어이고, 만어鰻魚는 바다장어이다.

장어는 보양강장식으로 널리 알려져 있으며, 특히 한국과 중국요리에서 보양탕, 구이 등으로 다양하게 이용되고 있다.

자라

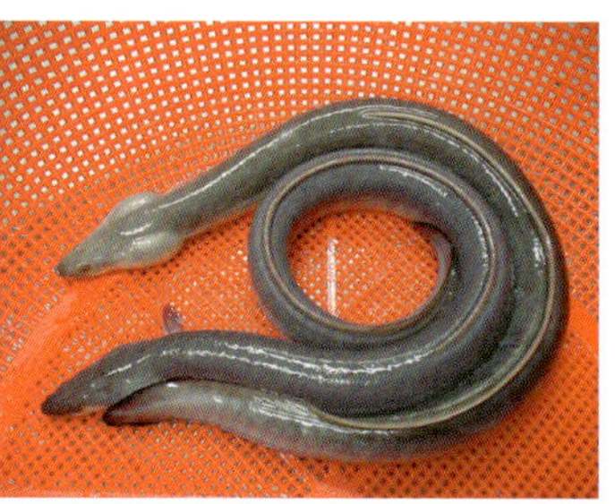

장이

육수鮮湯

육수는 모든 요리의 기본이 되는 재료로 중국요리뿐 아니라 서양요리에서도 아주 중요하게 생각한다. 육수를 구분하는 기준은 사용된 주재료를 기준으로 하는 방법과 만들어진 육수의 농도와 색을 가지고 구분하는 기준이 있다.

육수를 끓일 때는 찬물에서 핏물을 빼고 깨끗하게 씻은 뼈와 찬물을 넣고 강한 불로 끓이면 탕 위로 기름, 불순물이 거품과 함께 떠오른다. 이를 반드시 끓기 전에 국자로 제거해야 한다. 육수가 한번 끓어 버리면 거품과 불순물의 덩어리가 깨져서 육수가 탁해질 수 있기 때문이다.

한번 끓고 난 육수에 파, 생강, 술을 넣고 청탕의 경우 비교적 낮은 온도에서 끓여야 육수가 맑게 나오고 백탕은 비교적 높은 온도로 끓여야 백색의 육수를 만들

탕 끓이기

수 있다. 육수를 청탕으로 맑게 끓이려면 핏물을 잘 빼고 한번 끓여서 불순물이 떠오르는 물을 따라 버리고 다시 찬물을 넣고 뚜껑을 연 채 약한 불에서 끓인다. 백탕으로 끓이려면 비교적 강한 불에 뚜껑을 덮고 끓이면 된다.

표 2-8 중화요리에 사용하는 육수제조용 식재료

상태에 따라	청탕(淸湯)	원래 의미의 청탕(淸湯)은 닭고기와 뼈로 끓인 맑은 계탕(鷄湯)이 청탕으로 맛과 향을 증진시키기 위해 돼지고기나 햄을 넣고 끓이는 사람도 있다. 청탕은 비교적 낮은 온도에 끓여야 맑은 육수가 되며 질이 좋은 탕을 만들 경우 통닭을 이용하는 것이 좋지만 상업적으로 원가관리를 필요로 하는 경우에는 닭뼈나 닭발 등 부산물을 이용하는 것도 좋은 방법이다.
	백탕(白湯)	유백색의 백탕(白湯)은 주재료와 물의 양에 따라 일반백탕(一般白湯)과 농백탕(濃白湯)으로 구별되는데 일반 백탕은 주재료 1에 물을 1.5배로 넣고 끓인 것이고 농백탕은 주재료 1에 물을 3배의 비율로 넣고 비교적 강한 불에 끓여서 맑은 유백색의 육수가 되도록 끓인 것으로 단백질과 지방의 함량이 풍부한 신선한 동물성 재료를 이용해야 맛이 있다.
재료에 따라	동물성	닭고기나 뼈를 이용해서 만든 계탕(鷄湯), 돼지고기, 뼈, 족발을 이용해 만든 육탕(肉湯) 등이 주로 쓰이며 그 외에도 관자인 패주, 오리뼈 등을 이용하기도 한다.
	식물성	표고버섯, 콩나물, 기타 2~3가지 재료를 혼합해서 만드는 식물성 육수가 있다.
가공품	금화탕 (金華湯)	돼지 뒷다리를 햄으로 만들어 다시 과립형태로 가공한 것으로 육수를 진하게 만들 때 사용한다.
	육골차 (肉骨茶)	돼지뼈를 이용해서 만든 분말로 된 차처럼 생긴 것으로 진한 육수나 소스를 만들 때 풀어서 사용한다.
	치킨파우더 (鷄粉)	닭육수를 가공해서 분말로 만들어 놓은 것으로 서양요리에 사용되는 Chicken base와 같은 역할을 하며 진한 맛을 낼 때 사용한다.

금화탕

육골차

치킨파우더

소시지, 햄

중국 햄火腿

돼지의 넓적다리를 통째로 소금에 절인 것으로 절강浙江省, 금화金華, 운남성雲南省의 것이 유명하다. 햄을 파는 전문점들이 따로 있는데 발굽이 붙은 다리를 매달아 놓고 한 짝 통째로 팔기도 하고 필요한 만큼 저울로 달아서 팔기도 한다. 소금에 절여서 짠맛이 강하고 붉은 빛이 나는 고가의 제품이 많다.

중국 소시지香腸

살라미처럼 생긴 소시지로 납장臘腸, 석장腊腸이라고도 하며, 독특한 향이 나는 가공품이다. 남쪽에서 즐겨 먹는 음식으로 우리나라의 순대와 비슷하다.

돼지고기 부산물

중국인들이 가장 즐기는 돼지고기는 그 부산물도 대부분 식용으로 이용된다. 특히 심장을 귀하게 여겨 고기보다 비싸, 굳은 피를 제거하여 파나 생강을 넣고 삶아서 사용한다. 혀는 뜨거운 육수나 물에 삶아 껍질을 벗긴 후 다시 파, 생강, 향신료를 넣고 삶아서 사용하고, 콩팥은 피막을 제거하고 사용한다.

위장이나 소장, 대장은 장을 뒤집어 식초, 소금, 밀가루로 여러 번 씻어 점막과 냄새를 제거하고 파, 생강, 향신료를 첨가해서 삶아 사용한다. 뇌는 물속에 넣고 뇌가 손상되지 않

돼지고기(북경 재래시장에서)

도록 모세혈관을 제거하여 파, 생강을 넣고 끓는 물에 데치거나 쪄서 사용한다. 그밖에 귀, 그물지방 등 대부분의 부산물을 다 이용하고 암컷의 자궁까지 이용한다.

쇠고기 부산물

쇠고기는 돼지고기에 비해 선호도는 다소 떨어지지만 소의 부산물도 대부분 식용으로 이용된다. 되새김질을 하는 4개의 위는 소금으로 주물러서 점액을 빼고 간수물 1리터에 간수 30cc에 담가 두었다가 깨끗하게 씻어서 파, 생강, 팔각, 계피를 넣고 데쳐 사용한다.

오리鴨, 압

중국 사람들은 닭고기만큼 오리고기를 좋아하기 때문에 중국의 어느 지역을 가나 오리고기는 많은 사람들에게 환영을 받는다. 오리는 70일 정도 사육한 고기가 많이 이용되는데 그 이상이 되면 육질이 딱딱해지고 맛이 급격히 떨어진다고 한다. 우리가 알고 있는 북경오리인 북경고압北京烤鴨은 생후 50~60일 정도에 특수사료로 비육을 하여 일시에 체중을 늘리는 방법으로 오리를 키워 요리에 사용한다.

남경지방에서는 오리를 통째로 간장, 설탕, 술에 재워 두었다가 누름돌로 10일 정도 눌러 테니스 채 모양으로 만든 다음 2~3개월 말려서 오리육포를 만드는데, 이것이 남경판압南京板鴨이다. 오리발은 물갈퀴 부위가 특히 맛이 좋아 여러 가지 요리 방법으로 조리를 해서 먹는다고 한다.

오리알松花蛋

처음에 먹을 때는 좀 역한 맛이 있어 비위가 상하기도 하지만 몇 번 먹다 보면 오히려 그 특유의 맛이 더 좋게 느껴진다. 채단彩蛋 cǎi dàn 또는 피단皮蛋 pídàn이라고도 하며 신선한 알에 소금과 물을 넣고 절여서 만든 것4)으로 알이 자연 응고되면 알 내부에 소나무 가지 모양과 비슷한 무늬가 생긴다고 해서 붙여진 이름이다. 색깔

오리알(송화단)

---

4) 조단(糟蛋)이 가장 대표적이다. 크고 신선한 오리알을 골라서 깨끗이 씻어 그늘에 말려두고, 도자기 항아리 밑에 식염과 香糟(술지게미에 여러 가지 향신료를 넣고 만든 절임 양념에 해당)를 한 층씩 깔고 나서 오리알을 넣은 뒤, 다시 그 위에 香糟를 한 층, 오리알 한 층씩을 반복하여 깔고 마지막은 오리알을 넣고 나서 그 위에 소금을 뿌린 다음 소흥주를 부어 뚜껑을 덮고, 밀봉하여 약 2개월간 숙성시켜서 만든다.

이 다양하고 맛이 신선하며 깨끗한 향이 있다. 냉채 요리에 상용되는 재료로, 뜨거운 요리인 류채遛菜 liū cài에도 사용된다. 응고된 알을 찜통에서 뚜껑을 조금 열고 약한 불에서 20여 분 쪄서 식힌 후 사용한다.

함단咸蛋 xián dàn이란 절인 오리알과 달걀을 말한다. 함단은 흰자가 순백색으로 반점이 없고 연한 것, 노른자는 붉은빛으로 기름기가 많으며 전체적으로 너무 짜지 않고 다른 맛이 섞이지 않은 것이 좋다.

조리비법 거위발 요리

살이 통통한 거위 한 마리를 깨끗이 목욕시킨 후 산 채로 넓은 철판 위에 올려놓고 그 위에 철사로 엮은 큰 망을 덮는다. 그리고 약한 불을 지피기 시작하면 철판이 서서히 뜨거워진다. 그러면 거위는 발바닥이 화끈거려 견디지 못하고 철망 속에서 광란의 춤을 추며 비명을 지르기 시작한다. 그러는 동안 온몸의 지방이 차츰 발바닥으로 몰려 약 10시간 지나면 발바닥의 두께가 5cm 이상이 된다. 거위의 모든 에너지가 이곳에 모여 힘의 원천이 된다.

(2) 채소류 등

백합百合

백합百合 bǎi hé꽃의 비늘줄기를 이용해서 후식에서 주식에 이르기까지 다양하게 사용되며 말리거나 신선한 형태로 사용한다. 기침을 멎게 하는 기능과 열을 내려 신경을 안정시키는 기능이 있어서 경기를 하는 사람에게 좋은 식품이다.

사고西米

야자열매 액을 과립으로 만들어서 후식요리인 사고크림, 코코넛크림과 같은 요리에 많

이 사용했으며, 요즈음은 주요리에도 많이 사용한다.

산마天麻

길다란 뿌리를 생으로 굽거나 쪄서 먹으며 요리에 이용하기도 한다. 시골에서 자란 사람은 모양을 알겠지만 요즈음은 일식집에 가면 식사 전에 갈아서 작은 종지에 담아준다. 한방에서는 생으로 쓰는 것보다 말렸다가 약재로 많이 사용하며 맛이 달고 평平한 성질로, 비장과 신장 기능개선에 좋아 오줌소태나 비장이 허해 생긴 설사 등에 치료 효과가 있다.

누룽지鍋粑

밥을 할 때 누룽지를 눌려서 사용하기도 하지만 요즈음은 4각 모양으로 포장된 형태로 유통되기 때문에 기름에 튀겨서 사용하기가 쉽다. 누룽지鍋巴 guō bā를 잘 튀겨 준비된 소스와 함께 내어 뜨거운 소스를 누룽지 위에 부으면 "치지직"하는 소리가 난다. 강소요리 천하제일채天下第一菜, 하남요리 산랄과파포어酸辣鍋巴鮑魚, 귀주요리 과파해삼鍋巴海參, 안휘요리 취과파脆鍋巴 등이 있으며, 한국식 중국 요리로는 '향원'을 직접 운영하는 중국요리 전문가 이향방 씨에 의해 널리 알려진 해선누룽지탕, 삼선누룽지탕 등이 있다. 누룽지는 소화에 좋고 설사를 멎게 해준다.

캐슈넛腰果

캐슈넛 즉, 요과腰果 yāo guǒ는 옻나무과 식물의 열매로, 모양과 맛이 땅콩과 비슷하며 지방과 단백질의 함량이 높다.

누룽지

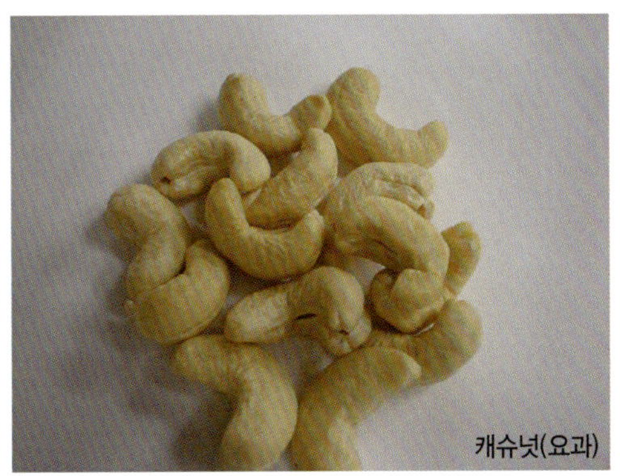

캐슈넛(요과)

표 2-9 버섯류

목이버섯(木耳)	버섯 중에서 중국사람들이 즐겨 사용하는 버섯으로 흑목이(黑木耳 hēi mù ěr)는 흑채(黑菜)라고도 한다. 고목에 기생하며 모양이 사람의 귀처럼 생겼다고 하여 붙여진 이름이다. 3~5월 사이에 생산되는 것을 춘이(春耳), 6~8월에 나는 것을 복이(伏耳), 9~10월에 나는 것을 추이(秋耳)라고 하며, 검고 윤기가 있는 목이가 품질이 가장 우수하다. 철분, 칼슘, 비타민 B군이 풍부하고 혈압과 혈중 지질 농도를 낮추고 심장병을 예방하며 항암효과가 있다. 말린 제품은 불순물을 없애고 따뜻한 물에 3시간가량 불려서 찬물에 헹군 다음 냉장보관하면서 사용한다.
은이버섯(銀耳)	백목이(白木耳)라고도 하며 반투명한 흰색으로 건조시키면 옅은 황색을 띤다. 따뜻한 물에 불려서 밑동과 불순물을 제거하고 맑은 물에 담아 냉장 보관하면서 사용한다.
초고버섯(草菇)	세계 4대 버섯 중의 하나로 중국에서 생산량 점유율이 1위인 버섯이다. 매끄럽고 아삭아삭한 질감을 가진 버섯으로 중국 동남부지역에서 주로 여름에 많이 생산되므로 광동지방 요리와 복건지방 요리에 많이 사용된다. 필수아미노산을 비롯한 아미노산이 풍부하고 비타민 C도 풍부하다. 항암작용과 콜레스테롤을 낮춰주는 역할을 한다.
자연송이(松茸)	우리나라 사람들과 일본사람들이 좋아하는 버섯으로 향과 맛이 우수하다. 갓이 피지 않고 대가 짧고 굵은 것이 좋다. 봄과 가을에 2회 채취가 가능하다. 우리나라에서는 주로 가을에 기온이 19℃ 이하로 약 일주일가량 지속되고 100mm 전후의 비가 오면 더 잘 자란다.
표고버섯 (향고, 香菇)	버섯의 황후라는 별명이 있을 만큼 맛이 뛰어난 버섯으로 우리나라, 일본, 중국에서 생산되는 동양의 특산물이다. 수분함량이 70~95%에 이를 만큼 높아 변질되기 쉬우므로 말려서 많이 사용한다. 항암효과가 있고 혈압강하, 빈혈치료 등에 좋다. 말린 표고는 끓는 물에 1분 정도 살짝 끓여 그대로 담가 두었다가 물이 식으면 깨끗한 물로 다시 씻어서 사용한다.
원숭이머리 버섯 (猴頭菇)	모양이 원숭이 머리를 닮았다고 하여 원숭이머리 버섯이라고 한다.
죽생(竹笙)	죽생(竹笙 zhú shēng)은 죽삼(竹參)이라고도 하며 습한 지역에서 나는 버섯의 일종이다. 종 모양의 갓 아래 흰색의 그물 망이 아래로 드리워져 있는데 표면의 악취가 나는 점액 부분을 없애고, 망이 파괴되지 않도록 황백색으로 말려 두었다가 미지근한 물에 불려서 불순물을 제거하고 줄기 부분을 사용한다.

감자전분太白粉

중국요리에 사용빈도가 대단히 높은 식재료 중 하나이다. 녹말을 풀 때는 물과 1:1 비율로 풀어서 녹말이 물에 가라앉으면 위의 물을 따라낸 후 중국요리의 튀김옷이나 기타 용도로 사용하면 맛과 질감이 훨씬 좋아진다. 기름을 많이 사용하는 중국요리는 전분을 이용하여 수분과 기름이 서로 분리되는 것을 방지하기 때문에 전분의 사용빈도가 대단히 높다.

죽순竹筍

죽순竹筍 zhú sǔn은 대나무의 지하경에서 자라나는 어리고 연한 싹으로 성장속도가 대단히 빠르며 쉽게 선도가 떨어지므로 손질 후 바로 조리나 가공을 해야 한다. 죽순은 소화를 촉진하고 배변을 좋게 한다. 탕이나 볶음, 조림 요리 등에 사용되며, 아린 맛이 있어 물에 담갔다가 사용한다. 가공된 통조림 죽순에 허옇게 앙금이 낀 것은 변질된 것이 아니고 죽순에 들어 있는 티로신이 녹아 나와 냉각에 의해 응결된 것으로 한번 데쳐서 사용하면 된다.

당면粉絲

감자녹말, 고구마녹말, 녹두녹말, 잠두녹말, 완두녹말 등으로 만든 당면은 우리가 일반적으로 먹는 굵기에서부터 더 굵은 것, 더 가는 것 등 다양한 굵기를 가지고 있다.

당면을 튀겨서 장식으로 사용하거나 소고기 양상추쌈을 할 때 튀긴 실 당면을 부숴서 살짝 뿌려 요리를 장식하기도 한다.

한천_{大菜}

해조류 우뭇가사리에서 채취한 것으로 동결 건조시켜 만들며 조리할 때에는 물을 붓고 끓여 녹인 후 설탕과 향료, 기타 재료를 넣고 조리하여 냉각시켜 응고되면 사용하고 동물성 젤라틴과 달리 일단 굳으면 다시 가열해도 액상으로 되돌아가지 않는다.

동물성 젤라틴은 동물의 껍질이나 뼈를 고아서 만든 것으로 찬물에 넣고 녹이기 시작해서 은근히 끓여서 맑게 하여 사용하며 음식을 장시간 보관하고자 할 때나 요리의 형태를 유지하고자 할 때 코팅제로 사용된다.

짜사이_{柞菜}

사천에서 생산되는 무의 일종으로 소금에 절여서 유통이 되며 사용할 때는 물에 담가서 소금기를 충분히 뺀 다음 양념을 해서 사용한다. 우리가 단무지를 취급하듯 중국요리에 사용한다.

<짜사이 무침>

짜사이 6캔(340g/캔) / 설탕 30g

두반장 3Tbs / 참기름 40ml

고추기름 50ml / 파(채 썬 것)

아스파라거스_{蘆筍}

아스파라긴산이 많이 들어있는 야채로 파란색과 흰색이 있다.

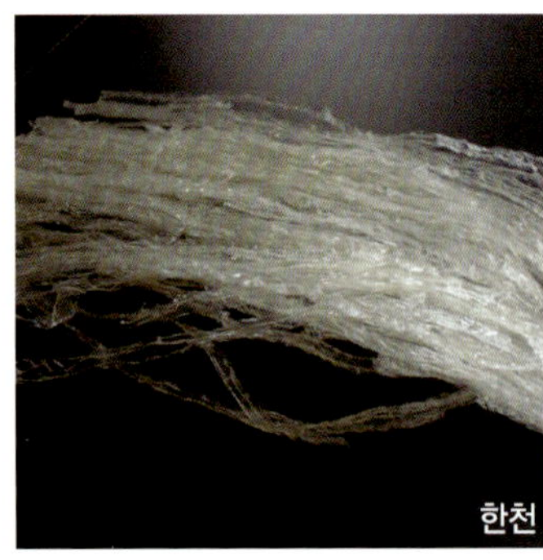

건매실乾梅

매실을 말려서 요리에 많이 이용한다.

얼음사탕冰糖

설탕을 얼음 모양의 결정으로 만든 것이다.

오리떡鴨餠

북경오리 같은 것을 싸서 먹는 전병으로, 오리를 싸서 먹을 때는 야빙이라고 한다.

춘권피春卷皮

춘권을 싸기 위해 밀가루반죽을 종이처럼 얇게 만든 지단이며 냉동상태로 유통된다.

건매실

얼음사탕

오리떡

춘권피

발채髮菜

해초류의 일종으로 파래처럼 생겼다.

두부피豆腐皮

두부를 만들 때 창호지처럼 만들어서 말려 놓은 것이다.

삭힌두부豆腐奶

두부를 삭혀서 병에 담아 두었다가 조리에 사용하는 것이다.

발채

두부피

삭힌두부

(3) 향신료

향을 증진시키기 위해 사용하는 향료香料와 맛을 증진시키기 위해 사용하는 신료辛料를 통칭해 향신료라고 하는데, 우리가 음식의 맛을 더하기 위해 흔히 사용하는 파, 마늘, 고추, 생강, 소금, 후추 등이 가장 흔히 쓰이는 양념이자 향신료이다.

중국요리에는 기본양념 외에도 많은 향신료를 사용하는데, 특히 중국 요리에 많이 사용되거나 중국사람들이 즐기는 향신료에는 다음과 같은 것들이 있다.

소금鹽

소금과 후추는 요리에 있어서 가장 중요한 양념이며 다른 양념보다 소금과 후추의 간을 정확하게 맞추는 것은 요리의 승패를 결정짓는 필수 요소이다. 소금과 후추는 수시로 맛을 보면서 확인해 주어야 하지만 가급적이면 중간에 밑간으로 한 번 넣고 음식을 내기 직전에 넣어서 마무리 짓는 것이 비결이다.

처음이나 중간에 넣는 1차 양념은 음식의 맛이 주재료와 겉돌지 않고 속에까지 밸 수 있도록 하여 전체적인 조화가 되게 하며, 2차적으로 음식을 내기 전이나 먹기 직전에 하는 마지막간은 추가로 넣는 부재료와 음식의 양념이 조화를 이룰 수 있도록 해서 맛있는 요리가 되게 하는 데 있다.

일반적으로 사용하는 소금에는 굵은 소금인 꽃소금과 정제염인 가는 소금이 있는데 사용한 소금에 따라서도 맛이 많이 다르기 때문에 용도에 맞는 소금을 사용해야 한다. 시원하고 담백한 요리를 하기 위해서는 굵은 소금을 사용하며 얼큰하고 걸쭉한 양념에는 입자가 가는 정제염이 잘 어울린다.

후추黑椒

우리나라에 도입된 시기는 고려시대로 알려져 있으며 후춧가루에는 흰 것과 검은 것 두 종류가 있다. 흰 후춧가루는 완전히 익은 열매를 이틀가량 물에 담갔다가 껍질을 제거하고 빻은 것으로 검은 후추에 비해 매운맛이 1/4가량 약하다. 검은 후춧가루는 설익은 열매를 말려서 빻은 것으로 미국사람들이 즐겨 먹는다. 후추는 향과 맛이 맵고 뜨거운 성질이므로 장과 위를 따뜻하게 하며 비린내를 없애 주므로 비린 맛이 강한 동물성 재료를 조리할 때 주로 많이 사용한다.

살균 및 방부 효과, 향료역할, 신료역할 등 다용도로 사용이 가능하지만 지나치게 많이 먹으면 위 점막에 자극을 주어 좋지 않다.

산초花椒

중국요리의 향기를 높이는 데 사용되며, 조림이나 찜에 많이 넣어 쓴다. 산초 열매의 검은 심을 떼어내고 냄비에 볶아서 가루로 만들어 사용하기도 한다. 날것은 아린 맛이 강하므로 볶아서 향을 낸다.

산초(화조)

식용유油

중국요리에는 식물성 식용유와 동물성 기름이 많이 사용되기 때문에 각기 다른 특징과 성질을 잘 살려 사용해야 하며, 여러 기름을 혼합하여 합리적으로 사용한다. 아래 표에 있는 식물성 기름 외에도 참기름芝麻有 지마유 등이 많이 쓰이며, 동물성 기름으로는 중국요리에서 가장 많이 쓰이는 돼지기름猪油 저유 외에 닭기름鷄油 계유, 새우기름蝦油 하유, 굴기름牡蠣油 모려유 등이 있다.

표 2-10 중국요리에 사용되는 다양한 식용유들

콩기름	불포화지방산 함량이 높고 인지질이 많이 함유되어 동맥경화 예방에 효과가 있으며 일반적으로 가장 많이 애용되는 기름이며 대두를 이용해서 만든다. 공기와 접촉하면 쉽게 산패되고 반복해서 사용하면 질이 급격히 떨어지는 단점이 있으므로 3회 이상 사용하는 것은 자제한다. 튀김, 볶음, 소스류(중식드레싱 등)를 만들 때 많이 이용한다.
옥수수기름	콜레스테롤이 아주 적고 비타민 E가 풍부하며 뛰어난 보존성과 풍미를 가진 오일이기 때문에 중식에 사용되는 드레싱과 소스류를 만들기에 적합하다.
채종유	유채씨를 짜서 만든 기름으로 담백한 무색무취의 기름이기 때문에 담백한 맛을 내는 데 사용한다.
면실유	목화씨를 짜서 만든 기름으로 담백한 맛을 가지고 있어서 가열하지 않고 많이 사용하나 발연점이 높아 튀김용으로 많이 사용된다.
고추기름	고추기름(辣椒油 랄초유)은 기름에 고춧가루를 넣고 끓인 것으로 매운맛을 낼 때 사용한다.
파기름	파의 향과 맛이 우러나도록 끓는 기름에 파뿌리와 양파를 넣고 150℃로 가열하여 대파가 황갈색으로 변하기 시작할 때 불에서 내려 식힌 기름이다. 파기름(蔥油 총유)은 비린 맛을 없애고 요리에 풍미를 더하기 위해 사용한다.
기타	해바라기 씨를 짜서 만든 해바라기 오일, 홍화씨를 짜서 만든 홍화씨기름, 포도씨를 압착시켜 추출한 포도씨기름 등 많은 기름이 있으며 오일의 특징과 사용목적에 맞게 사용하는 것이 좋다. 망유(網油)는 돼지의 내장을 둘러싸고 있는 그물망 기름이다.

포도씨 오일은 콜레스테롤이 아주 낮고 불포화지방산과 비타민 E를 함유하고 있으며 특히 비타민 E가 산화를 방지하여 기존 식용유보다 10배 더 오래 사용할 수 있다.

발연점도 250℃로 상당히 높아 철판구이에 사용해도 잘 타지 않아 사용이 편리하다.

팔각八角

팔각八角 bā jiāo은 요리의 향을 높이기 위해 사용되며 상록수인 대회향의 열매로 대회향 大茴香이라고도 한다. 중국 광서성에서 많이 나며 오향분의 주된 재료이다. 향이 강해 너무 많이 사용하지 않도록 하며 오래 끓이거나 찌는 요리, 재워 두었다가 사용하는 요리에 많이 사용한다.

생강薑

날씨가 추운 북방 요리에서 주로 쓰는 향신료로 비장脾臟을 보호하고 땀을 나게 한다. 오향분五香粉은 팔각, 계피, 회향, 산초, 진피를 가루로 만들어 섞은 것인데 그 향이 매우 뛰어나 다양하게 사용된다.

고수香菜

고수香菜 xiāng cài는 특히 동북지방에서 많이 사용하는 특이한 향의 풀로서 한국사람들의 입맛에는 맞지 않으나, 칼슘·철분·비타민 A가 풍부해 고기 요리나 탕 요리에 많이 사용한다.

계피桂皮

계피는 오향의 주재료로 맛이 매우면서 달아 음식의 맛과 향을 좋게 한다. 오래 푹 고는 요리에 주로 쓰이며 혈액 순환을 돕고 위액 분비를 촉진한다. 너무 많이 넣지 말고 적당량

넣어서 사용하면 우수한 향신료로, 사용 범위가 대단히 넓다.

홍고추紅辣椒

고추의 원산지는 남아메리카로 우리나라에는 17C 초에 일본으로부터 전래되었다. 붉은 고추를 말려 토막을 낸 다음 기름에 타지 않게 볶아 매운맛을 우려서 사용한다. 고추는 특히 매운맛을 좋아하는 사천요리에 많이 사용되는데, 자극성이 강하나 소화를 돕고 식욕을 촉진시키며 비타민 함량이 매우 높다.

파蔥

중국요리에 약방의 감초처럼 사용된다. 파의 매운 향은 비린내를 없애 주고 식욕을 자극하며 소화를 돕는다. 북방에서는 주로 대파를 쓰고, 남방에서는 실파를 쓴다.

마늘蒜

백합과에 속하는 마늘大蒜 dà suàn은 맛과 향을 돋우고 살균 효과가 있다. 가열하면 매운 맛과 살균작용이 없어지나 장내에서 분해되어 살균작용이 생긴다. 폐결핵, 장염, 설사에 좋다.

소회향小茴香

소회향小茴香 xiǎo huí xiāng은 회향의 열매로 향이 진해 대회향팔각과 어깨를 나란히 하며 육류, 생선요리에 많이 쓰인다.

정향丁香

정향丁香 dīng xiāng은 정향나무의 꽃봉오리로 주로 육류 요리에 사용되는 향신료이다. 모양이 못처럼 생겨서 정향丁香으로 불리며, 뜨거운 성질을 가져 위를 따뜻하게 하여 체기를 없애 주므로 소화불량, 구토, 설사 등에 좋다. 항균 작용, 피부의 백선 치료, 구취 제거 효능도 있으며 고기의 노린내를 없애 주는 데 사용한다.

고량장高良薑

고량장高良薑 gāo liáng jiāng은 맛이 맵고 뜨거운 성질이다. 소화를 돕고 숙취를 없애며 위를 따뜻하고 튼튼하게 해 준다.

두구荳蔲

두구荳蔲 dòu kòu는 맛이 맵고 향기가 있으며, 성질은 따뜻하다. 위를 따뜻하게 하고 가래를 삭여 준다. 또 장벽을 자극하여 식욕을 돋우고 소화를 촉진한다.

사인砂仁

사인砂仁 shā rén은 맛이 맵고 따뜻한 성질이며, 폐와 신장을 보하고 소화를 돕는다. 숙취를 없애 주며 식욕을 증진시키는 효능이 있다.

자연孜然

자연孜然 zî rán은 안식 회향安息茴香이라고도 한다. 모양은 회향과 비슷하며 흑녹색을 띤다. 매운 향이 강하다. 나쁜 맛을 없애고 향미를 증가시킬 때나 양고기의 노린 맛을 없애는 데 쓴다. 신강성에서 소화불량이나 위가 냉하여 생긴 복통을 치료하는 데 사용하기도 한다.

참깨장芝麻醬

참깨를 볶아서 참기름을 짜내고 남은 찌꺼기가 참깨장芝麻醬 zhî mā jiàng이다. 걸쭉하고 진한 갈색으로 향이 진하다. 종종 기타 다른 조미료와 함께 쓰는데, 찬 음식과 뜨거운 음식 모두에 조미료로 쓴다. 기름진 향이 강하다.

(4) 장류

굴소스蠔油

굴의 즙을 소금에 절여 발효시켜 만들며, 갈색으로 약간 걸쭉하고 짠맛이 나는 특징이 있다. 해산물요리와 야채요리, 신맛 나는 요리, 달콤한 맛이 나는 요리 등 많은 요리에 잘 어울리는 소스이다.

두반장豆辨醬

중국요리에 매운 맛을 낼 때 사용하는 두반장은 잠두콩을 원료로 하여 콩이 완전히 으깨지지 않게 만든 장류이다.

라지장辣子醬

선홍색 고추에 소금, 산초, 백주白酒 등을 넣고 절여 발효시켜 만든 것이다.

간장醬油

메주를 소금물에 침지하여 미생물로 발효시켜 제조하며 아미노산, 당분, 유기산, 무기질, 비타민 등이 들어있으며 소금과는 다른 맛을 가지고 있어서 음식의 맛을 결정짓는다.

매실소스梅汁

매실은 중국의 강남지방이 원산지이다. 80%의 과육 중 85%의 수분과 10%의 당분을 함유하며, 유기산인 사과산, 구연산, 호박산, 주석산 등의 유기산이 5%나 들어있어 신맛이 강하다. 피로회복과 식욕증진 효과가 있고 구연산은 해독작용과 살균작용이 있어 여행을 할 때 배탈이 나면 매실이 좋은 약효를 갖는다. 새콤한 과일의 향이 특징이며 생선요리나 단 음식에 많이 사용한다.

춘장麵醬

춘장은 된장류에 속하며 황장黃醬 huáng jiàng, 대장大醬, 경장京醬, 황두장黃豆醬이라고도 한다. 대두, 밀가루, 소금, 누룩을 4개월 이상 발효시켜서 만든다.

검정콩豆豉

대두大豆를 발효시킨 된장이다. 검은 대두를 물에 불려 푹 삶아 말린 다음 항아리에 넣고 햇볕에 7번 말려서 만든다. 음식 특유의 신선한 맛을 증가시키고 원료의 나쁜 맛을 감춰 주는 역할을 한다.

첨면장甛麵醬, tiān miàn jiàng

소량의 콩에 밀가루와 소금을 넣고 발효시켜 만든 된장류이다.

포랄초泡辣椒

고추를 절여서 만들며 매운맛을 좋아하는 사천지방 사람들이 많이 사용한다.

선장유鮮醬油

생선액젓의 일종이다.

해선장海鮮醬

콩, 밀가루를 섞어 일정기간 발효시킨 후 소금, 캐러멜을 넣어서 만든다. 우리가 호이신 소스라고 부르는 것으로 맛이 신선하며 짜고 붉은 갈색을 띤다. 볶음이나 조림 요리, 구이용 요리에 향을 더하는 데 사용한다.

XO소스XO汁

햄, 패주, 새우, 마늘, 굴즙, 향신료 등을 넣고 만든 매운맛이 나는 소스로 다양한 요리에 사용된다. 특히 고급 해물요리에 사용하면 더욱 맛이 좋아진다.

꿀蜂蜜

인류가 이용한 천연감미료 중 가장 오래된 것 중 하나가 꿀이다. 천연 꿀은 아무런 가공 없이 손쉽게 이용할 수 있어서 동서양을 막론하고 태고로부터 이용해 왔고 식품으로서뿐 아니라 약용으로도 널리 이용되어 왔다. 꿀은 꽃의 꿀샘에서 화밀을 채취해 겨울먹이로 저장해 둔 것으로, 처음에 꽃에서 채취된 꿀은 설탕성분이지만 벌의 소화효소로 성분이 바뀌면서 꿀이 된다. 소화흡수가 잘 되고 78%의 당질 중 과당이 47%, 포도당이 37% 정도이며 비타민, 개미산, 유산, 사과산, 나이아신 외에도 Ca, Fe, Cu, Mn, P, S, K, Cl, Na, Si, Mg 등 풍부한 무기질이 들어 있다.

(5) 한방재료

약선藥膳이란 중국 의학과 약학 이론에 기초하여 약재와 어떤 약용가치를 지닌 식물食物을 서로 유기적으로 배합하여 음식을 약처럼 만들어 낸 중국 특유의 조리법으로, 앞에서 말한 '식의동원食醫同源 – 음식과 의약의 뿌리는 하나이다'이라는 중국인의 음식에 대한 사고방식이 표현된 독특한 학문이다. 따라서 이것은 '약이기 이전에 음식'이라는 사고방식을 전제로 하며, 요리를 만들 때 갖추어야 하는 맛, 색, 향 등을 기본으로 약재와 식재의 효력을 상호보완하여 사전 예방차원에서 음식을 조리해 먹기 위함이 목적이다.

엄밀한 의미에서 약재와 식재의 구분은 사전예방이냐 사후치료냐에 따라 개념이 약간 달라지는데, 사전예방에 의미를 좀 더 부여하면 모든 음식은 식재료이기 이전에 약재이다.

구기자枸杞子, Chinese matrimony vine

구기자枸杞子 gǒu qǐzi는 가지과에 속하는 낙엽성 활엽관목 나무의 열매로 맛이 달고 자극적이지 않다. 만성간염, 간경변, 허리요통에 효과가 있으며 강장제, 해열제로 쓰인다. 1,800

년 전 후한시대에 저술된 『신농본초경』에는 상약上藥으로 인삼과 구기자를 들어, 구기자를 오래 복용하면 골격을 단단하게 하며 몸이 가벼워져서 늙지 않고 더위와 추위를 타지 않는 다고 소개되어 있다. 한방에서는 가을에 구기자나무의 열매와 뿌리를 채취하여 햇볕에 말려 쓰는데, 열매를 말린 것을 구기자라 하고 뿌리껍질을 말린 것을 지골피地骨皮라 한다.

구기자술枸杞子酒은 날것으로 담그는 방법과 말린 생약재로 담그는 방법이 있다. 한방에서 생약으로 구기자술을 담글 때는 구기자 200g에 소주 2ℓ의 비율로 술을 담아 보통 3개월 정도 익힌다. 이 술은 비타민·루틴·베타인·아미노산 등이 풍부해 강장제로서 효능이 높고 동맥경화·고혈압의 예방 등에 효과가 있으며, 저녁식사 전이나 취침 전에 작은 잔으로 1잔 정도를 규칙적으로 마시면 약효가 좋다고 한다. 날것으로 담근 술은 역한 맛이 있어서 좋지 않다.

진피陳皮, Corium

진피陳皮 chén pí는 씨가 많고 작은 온주밀감溫州蜜柑의 숙과피를 건조한 것으로 진귤피陳橘皮라고도 한다. 맛은 쓰지만, 비타민이 많고 향이 좋아 오향을 이용한 요리에 사용되며 비린맛, 느끼한 맛을 없앨 때에도 많이 쓴다. 감기예방, 기의 순환, 가래에 좋아 한방재료로 많이 사용된다.

아직 덜 익은 파란 과피를 청귤피, 황숙한 과피를 노숙老熟의 뜻을 가진 진피진귤피라고 한다. 한의학에서는 채취 후 1년 정도 경과한, 향기가 강한 것을 상품上品으로 취급한다.

천궁川芎, Cnidium officinale

미나리과에 속한 천궁川芎 chuān xiōng의 뿌리줄기로 중국이 원산지이다. 혈액 순환을 좋게 하며, 당귀와 적절히 섞어 쓰면 조혈 작용을 촉진하므로 빈혈에 좋다. 한방에서는 뿌리가 기의 순환을 원활하게 하여 풍을 막고 통증을 멎게 하므로 두통, 폐경, 복통, 타박상 등에 많이 사용하며, 민간에서는 방향성 식물이기 때문에 좀을 예방하기 위해 옷장에 넣어둔다.

연밥蓮子, Water lily

수련과睡蓮科 식물인 연의 씨를 말린 것이다. 맛은 달고 떫다. 신경 안정 효과가 있으며, 신장과 비장을 튼튼하게 하므로 냉대하나 비장이 허해 생긴 설사 등에 좋다. 연의 뿌리인 연근도 식용으로 많이 이용되고 있다.

여지荔枝, *Litchi chinensis*

중국남부가 원산지인 무환자과無患子科식물인 여지의 열매로 둥근 모양이며 지름 3cm 정도로서, 겉의 돌기와 더불어 거북의 등처럼 생겼다. 과육은 시고 달며 독특한 향기가 있다. 중국 남부에서는 과일 중의 왕이라고 한다. 따뜻한 성질로 간과 비장에 이롭고 정신을 편안하게 하는 효능이 있으며, 어린이 야뇨증과 빈혈에 좋다.

산사山沙, *Cornus officinalis*

배나무과에 속하는 산사山査 shān zhā나무의 익은 열매를 햇볕에 말린 것이다. 식욕을 돋우고 소화가 잘 되게 하여 체기를 풀어 준다. 어혈을 풀고 설사를 멎게 하는 효능이 있어 세균성 이질에 좋다. 혈압을 내리고 심장을 강하게 한다.

한방에서 과육果肉을 산수유라고 하며, 자양강장·강정·수렴 등의 효능이 있어 현기증·월경과다·자궁출혈 등에 사용한다. 한국과 중국이 원산지며 한국의 중부 이남에서 심는다.

복령茯笭, *Poria cocos*

복령茯笭 fú líng은 땅속에서 소나무 등의 나무뿌리에 기생하는 균핵菌核으로 크기는 10~30cm이며 둥근 모양 또는 길쭉하거나 덩어리 모양이다. 표면은 석갈색·담갈색 또는 흑갈색으로 꺼칠꺼칠한 편이며, 때로는 근피根皮가 터져 있는 것도 있다. 살은 백색이고 점차 담홍색으로 변한다. 백색인 것을 백복령白茯笭, 적색인 것을 적복령赤茯笭이라 하며, 복령 속에 소나무 뿌리가 꿰뚫고 있는 것을 복신茯神이라고 한다. 강장·이뇨·진정 효능이 있어 신장병·방광염·요도염에 이용한다. 한국·중국·일본에 분포한다.

백출白朮, *Atractylodes macrocephala*

산지의 건조한 곳에서 자라는 다년초 국화과에 속하는 백출白朮 bái zhú의 뿌리줄기로, 맛이 달면서도 쓰고 따뜻한 성질이다. 비장을 튼튼하게 한다. 소화관 및 피하조직에서 일어나는 수분대사水分代謝의 부전不全에 대하여 이뇨利尿·발한發汗 작용을 하며 위장염·부종에 효험이 있고 민간에서는 혈압강하제로도 쓰인다.

당귀當歸, *Ligusticum acutilobum*

미나리과에 속한 참당귀當歸 dāng guî의 뿌리로, 진통·배농排膿·지혈·강장작용이 있어 복통·종기·타박상 및 부인병에 이용된다. 꽃은 8~9월에 피고 흰색이며 열매는 9~10월에 익는데 편평하고 긴 타원형이다.

백편두百片豆, Kidney bean

백편두白扁豆 bái biǎn dòu는 콩과식물로 까치콩 · 나물콩 · 제비콩이라고도 하며, 남아메리카 열대지방이 원산지이다. 비장을 튼튼하게 하고 비위가 약하거나 더위와 습기로 인한 설사 등에 좋다.

감초甘草, *Glycyrrhiza uralensis*

콩과의 여러해살이풀인 감초甘草 gān cǎo의 뿌리를 말린 것으로, 껍질이 얇고 붉은빛을 띠며 단맛이 많아 감미료로도 많이 사용된다. 해독 작용을 하고 약재들을 조화시키는 효능이 있어 "약방에 감초"라는 말이 있을 정도로 여러 곳에 사용된다.

인삼人蔘, ginseng

뿌리가 사람의 형상을 닮아 인삼人蔘 rén shēn이라고 하며 예로부터 불로 · 장생 · 익기益氣 · 경신輕身의 명약으로 일컬어진다. 우리나라에서 재배되는 인삼의 뿌리는 비대근肥大根으로 원뿌리와 2~5개의 지근支根으로 되어 있고 수확은 4~6년근 때에 한다.

홍삼의 원료로 쓰이는 것은 6년근으로 길이가 보통 7~10cm, 지름 2.5cm 내외이고 무게는 약 80g 정도이다. 인삼은 매년 땅속줄기에서 싹이 나오고 가을에는 줄기와 잎이 고사枯死하는데 고사한 줄기의 흔적이 남는다. 뿌리에 사포닌이 들어 있어 원기를 회복시키고 정신을 안정시키며 혈액 순환을 좋게 하고, 당뇨병 환자에게는 혈당을 내려 주는 효과가 있다.

숙지황熟芝皇, *Rehmannia glutinosa*

숙지황熟地黃 shóu dì huáng은 생지황의 뿌리줄기를 찐 것이다. 특히 술에 담갔다가 쪄서 말리기를 9번 되풀이하여 만든 것은 구지황이라 하여 그 약효를 으뜸으로 친다.

맛은 달면서도 쓴맛이 돌고 따뜻한 성질이 있어 혈을 보保하고 정精: 생명이 발생하고 활동하는 데 기본이 되는 물질을 보충해서 허리와 무릎이 시리고 아픈 증상이나 월경이상, 어지럼증 등을 치료하고 머리를 검게 하는 효능이 있다.

예로부터 허담虛痰을 치료하는 데 효과가 있어 차로 달여 마셨으며, 기침과 천식에 복령茯苓 · 반하半夏 등과 배합하여 사용하였다. 이밖에도 돼지고기를 삶은 국물과 함께 복용하면 습관성 변비에 효과가 있다. 영양분이 많고 기름기가 있어 장기간 복용하면 소화장애를 일으켜 설사 · 복창腹脹 등 부작용이 있으므로, 입맛이 없고 소화가 안 되며 설사를 하는 환자에게는 신중하게 사용해야 한다.

백작白灼, *Paeonia lactiflora*

백작白灼 bái sháo은 미나리아재비과에 속하는 함박꽃의 뿌리로, 비장을 튼튼하게 하고 체내의 습한 기운을 없애준다. 수분 대사가 순조롭지 못할 때, 기침과 가래가 심하고 사지가 붓고 소변 양이 적을 때, 기가 허해 땀을 흘릴 때, 임산부의 구토, 태동이 불안할 때 등에 좋고 보혈, 진통 효과도 있다.

호텔 중식주방의 특징

1. 중식주방의 인적조직

호텔주방은 전체 호텔의 일반 구성원들보다는 전문적인 기능 및 관리능력을 가진 사람을 요구하는 조직으로 구성된다. 각 직무의 역할이 전문화, 세분화되어 있으며 이는 아무나 쉽게 배워서 단시간에 할 수 있는 성질의 직무가 아니기 때문이다.

특히 외국요리를 해야 하는 주방에서 조리를 하는 업무는 다년간에 걸쳐 수도 없이 반복, 숙달이 되어야 하는 전문직업이므로 일손이 모자란다고 일용직 근로자나 아르바이트 학생으로 대체할 수도 없다. 또한 업무의 내용이 일반인이 알고 생각했던 것보다 막상 지루하고 따분하게 느껴질 수 있기에 중식주방의 특징을 잘 알고 임해야 한다. 주방은 하나의 생산조직인 동시에 생산시스템으로 유기체처럼 살아서 움직이는 조직이어야 한다. 주방은 기업의 일부로서 최소의 생산비용을 투입하여 최대의 생산효과를 달성하고, 이를 지속적으로 유지하기 위하여 모든 구성원들이 능률적으로 제 기능을 발휘해야 한다.

이러한 목표를 전제로 주방운영은 기업의 기본적인 목표를 위해 역할을 분담하고 그 조직체계를 세움으로써 효율적인 주방관리가 될 수 있도록 하여 최상의 음식을 고객에게 제공하는 데 주된 목적이 있다. 주방의 효율적인 운영을 위해서는 동료들 간의 수직, 수평적인 커뮤니케이션에 대한 기본방침을 정하며, 효율성을 높이기 위해 식재료 관리에 만전을 기하고 새로운 메뉴개발, 효율적인 업무관리 및 업무 분담이 제대로 이루어질 수 있도록 하여야 한다.

주방조직은 이상과 같은 목표를 달성하기 위한 출발점으로, 필요한 조직의 각 직급 간에 업무범위를 명확히 하여 효율을 극대화하고, 나아가 근무자 개개인의 이해관계를 원활하게 하여 기업이념을 쟁취하고 개인의 삶의 목표를 달성시키는 데 목적이 있다.

기본적으로 일반 호텔 주방의 조직은 주방장, 부주방장, 1st cook, 2nd cook, cook, cook helper의 직급으로 구성된다.

(1) 주방장

주방장은 주방기능이 원활하게 운영되도록 조절하는 주방의 총 지휘자로, 전체적인 주방의 운영과 관리가 가장 중요한 임무이다. 주방의 인사관리, 사무관리, 위생관리, 식자재 원가관리 및 재고관리, 안전관리, 시설관리 등에 대한 전반적인 책임을 지고 직원들에게 직무를 적절하게 분장해 주어야 한다.

장인정신을 가진 조리사로서 청결성, 정직성과 봉사성, 능률성과 경제성을 갖고 업무에 임한다.

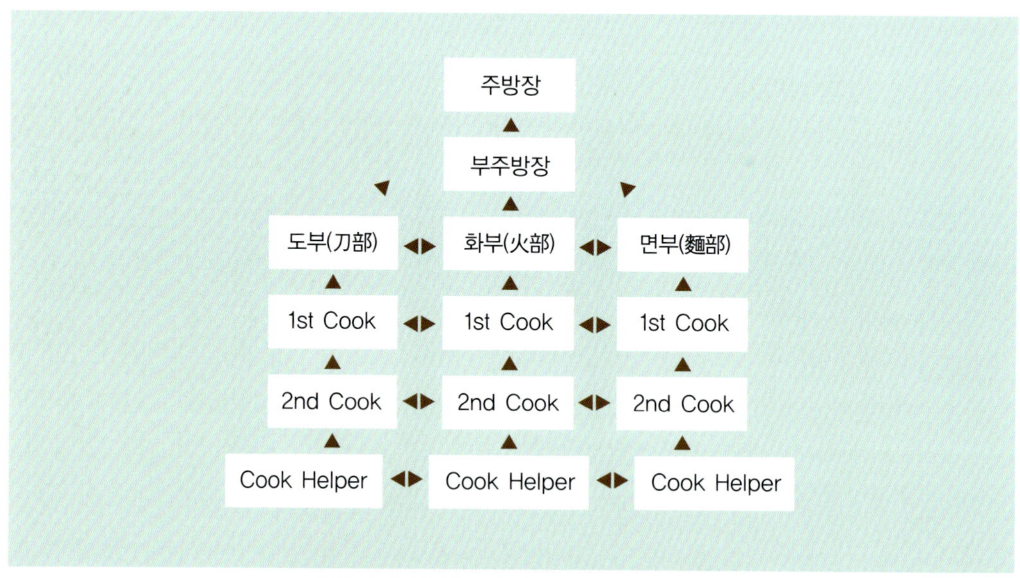

그림 2-1 중식주방 조직도(도부, 화부, 면부에 대해서는 제5절에서 자세히 설명하겠다)

(2) 부주방장

　주방장을 보좌하여 현장에서 주방인원을 감독하고 전반적인 관리책임을 위임받아 주방장 대행업무를 주로 한다. 주방장이 대외 업무에 많은 시간을 할애할 수 있도록 내부적인 통솔을 우선하며 실질적인 요리를 총괄한다.

　　＊ 완성된 요리의 이상 유무 확인
　　＊ 부서의 유기적인 협조체제 구축
　　＊ 주방시설 및 기물 관리
　　＊ 식자재 관리
　　＊ 조리사들의 근무상태 관리 및 스케줄 작성
　　＊ 전반적인 주방장 업무 보좌

(3) First cook 요리장, 섹션조리장, 전문요리사

　각 단위주방의 가장 기본이 되는 구성원으로 우리 신체의 세포cell에 해당하는 부서 section: 도부(刀部), 화부(火部), 면부(麵部)의 조장으로서, 요리업무의 실무면에서 탁월한 기능을 소지하며 업무의 노하우를 가장 많이 알고 있는 요리사이다. 주방운영에 관하여 중간관리자 역할을 수행하고 조리에 직접 참여하며 주방장, 부주방장의 유고나 부재 시 업무대행 역할을 한다.

　　＊ 조원의 업무를 감독, 담당 부서의 업무를 총괄
　　＊ 요리의 마지막 처리, 담당 기기 및 기물유지 관리, 식재료 유지감독
　　＊ 주방의 운영현황업무 진행상태의 보고
　　＊ 주방 내 조리사 간의 협동 및 동료애 등 동기부여를 위한 모임 주선
　　＊ 조리사 등에게 주방의 소모품, 식자재 등 선입 · 선출에 입각한 원가의식 지도
　　＊ 영업준비 및 마감
　　＊ O.J.T.교육 및 현장교육 훈련, 전날의 모든 업무 결과를 분석 토의
　　＊ daily market list 및 store order 발주
　　＊ 식자재 원가 체크 및 직원들에게 통보
　　＊ 식자재 원가를 비롯해 고가 식자재 중점 관리 및 원가 분석
　　＊ 월말 재고 파악

* 주방 근무스케줄 관리와 근로시간 관리ex: 년차·월차, over time 등
* 출·퇴근 시 가스, 전기, 소방안전 관리
* 주방의 냉장고 및 냉동고 관리상태 확인
* 주방 위생관리
* 음식의 presentation 개발 및 관리

(4) 2nd cook숙련요리사

이론과 기능상 실무경력이 풍부하여 일반 cook업무를 지도하고 요리의 중요한 업무를 수행하는 사람으로 상사의 업무지시에 따라 조리업무를 직접 수행하는 최전방의 조리담당자이다.

(5) cook helper요리사 보조원

일반적으로 보조원kitchen helper or cook helper으로서 직무의 개념을 보면 주방의 정리정돈, 물품의 수령, 조리를 위한 전처리를 담당하는 직책에 있는 조리사이다. 보조원은 식품의 영양, 위생, 과학적인 조리지식을 기본으로 많은 기술을 배우고 체계적으로 익혀 조리에 직접 참여할 준비를 하는 단계로 부단한 노력과 연구가 필요하다.

물품의 수령과 정리정돈은 처음에 업무를 하다보면 하잘 것 없다고 생각하는 사람이 많으나 이러한 과정을 통해 많은 식자재를 접하고 각각의 특성을 파악할 수 있는 가장 좋은 기회를 가지기 때문에 적극적으로 업무를 수행해야 한다. 식재료의 수령 후 품목별로 항상 정해진 위치에 정리정돈하여 업무가 신속하게 진행될 수 있도록 하여야 하며, 한눈에 재고상황을 알 수 있고 유효기간을 관리할 수 있도록 하는 것이 가장 중요하다.

* 주방의 정리정돈기물, 조리도구, 식자재, 각종 양념 등
* 물품의 수령과 보관선입선출원칙에 의함, 유효기간 확인, 재고 확인
* 식재료의 전처리
* 기물관리, 위생관리, 식자재관리
* 냉장·냉동고 관리
* 영업 전 예약상황 확인
* 가스, 전기 안전 확인

중식당 업무의 흐름

Kitchen(주방)	Restaurant(홀)
영업 준비를 위한 제반 준비 도부(刀部), 화부(火部), 면부(麵部)의 준비를 완벽하게 해 둔다.	영업준비 (영업장 Open을 위한 제반사항을 점검하고 당일 예약상황 확인)
Order에 의해 주문된 음식을 확인하고 음식을 조리한다.	주방에 메뉴상황 점검(시장 수급상황, 식자재별 재고를 고려한 판매전략 확인)
Order에는 손님에 대한 기본적인 정보가 기록되는 것이 좋다(국적, 개별적인 기호, 성별 등).	손님 영접과 좌석 안내 (예약을 확인하고 좌석 안내)
주방장은 각 분야별로 만들어진 음식을 최종적으로 점검하고 내보낸다.	주문을 받는다. (메뉴판, 차, 물, 기본적인 것을 접대)
고객의 음식에 대한 불만은 가급적 주방 담당 직원이 직접 해결한다.	시스템을 이용해 주방에 음식 주문
영업이 끝나면 기본적인 정리정돈을 하고, 다음 영업에 필요한 식자재를 확인한다.	주방에서 나온 음식이 주문에 맞는지와 이상유무를 확인하고 주문한 음식을 제공한다.
구매요구서를 전산입력하거나 작성하여 구매부에 확인한다.	주문한 음식을 순서에 의해 서비스하며 항상 손님의 필요가 무엇인지 미리 확인한다.
구매부서에서 발주한 식자재가 검수부서를 통해 들어오면 다시 한번 확인하고 요구서와 부합되지 않을 경우 교환 · 반품한다.	식사가 끝나면 차와 음료를 제공하고, 계산을 해 드린다.
입고된 식재료를 영업을 위해 정확하게 준비해 두었다가 주문에 의해 조리한다.	환송(가능하면 입구에서 손님을 환송한다)
영업이 끝나면 정리정돈을 잘 하고, 특히 가스를 비롯한 소방관리에 만전을 기한다.	테이블 정리와 세팅
점심영업이 끝난 오후 시간에 직무능력 향상을 위한 다양한 교육과 연수를 실시한다.	다음날 영업준비를 위한 제반 사항을 점검한다.
업무 종료	업무 종료

그림 2-2 중식당 업무흐름도

* 가스 누출로 인한 화재를 예방하는 일은 가장 중요한 안전과 관련된 업무이다. 가스 냄새가 나거나 누출이 확인되면 신속하게 가스를 차단해야 하고, 모든 창문을 열어서 환기를 시키되 절대 어떤 전원스위치도 만져서는 안 된다. 그 다음 비상벨을 누르고 안전실과 기계실에 신속히 연락을 취하며, 화재가 발생하면 주방에 있는 소화기를 이용하여 신속히 진화를 한다. 만일 신화가 어려울 경우 안전실과 안내실에 화재발생을 알려 관련 부서에 연락을 할 수 있도록 하고, 화재 확산을 방지하기 위해 방화문을 닫고 건물 밖으로 신속히 대피한다.

(6) 기타 준수사항

다음의 사항은 모든 직원이 다 같이 지켜야 할 기본적인 사항으로 말을 하지 않아도 당연히 지켜야 한다. 직장생활은 학교생활이 아니라 사회생활이기 때문에 누가 이래라 저래라 하기 이전에 당연히 기본 규칙을 지켜야 하며, 지키지 않으면 그에 상응하는 불이익이 따르기 마련이다. 직장 상사는 이러한 기본적인 사항이 잘 안 지켜졌을 때 한두 번은 잔소리를 할지 모르지만, 그래도 안 되면 인사고과로 대응하게 된다.

* 직장생활의 기본으로 가장 철저하게 지켜야 할 사항인 출퇴근 시간을 잘 엄수하는가?
* 개인 위생 및 복장 상태는 양호한가?
* 항상 즐겁게 근무하고 있는가?
* 정성을 다하여 조리에 임하고 있는가?
* 자기 계발을 위해 제2외국어ex: 영어, 일어, 중국어 등 공부를 하는가?
* 회사의 교육에 적극적으로 참여하고 있는가?
* 동료를 신뢰하며 먼저 생각하고 있는가?
* 고객에 대한 배려를 최우선으로 생각하는가?
* 새로운 요리 개발과 recipe 정리에 적극적인가?
* 근무준비를 철저하게 하고 있는가?
* 위생, 안전관리에 최선을 다하고 있는가?
* 본인의 특기를 잘 살리고 있는가?
* 회사의 자산을 보호하기 위해 최선을 다하고 있는가?
* 회사의 제반 규정을 잘 준수하고 있는가?

* 상급자의 지시에 잘 따르고 있는가?
* 직원들과 원만한 유대 관계를 유지하고 있는가?

(7) 일일 점검사항

* 조리대에 조미료와 양념은 떨어지지 않았는가?
* 냉장고는 청결한가?
* 음식을 담을 기물과 그릇은 충분히 준비되어 있는가?
* 조리대 기물 및 안전가스상태는 양호한가?
* 개인복장유니폼, 명찰 등 및 개인위생점검두발, 손톱 등은 잘 되어 있는가?
* 청소상태, 정리정돈, 바닥, 화장실, 싱크대 등 공중위생상태는 양호한가?
* 주방 조명과 후드급기, 배기 등 시설은 이상이 없는가?
* 식자재는 구매요구서에 맞게 수령되었는가?
* 냉장 · 냉동 저장된 식자재의 유통기간 및 선도, 재고량은 충분한가?

(8) 안전관리

안전에 대한 욕구는 인간의 가장 기본적이고 중요한 욕구이며 생존을 위한 욕구이기 때문에, 우리 인간은 항상 각종 사고에 대한 불안감이나 두려움이 없는 상황하에서만 효율적인 업무를 수행할 수 있다. 안전관리는 이러한 인간의 가장 기본적인 욕구에 관계가 되는 것으로서 항상 안전사고 예방에 가장 주안점을 두어야 하며, 이미 발생한 사고에 대한 것은 문제점과 대책을 강구함으로써 종업원과 고객의 안전을 보장해 주어야 한다.

* 안전을 위협하는 모든 요인을 수정하고 제거한다.
* 모든 사고를 기록하고 보완한다.
* 모든 장비, 기계, 기구의 구조나 표면은 손질이 잘 되어 있어야 한다.
* 주방 바닥은 미끄럽지 않은 재질을 사용하고 기름이 묻지 않도록 한다. 기름이 흘러 바닥이 미끄러우면 응급처치 요령으로 소금을 뿌려준다.
* 출입구, 복도에 장애물이 없도록 관리한다.
* 모든 전기장비는 접지를 기본으로 하고, 전선과 코드는 절연이 잘 되어야 한다.
* 소화장비는 정기검사를 철저히 하고 눈에 잘 띄는 곳에 배치한다.

＊ 뜨거운 팬이나 요리기구를 옮길 때는 마른 수건을 사용한다.

＊ 증기 솥의 뚜껑을 열 때는 몸의 반대쪽부터 천천히 열고 내용물이 넘치지 않도록 저어
  준다.

＊ 느슨한 소매나 앞치마 끈은 조리장비에 물려 들어가거나 불이 붙기 쉽기 때문에 단정
  히 한다.

＊ 뜨거운 기름에 물이나 소금이 떨어지지 않도록 한다.

＊ 스토브 위나 오븐, 기름기가 많은 곳에 불이 나면 그 곳에 베이킹소다나 소금을 뿌린다.

＊ 떨어지는 칼은 절대 잡지 말고 뒤로 물러나 그냥 떨어지도록 한다.

＊ 물건을 운반할 때는 눈높이보다 높지 않은 카트를 이용한다.

조리방법상의 특징

중국요리에 있어서 조리방법에 대한 이해는 대단히 중요한데, 중국요리의 특징은 바로 독특한 조리방법에 있기 때문이다. 한국음식이든 서양음식이든 열 전달 매체나 건식과 습식을 이용한 조리방법에 있어서는 중국요리와 별 차이가 없으나, 한국음식이나 서양음식은 일반적으로 조리방법을 한 가지 이상 사용하는 것이 많지 않은 반면 중국음식은 조리방법을 두 가지 이상 혼합하여 사용하거나 예비 조리방법을 필요로 하는 것이 가장 큰 특징이다.

조리방법은 썰어놓은 재료를 가열·조미하여 풍미 있는 음식을 만드는 것으로 조리기술의 핵심이다. 중국요리는 지금까지 축적되어 온 조리 경험적 과학이 집결되어 조리방법이 매우 다양하며, 지역이 넓고 산물이 많아 지역별로 독특한 조리방법이 발달하였다.

중국요리를 크게 분류하면 뜨겁게 먹는 열채熱菜와 차갑게 먹는 냉채冷菜, 그리고 첨채甛菜로 구별되며, 냉채冷菜도 일부는 반드시 가열과정을 거친다. 조리방법은 열 전달 매체에 따라 기름, 물, 공기, 수증기, 소금 등이 주가 된다. 수분의 첨가 유무에 따라 건식과 습식으로 구분하며 여러 가지 조리 방법을 혼합한 혼합식 조리 방법이 있다. 음식의 맛은 조리에 사용되는 열 전달 매체와 건식과 습식 등의 조리방법의 화력에 의해 많은 영향을 받으며, 가열시간의 장단 등 여러 가지 요인에 따라 음식의 질감, 색, 향, 모양 및 맛이 결정된다. 전문 조리인을 꿈꾸는 학생들이 중국요리를 잘 알고 맛있게 요리하기 위해서는 중국요리에 사용되는 조리방법을 정확하게 이해하는 것이 매우 중요하다.

중국요리에 많이 사용되며 기본이 되는 요리법은 다음과 같다.

표 2-11 중국요리의 과정화

1. 선료(選料)과정	요리에 사용될 재료를 선정하고 선별하는 과정
2. 배료(配料)과정	주 재료와 부 재료를 포함한 식재료를 배합하는 과정
3. 도공(刀工)과정	재료를 단(段: 토막) · 괴(塊: 덩어리) · 편(片: 조각) · 사(絲: 실처럼 가늘게) · 정(丁: 네모난 조각) 등의 모양으로 절단하는 과정
4. 화후(火候)과정	불의 세기를 조절하는 것으로 왕화(旺火: 가장 뜨거운 불) · 온화(溫火: 중간불) · 미화(微火: 약한 불) 등으로 구분하여 조리하는 과정
5. 조미(調味)과정	완성 직전에 양념을 하여 마무리하는 과정

요리의 싱서라고 불리는 원메袁枚의 『수원식단 隨園食單』에 "火候須知"라는 말이 있다. 이는 "불의 가감을 알아야 한다"는 뜻으로 화후火候, 즉 화력의 강약과 가열시간의 장단에 따라 많은 요리의 맛이 살아나기도 하고 죽기도 한다는 말이다.

표 2-12 조리방법에 대한 체계

열 전달 매체	조리방법		특징
기름	볶음 지짐	초(炒)	볶음요리는 중국요리에서 가장 많이 사용하는 전통적인 조리방법으로 소량의 기름을 넣고 센 불로 짧은 시간에 조리한다. 재료는 익히기 쉬운 片(편), 丁(정), 絲(사) 등의 형태로 재료에 맞게 썰어서 상장(上裝)이나 튀기기 등의 준비를 끝내 두고 강 불로 단시간에 볶아준다.
		전(煎)	기름에 잠기지 않도록 하여 약한 중불로 황금색으로 지져서 익히는 조리방법이다.
	튀김	작(炸)	재료를 4배 정도의 기름에 170~180℃의 온도로 튀겨주는 조리방법으로, 기름의 온도를 잘 조절하는 것이 중요하다.
		유침 (油浸)	온도가 약 180~200℃ 정도 되면 재료를 기름에 넣고 바로 불을 끈 후 재료가 익으면 꺼내서 접시에 담고 노즙(滷汁)을 촉촉하게 끼얹은 조리방법이다.
물	민(燜) 곰		뚜껑을 덮고 오래 끓여서 푹 고는 조리방법이다. 질긴 재료는 큼직하게 썰어서 오랫동안 삶는 외(煨)라는 방법이 있으며, 간장이 비교적 많이 들어 간 홍먼(紅燜), 기름의 양이 비교적 많이 들어 간 유먼(油燜), 간장 양이 비교적 적어 엷은 황색을 띠는 황먼(黃燜)이 있다.

열 전달 매체	조리방법	특징
물	회(燴) 조림	잘게 자른 재료를 강한 불로 끓인 다음, 중간 불로 단시간 가열하여 국물 절반, 재료 절반이 되도록 조리하는 방법이다.
	탄(余) 끓이기	가늘고 얇게 썬 재료를 5~6배 정도 되는 많은 물에 넣고 강한 불로 단시간 끓여 조리하는 방법이다.
	자(煮) 끓이기	강한 불로 끓여서 끓기 시작하면 중불이나 약한 불로 비교적 오랫동안 가열하여 조리하는 방법이다.
	돈(炖) 중탕	중탕에 해당되며 식재료를 그릇에 담고 뚜껑을 덮은 후 중탕을 하면 입수돈(入水炖)이라 하고, 찜통에 넣고 찌면 격수돈(隔水炖)이라 한다.
수증기	증(蒸) 찜	스팀을 사용하여 음식을 익히는 방법으로 우리의 '찜', 서양식 요리의 'steaming'에 해당된다. 찜요리의 장점은 모양과 맛을 가장 잘 유지할 수 있으며, 찜기를 여러 겹으로 겹쳐서 많은 요리를 한번에 할 수 있다는 점이다. 대나무제품은 뚜껑에 물방울이 맺혀 있다가 음식으로 떨어지지 않아 좋다.
건식	고(烤) 구이	재료를 불에 직접 익히는 조리방법으로 가장 원시적이면서 가장 오래된 조리방법이다. 중국식 오븐(烤)에 넣어서 익히는 방법도 여기에 해당된다.
	쉰(燻) 훈제	재료를 연기로 익히는 일종의 훈제 조리방법이다.
	염국(鹽焗)	소금을 열 전달 매체로 사용하여 조리하는 방법으로 우리의 소금구이와 비슷하다.
혼합식	소(燒) 조림	초(炒)나 작(炸)과 같이 다양한 방법으로 조리한 재료를 조려서 재료가 국물에 잠길락 말락 할 정도로 마무리하는 방법이다. 북경요리에서는 조리시간이 좀 더 긴 배(扒)라는 방법으로 많이 쓰인다.
	류(熘)	작(炸), 증(蒸), 자(煮), 활유(滑油)와 같은 조리방법으로 재료를 익힌 다음 따로 만든 노즙(滷汁)과 같은 걸쭉한 소스로 마무리하는 방법이다.
	팽(烹)	작(炸), 전(煎)과 같은 조리방법으로 조리한 요리에 탕즙과 같은 맑은 국물로 마무리하는 방법이다.

중국의 만두狗不理 전문 요리사 중에는 50년 이상 만두만 빚어 온 사람이 있다고 한다. 그렇게 요리 한 가지를 수십 년간 전공할 정도로 세분화되어 있고 한 가지 비법을 알아내기 위해 인생을 바치는 것을 자랑스럽게 생각하며 가업으로 이어가는 것이 예사로 되어 있다. 이를 보면, 중국요리가 오늘날 세계적 요리로 자리 잡게 된 것이 우연이 아니라 중국사람들의 노력의 산물이라고 생각된다.

다음은 중국사람들의 요리에 대한 사고방식을 엿볼 수 있는 좋은 예가 될 듯하다.

춘추시대에 제齊나라는 국력이 강하여 패자가 되었지만 공자가 태어난 노魯나라는 항상 약소국 신세를 면치 못하였다. 이 제나라의 환공桓公이 한번은 노나라를 쳐들어 온 적이 있었다. 노나라의 장공莊公은 제나라를 맞아 싸울 태세를 하였는데 쳐들어오는 제나라는 군사 수도 많을 뿐만 아니라 그 기세가 대단하였다.

당시의 군대는 공격을 할 때면 북을 쳤고, 후퇴를 할 때는 징을 울려서 신호로 삼았었다. 제나라는 북소리와 함께 함성을 지르며 공격을 개시하였으나 노나라의 전략가 조귀曹劌는 초조해하는 장공에게 참고 기다리도록 말렸다. 다시 두 번째 북소리와 함께 제나라 군사들은 밀물과 같이 공격해 왔지만 이번에도 조귀는 장공에게 더 기다릴 것을 부탁하였다.

마침내 세 번째 북소리와 함께 제나라 군사는 코앞에까지 닥쳐왔다. 그제서야 조귀는 장공에게 총공격의 명령을 내리도록 권하였다. 그저 도망을 칠 것으로 알았던 노나라 군사가 큰 함성과 함께 갑자기 반격을 해오자 이번에 놀란 것은 제나라 군이었다. 훨씬 많은 수의 군사였지만 한번 흔들린 병졸들의 도주는 말릴 수가 없었다. 꽁지가 빠지게 도망가는 제나라 군을 보고 장공이 계속하여 추격하도록 지시하려 하자 조귀는 다시 서두를 것 없다면서 말리고서, 탈것에서 내려 먼 곳을 살펴보고 나서야 이제는 추격해도 좋다고 말하였다. 노나라가 엄청나게 많은 전리품을 거두고 돌아왔음은 물론이다.

전쟁터에서 돌아오는 길에 장공이 조귀에게 물었다.

"그대는 어째서 적이 세 번째 북을 울리며 공격해 올 때까지 기다리라고 하였는가?"

조귀는 대답하였다.

"첫 번째 북을 쳤을 때에는 제나라 군사의 사기는 하늘을 찌를 만하였습니다. 이때 맞부딪치면 이길 도리가 없습니다. 두 번째로 북을 쳤을 때는 이미 기력이 약간 감퇴하였으나 아직도 맞설 정도는 안 되었습니다. 그러나 세 번째 때에는 기력이 많이 떨어져 우리 군사로도 능히 깨뜨릴 수가 있었기 때문입니다."

다시 장공이 물었다. "그런데 그들이 도망칠 때는 왜 바로 쫓지 못하도록 말렸는가?"
"제나라 정도의 군대가 도망칠 때면 복병이 숨어 있는지 살펴보고 쫓아도 늦지 않기 때문이었습니다."

이 전쟁은 중국 역사에서 장작의 싸움長勻之戰으로 널리 알려져 있으며, 적은 수의 군대로 큰 적을 맞아 이긴 것으로 유명하다.

그러면 이 전쟁이 음식의 조리 비법과는 무슨 관계가 있는 것일까. 중국의 요리사들은 불의 조절에 관해서 말할 때, 곧잘 이 전쟁을 인용하곤 한다. 일고작기一鼓作氣가 그것으로, 단숨에 해치운다는 뜻이며 장악화후掌握火候가 이에 상응하는 말이다. 불을 마음대로 다스린다는 뜻이다.

이 관계를 좀더 잘 이해하기 위하여 돼지간 볶음요리를 예로 들면 팬에 기름을 두르고 달구어 푸른 연기가 나는 200℃ 정도로 바짝 가열한 다음 녹말가루 반죽을 입힌 돼지간을 넣고 빠르게 뒤집으며 볶아내면 바로 돼지간 볶음요리가 된다. 여기서 이 요리의 성패는 불의 세기와 볶는 시간에 달려 있음은 물론이다. 이런 까닭에 나온 말이 기술이 셋이라면 불다루기가 일곱三分技術 七分火이라는 것으로, 불이란 음식을 익힌다는 일차적 기능 외에도 색, 향, 맛을 결정짓는 요인이 된다는 점을 잘 인식해둘 필요가 있다.

실제로 중국요리 집에서 요리사를 채용할 때, 부추잡채를 만들어 보라고 하여 뜨거운 화력을 조절하는 숙련도와 팬을 능숙하게 다루는 정도로 그 요리기술의 등급을 쉽게 알아낼 수 있다고 한다.

1. 가열방법상의 특징

(1) 기름Oil을 이용한 조리방법

기름을 열 전달 매체로 이용하는 조리방법으로는 기름을 이용하여 볶거나 튀기는 등의 초抄, 폭爆, 전煎, 작炸과 같은 조리방법이 있다.

1) 초炒, chǎo

초抄는 소량의 기름을 사용하여 편片, 정丁, 사絲, 조條, 구球, 말末, 입粒, 용茸의 크기나 부드럽고 가늘며 작게 썬 식재료를 단시간에 볶는 조리방법이다.

식재료를 볶을 때 프라이팬에 기름을 조금 두르고 프라이팬을 돌려 가면서 센 불에서 빨리 볶아주는 조리방법으로 프라이팬이 매우 뜨겁기 때문에 물이 한 방울만 들어가도 불꽃이 인다. 일반적으로 야채와 고기가 같이 들어가는 음식은 먼저 고기를 볶아서 들어내고 야채를 볶은 후, 재차 고기를 넣고 양념을 하여 요리를 마무리하는 것이 일반적이다.

초炒는 마지막에 노즙滷汁을 넣고 비교적 뻑뻑하게 조리하며 사용빈도가 많은 활초猾炒와, 재료를 넣고 강한 불로 단시간에 조리하여 전분을 넣지 않고 마무리하는 편초煸炒가 있다. 초炒를 할 때에는 팬을 달군 다음 물기를 완전히 없애고 마른행주로 깨끗하게 닦아서 기름을 두르고 발연점 직전까지 충분하게 가열해 주어야 재료들이 눌러 붙지 않는다. 팬의 온도는 조리할 양에 따라 조절되어야 하며, 특히 부드럽고 얇은 재료들은 높은 온도에서 빨리 요리를 마무리해야 한다.

상장上漿한 달걀이나 전분은 온도에 특히 민감하기 때문에 온도 조절에 각별한 주의를 요구한다. 볶음이나 튀김을 했을 경우 음식에 기름이 너무 많으면 음식의 뒷맛이 좋지 않으므로 충분히 기름을 제거한 다음 전분이나 조미료를 넣는다. 요리를 마무리炒拌 초반할 때에는 신속히 마무리해 주어야 음식이 부드럽고 반짝반짝하게 된다.

노즙滷汁이 들어가는 음식은 양념을 정확하게 해야 신속한 조리를 할 수 있으며 양념을 순간적으로 하지 못하고 여러 번에 걸쳐 하거나 진분을 풀이시 농도를 맞출 때 한번에 농도를 맞추지 못하면 조리시간이 길어져 좋은 음식을 만들 수 없다.

파, 마늘, 생강을 먼저 기름에 볶아서 사용하는 음식에는 기름의 양이 많지 않도록 해야 나중에 전분을 넣었을 때 전분이 뭉치거나 재료를 감싸지 못하는 것을 방지할 수 있다. 과다한 기름은 전분이 물과 결합해 전분이 호화되는 것을 방해하기 때문이다. 전분을 넣고 호화가 되면 정확하게 농도를 맞추어 조리를 끝내는 것이 좋다. 마지막에 참기름으로 향을 낼 때에는 참기름을 몇 방울 넣고 바로 요리를 마무리한다.

볶음의 경우 기름이 연기가 날 정도190~200℃까지 가열하여 센불로 최단시간最短時間에 볶아서 조리를 마무리하는 것이 좋으며 같은 크기의 재료라도 딱딱한 재료부터 익히거나 미리 익혀 두었다가 사용한다. 특히 야채류는 살짝 익힌 정도로 조리를 하면 위생적으로나 기호적으로 우수할 뿐 아니라 영양적인 면에서도 우수한 요리로 손님들의 사랑을 받을 수 있다.

파, 마늘, 생강 등의 향신료는 기름에 먼저 볶아 향신료의 맛이 우러날 수 있도록 하며, 수분이 많은 재료는 기름이나 물에 순간적으로 익혀서 사용하면 좋다. 기름을 사용하면 팬과의 마찰력이 감소되기 때문에 프라이팬 한 개에 의존해야 하는 조리과정이 쉬워진다. 특히 계란볶음이나 부추처럼 표면적이 넓거나 유화력이 있는 재료는 기름의 사용량이 다른 재료보다 약간 늘어야 하며, 수분이 많은 해삼이나 기름기가 많은 육류는 기름의 사용량을 줄여 주어야 녹말을 넣고 농도를 조절하기가 쉬워진다. 수분유출이 많은 재료와 기름기가 많은 재료는 완성된 요리도 녹말이 분리될 수 있다.

활초滑炒

활초滑炒는 조리하는 동안 수분이 유출되어 식재료가 딱딱하게 수축되므로 대부분 재료에 미리 밑간을 하는데, 밑간을 하는 방법에 따라 조미료 외에 전분을 첨가하는 상장上漿과 전분을 첨가하지 않는 엄腌으로 구분한다. 육류나 어패류 등은 좋지 않은 냄새를 제거·완화하여 고유한 맛을 유지하고, 나아가 재료가 수축되지 않고 부드럽게 하기 위해서 기본 양념 외에 술이나 간장을 첨가한 다음 전분을 넣고 상장上漿을 한다. 그러나 야채만을 요리할 때는 주로 상장을 하지 않고 엄腌으로 바로 마무리한다.

중국요리의 큰 특징의 하나로 조리의 완성 과정에서 녹말로 농도를 맞추는 방법이 있다. 농도를 붙이는 상장上漿은 수분과 기름이 분리되는 성질을 녹말을 이용함으로써 녹말과 기름을 융화시키는 방법이다. 상장을 하는 가장 큰 이유는, 기름에 볶아서 탕湯과 조미료를 넣어 맛을 낸 요리가 볶을 때 사용한 기름 때문에 국물이나 소스 맛이 재료에 붙어있지 못하고 흘러내려 맛이 겉돌 수 있기 때문이다. 이때 녹말을 이용해서 농도를 갖게 함으로써 고른 맛을 가진 요리를 만들 수 있다.

중국요리는 뜨거울 때 먹는 것이 많은데 녹말로 농도를 조절해 두면 음식이 잘 식지 않는 보온효과가 있다. 음식을 완성하기 직전에 물녹말을 넣고 마무리를 하며, 일반적으로 전분을 넣을 때 전분의 농도는 조금 묽게 하여 넣고 농도가 안 맞으면 조금씩 더 넣어 주면서 농도를 맞춘다. 노즙滷汁의 농도는 약간 묽게 하여 끓이면서 수분을 약간 증발시켜 농도를 맞추면 된다. 그러므로 농도는 조금 묽어야 음식이 완성되었을 때 재료를 감싸는 알맞은 농도의 요리를 할 수 있다.

편초煸炒

편초煸炒는 강한 불로 팬을 가열한 후 기름을 두르고 재료를 신속하게 볶으면서 양념을 하여 마무리하는 방법으로, 식재료와 양념 맛이 어우러진 가장 원초적인 조리방법이며 신선하고 부드러운 재료를 조리하는 데 알맞다. 조리하는 동안 수분 유출이 적어 전분을 넣지 않고 마무리한다.

2) 폭爆

폭爆은 식재료의 2~3배 기름에 220℃의 고온으로 순간적으로 익힌 뒤 조미하는 조리방법이다. 기름이 고온이기 때문에 식재료가 들어갈 때 "칙"하고 폭발하는 듯한 소리가 나서 폭爆이라고 한다.

폭爆은 끓는 물에 넣고 익히는 수폭水爆 후 다시 기름에 넣고 익히는 유폭油爆을 하는 경우도 있으며, 음식이 사각사각하고 부드럽다.

폭채爆菜에는 신선한 동물성 재료가 주로 이용된다. 특히 수폭水爆을 할 때에는 강한 불로 가열하여 물이 팔팔 끓을 때 재료를 넣어서 익히며, 절반 정도 익었을 때 유폭油爆으로 마무리한다. 유폭油爆은 조리방법 중에서 가장 복잡하지만 조리시간은 가장 짧다. 유폭油爆의 조리과정은 물에 데치기, 기름에 튀기기, 기름에 볶기의 세 과정으로 이루어진다. 이 세 과정은 연속으로 단숨에 이루어져야 하기 때문에, 조리기술이 부족하여 속도가 느리면 재료는 질기고 딱딱해져 폭채爆菜의 독특한 특징인 사각사각한 질감이 없어진다. 유폭油爆은 강한 불에서 데치고, 튀기고, 볶아야 하며, 국물汁에는 미리 양념과 전분을 알맞게 풀어놓아

튀기기

서 신속하게 요리를 마무리하도록 한다.

폭채爆菜는 국물汁에 전분을 넣는 것과 전분을 넣지 않는 것 두 종류가 있으며, 전분을 넣는 것은 온도가 매우 높기 때문에 동작이 느리면 전분이 뭉쳐서 재료를 맑게 감쌀 수 없다. 탕즙湯汁은 맑고 알맞은 양이 첨가되어야 한다.

3) 전煎

전煎은 팬에 기름을 두르고 재료의 양면을 약한 불이나 중간 불로 가열하여 황금색으로 지져서 조리하는 방법으로, 재료가 기름에 완전히 잠기지 않도록 하면서 차례로 양쪽 면을 익히는 조리방법이다.

부 재료를 사용할 경우에는 별도로 조리하여 주재료의 주변에 장식으로 놓기도 하지만, 한 가지 주재료만 사용하여 조리하는 것이 일반적이다.

4) 작炸

작炸은 재료를 기름에 튀겨서 음식을 조리하는 방법으로, 일반적으로 재료의 4배 정도의 기름을 사용해서 튀겨낸다. 처음 튀길 때 온도를 약간 높여 재료 표면의 수분을 신속하게 탈수시킨 후 다시 완전하게 익도록 튀겨야 제대로 된 튀김을 할 수 있다. 온도가 낮아 튀김이 가라앉아 있다가 한참 후에 떠오르면 음식에 기름이 많이 배어 느끼한 느낌을 주며, 조금만 식어도 기름냄새가 난다. 온도가 너무 높아도 겉이 다 익어서 꺼냈을 때 속은 익지 않아 낭패를 볼 수 있고, 갑작스럽게 뜨거운 기름에 들어간 음식이 타버릴 수 있으므로 주의를 요한다.

밀가루를 묽게 반죽하여 재료의 표면에 바르면 사각사각한 옷과 부드러운 속을 가진 튀김이 된다. 작炸은 재료를 조미한 후 튀김옷을 입히지 않고 그대로 튀기는 청작淸炸과, 전분이나 달걀 등으로 만든 튀김옷糊을 입혀서 튀긴 괘호류작挂糊類炸으로 분류한다. 전분과 물로 반죽한 수분호水紛糊 옷을 입혀 튀기는 방법을 간작干炸이라고 하며, 이때 기름의 온도는 1차 튀김을 약 160~170℃, 2차 튀김을 약 180℃로 급작急炸하여 황금색이 나면 마무리한다.

또한 재료를 자주 뒤집어 주면서 익히는 것을 번작膰炸, 큰 재료의 노출된 부분에 끓는 기름을 국자로 끼얹으며 조리하는 것을 임작淋炸, 뭉쳐진 재료를 들어 올려 다시 기름에 넣어 분산시키는 방법인 두작枓炸, 이미 가열된 재료를 고온의 기름에서 순간적으로 조리하는 급작急炸이 있다.

우리나라 사람들이 많이 즐기는 탕수육의 튀김옷은 고기 600g당 녹말 3Tbs을 사용하는데, 우선 녹말에 2배 이상의 물을 붓고 약 3시간가량 가라앉혀서 맑은 윗물을 따라내고 가라앉은 녹말을 고기에 치대 반죽한 다음 사용한다.

튀김옷으로 사용하는 형태를 아래 표에 설명해 두었으며 그 외에도 두부피, 춘권피 등을 입히거나 거칠게 빻아 옷으로 입히면 바삭바삭하게 사용할 수 있다.

표 2-13 다양하게 사용할 수 있는 튀김옷

구분	설명
수분호(水紛糊)	전분, 물로 반죽한 것. 수분호 반죽을 묻혀 튀기면 간작(干炸)이 된다.
전단호(全段糊)	밀가루, 전분, 계란, 물로 반죽한 것.
단황호(蛋黃糊)	밀가루, 전분, 계란 노른자, 물로 반죽한 것.
단백호(蛋白糊)	밀가루, 전분, 계란 흰자, 물로 반죽한 것.
단포호(蛋泡糊)	거품을 낸 계란 흰자에 밀가루나 전분을 넣고 반죽한 것. 단포호 반죽을 묻혀 낮은 온도에서 튀기면 연탄(軟烝)이 된다.
발분호(發紛糊)	밀가루, 전분, 베이킹파우더, 기름, 물로 반죽한 것.
기타	두부피, 춘권피, 시리얼, 빵가루, 과자가루 등을 응용할 수 있다.

밑간만 하고 튀김옷은 입히지 않는 것을 청작淸炸, 밀가루를 입혀서 바삭바삭하게 씹히는 맛이 나게 튀기는 것을 건작乾炸이라 한다.

5) 탄烝

팬에 많은 기름을 넣고 비교적 낮은 온도에서 천천히 음식을 조리하는 방법으로, 탄으로 조리한 음식은 연하고 부드러운 것이 특징이다. 일반적으로 탄烝에 사용하는 기름과 재료의 비율은 5:1 이상이다. 탄炵과 작炸의 조리법은 매우 유사하나, 작炸은 강한 불을 사용하는 반면 탄炵은 처음부터 끝까지 140~160℃의 낮은 온도에서 조리하는 차이가 있다. 이와 같이 낮은 온도에서 조리하면 재료가 기름을 많이 먹어 사용한 기름의 종류에 따른 향과 맛을 낼 수 있는데 탄의 응용조리방법으로는 지포탄紙包炵과 연탄軟炵이 있다.

재료를 양념한 다음 투명한 종이나 밀가루로 종이처럼 얇게 만든 분말종이춘권을 만들 때 쓰이는 춘권피 spring roll로 싸서 탄炵으로 튀기는 것을 지포작紙包炸 또는 지포탄紙包炵이라고 하는데, 종이로 싸서 조리를 할 때는 벗겨 내고 먹는다.

거품을 낸 계란 흰자에 밀가루나 전분을 넣고 반죽한 단포호蛋泡糊 반죽을 재료에 묻혀 낮은 온도에서 탄炵으로 튀기면 연탄軟炵이 된다.

6) 유침油浸

유침油浸은 기름을 강한 불로 가열하여 온도가 180~200℃ 정도 되었을 때 재료를 넣고 바로 불을 끈 후, 재료가 익으면 꺼내서 접시에 담고 노즙滷汁을 촉촉하게 끼얹어 조리를 하는 것이다. 유침油浸에는 생선이 가장 많이 사용되며, 고온의 기름에서 익을 때 생선의 비린내가 제거되고 외피가 수축되어 생선 특유의 맛이 좋아진다.

(2) 물을 이용한 조리방법

1) 탄炵

탄炵은 가늘고 얇게 썬 재료를 강한 불로 단시간 끓여서 탕이 재료보다 5~6배 정도 많게 조리하는 방법이다. 잘게 자른 재료를 강한 불로 끓인 다음 불을 약간 줄여 국물과 내용물이 절반 정도 되도록 조리하면 회燴가 되고 전분을 회燴보다 많이 넣으면 갱羹이 된다. 탄炵과 회燴는 탕湯에 의해 맛이 결정되며 시원하고 깔끔한 맛을 낼 경우는 청탕淸湯, 짙고 농후한 맛을 낼 경우 농백탕濃白湯을 사용한다. 회燴에 전분을 넣어 마무리할 때에는 강한 불로 끓이면서 국자로 잘 저어 주며 넣는다.

2) 쇄涮

쇄涮는 우리가 알고 있는 샤부샤부와 같은 방법으로, 각자 취향에 따라 양고기, 야채 등의 재료를 선택하여 끓는 물에 데쳐서 양념소스를 곁들여 먹는 방법이다.

3) 자煮

자煮는 물에 재료를 넣고 강한 불로 끓여서 끓기 시작하면 중불로 줄여 비교적 오랫동안 조리하는 방법이다. 자煮의 조리법과 같으나 도자기나 질그릇을 사용하여 약한 불에서 장시간을 가열하면 돈炖이 되는데, 뚜껑을 덮은 후에 중탕을 하면 입수돈入水炖이 되고 찜통에 넣고 증기로 찌면 격수돈隔水炖이 된다.

(3) 수증기를 이용한 조리방법

1) 증蒸

증蒸은 강한 불로 물을 가열하여 증기를 만들어 조리에 사용하는 조리법으로, 생선찜, 만두 찜과 같이 우리가 잘 알고 있는 찜 외에도 어떤 음식이든지 찜이 가능하다. 맛있는 찜 요리를 하기 위해서는 과도하게 쪄서는 안 된다. 옆으로 새는 김이 없어야 하며 항상 뜨거운 물을 준비하여 수증기로 증발한 만큼의 물을 보충해 주어야 한다. 특히 뚜껑을 열고 음식을 꺼낼 때 내 몸과 반대쪽이 되는 멀리 있는 곳부터 열어야 화상을 입지 않는다는 것을 명심해야 한다. 그리고 앉힐 때 음식은 물과 어느 정도 거리가 있어야 팔팔 끓는 물에 음식이 닿지 않는다.

대량으로 음식을 찔 경우 찜통蒸籠을 여러 개 포개서 음식을 한꺼번에 조리하며, 색이 옅고 국물이 적게 포함된 재료는 위에, 국물이 많고 색이 짙은 재료는 아래쪽에 놓는다. 음식은 증기가 포화점에 도달한 다음 넣어 가열시간이 길지 않도록 해야 음식이 질겨지거나 딱딱해지지 않는다.

증蒸은 재료를 한 종류만 사용하여 소금으로 간을 해서 찌면 청증清蒸, 쌀가루米紛를 재료에 입혀 증기로 쪄서 조리하는 방법을 분증紛蒸, 대나무 잎, 연잎 등으로 싸서 증기로 쪄서 조리하면 포증包蒸, 조미료에 술지게미로 만든 노즙滷汁을 첨가하여 시큼한 술맛과 향이 나는 조증糟蒸, 그리고 계란 흰자와 전분으로 묽게 반죽한 옷을 입혀 증기로 찌는 상장증上漿蒸 등의 조리방법이 있다.

(4) 건식 조리방법

1) 고烤

고烤는 조미한 재료를 불에 직접 굽거나 중국식 오븐烤에 넣어 익히는 방법이다. 전도에너지와 복사에너지가 음식에 작용해 음식이 조리되는 방법이며, 연료로는 천연연료인 나

무, 석탄, 숯, 가스 등이 주로 쓰인다. 고烤는 모양에 따라 오븐과 같이 문을 닫고 음식을 조리하는 폐쇄형 가마烤와 개방형 가마明烤로 구분한다. 폐쇄형 가마烤의 대표적인 예는 우리가 흔히 북경오리라고 하는 요리인 북경고압고北京烤鴨烤와, 황토로 재료를 둘러싸서 가마에 구워 조리하는 니고泥烤가 있다. 니고泥烤는 원래 숯불구이였는데 요즈음에는 가마오븐에서 대량으로 구워 낸다. 진흙구이를 할 때에는 재료를 조미하여 연잎이나 투명종이로 싼 다음, 황토반죽을 1cm 두께로 잘 발라서 약한 불로 가열하여 진흙이 갈라질 때까지 구워 주면 다 익은 것이다. 서비스할 때는 쟁반이나 접시에 잘 받쳐 나무망치와 함께 내며, 손님이 망치로 진흙을 깨면 다시 가져다가 진흙과 속껍질을 잘 벗겨서 제공한다.

개방형 가마明烤는 우리의 화로에 해당하며, 적쇠를 불 위에 올려놓고 서서히 굽는 조리방법으로 육류요리에 많이 사용한다.

2) 염국鹽焗

소금을 열 전달 매체로 사용하여 조리하는 방법으로, 재료를 양념하여 깨끗한 면 수건이나 투명종이로 잘 싼 다음 솥에서 가열한 소금 속에 넣고 조리를 한다. 소금은 열을 잘 전도하지 않는 부도체이나 한번 가열된 소금은 열 에너지를 오래 유지한다.

식재료는 소금간을 적게 하고 잘 밀봉하여 소금이 스며들지 않도록 한다. 소금에 묻을 때는 깊게 묻어 재료를 충분히 덮어 주어야 하고, 솥의 중심 바닥에는 다른 부분보다 소금을 더 많이 깔아야 한다.

(5) 혼합식 조리방법

1) 소燒

소燒는 전煎 지짐, 작炸 튀김, 편煸 볶음, 증蒸 찜, 자煮 끓임 등으로 먼저 가열한 후 탕湯 또는 물을 넣고 강한 불로 가열하여, 끓으면 약한 불에서 뚜껑을 덮고 맛이 배도록 오래 졸인 다음 마지막에 물전분을 넣고 강한 불에서 즙을 걸쭉하게 마무리하는 혼합식 조리방법이다.

양념을 할 때 육류와 같이 간장으로 양념을 해 홍색이 나는 것을 홍소紅燒, 야채와 같이 소금으로 간을 해서 밝은 색이 나는 것을 백소白燒라고 한다. 국물이 거의 없어질 정도로 졸인 것을 간소干燒와 고靠라 하고, 민燜은 소燒와 같은 방법으로 조리를 하나 뚜껑을 덮고 소燒보다 약한 불로 더 오랫동안 졸이기 때문에 재료가 흐물흐물하게 물러 소燒로 조리한 것보다 노즙滷汁이 짙고 농후한 맛이 난다.

2) 류熘

작炸, 증蒸, 자煮, 활유滑油의 기본조리법으로 재료를 익히고 따로 만든 노즙滷汁을 배합하여 위에 올려 조리하는 방법이다. 기본조리법에 따라 작류炸熘, 증류蒸熘, 자류煮熘, 활류滑熘처럼 이름이 여러 가지로 나뉘는데, 가령 재료를 튀겨서 노즙을 배합한 것을 작류炸熘라 한다. 전분을 넣을 때 기름을 많이 넣으면 전분과 수분이 서로 분리되어 음식의 맛과 질이 떨어진다. 노즙을 만드는 과정과 재료를 기름에 튀기는 과정이 반드시 동시에 완료되어야 노즙이 튀김에 닿을 때 '칙' 소리가 난다.

3) 팽烹

팽烹은 작炸과 전煎과 같은 기본조리법으로 재료를 익힌 후 미리 만들어 놓은 맑은 육수를 끼얹어, 시원하고 맑은 맛이 나는 조리방법이다.

2. 칼과 칼질방법상의 특징

중국요리에 있어서 절단법은 매우 중요한데 화력의 세기에 의해 맛이 결정되는 음식의 특징 때문이다. 정확한 칼의 사용은 무엇보다 조리시간을 정확하게 지킬 수 있는 핵심적인 요인으로 작용한다.

중식에서 사용하는 칼은 칼끝이 예리하고 얇고 가벼운 칼로 재료를 편片으로 썰 때 사용한다고 해서 편도片刀 또는 비도批刀라고도 하는 박도薄刀와 칼등이 두껍고 무거운 칼로 후도厚刀라고도 하는 차도車刀, 뼈가 있는 육류나 생선을 손질할 때 사용하는 무겁고 두터운 칼로 괴塊: 2.5cm의 크기의 형태로 썰 때 많이 사용하는 골도骨刀, 칼끝이 예리하고 목 부분으로 내려올수록 넓어지면서 약간 둥근 삼각형 모양의 가벼운 칼인 소도小刀 등으로 구분된다. 각각의 칼의 종류에 따라 써는 방법과 모양이 결정되지만 대부분의 중국요리사들은 23cm 전후의 네모난 중화칼方頭刀 한 자루 가지고 모든 것을 해결하는 고도의 기술을 가진 장인匠人들이며, 오늘의 중국요리가 세계적인 요리가 되게 한 장본인이 아닌가 한다. 중화칼은 칼이 크고 약간 무거워 사용하기 힘들고 불편할 것 같지만 조금만 익숙해지면 다른 칼보다 크게 불편하거나 무겁다는 생각이 들지 않을 만큼 실용적이고 편리하다.

장자莊子가 전하는 이야기 중 중국인들의 장인정신을 볼 수 있는, 다음과 같은 이야기가 있다.

옛날에 문혜군文惠君이라는 임금이 짐승을 잡는 데 귀신 같은 재주를 가진 포정絞丁이라는 사람이 있다는 소문을 듣고, 그 솜씨를 직접 눈으로 확인하고 싶어 임금이 보는 앞에서 소를 한 마리 잡도록 하였다. 포정의 칼이 소의 뼈와 뼈 사이를 헤집고 다니며 살을 발라내는 모습이 마치 무희가 춤을 추는 듯하였다고 한다. 그러나 소는 해체가 끝날 때까지 아무런 고통이 없었고 이에 놀란 문혜군이 그 기술을 크게 칭찬하자, 포정은 "제가 소를 해체하는 데 사용한 것은 기술이 아니라 도道입니다."라고 하였다. 그러자 임금이 의아하게 생각하였고 포정은 이어서 "옛날에 제가 처음 소를 잡을 때만 해도 저의 눈앞에는 한 마리의 소가 보였습니다. 그러나 3년이 지나 경험이 생기자 이때부터 보이는 것은 소가 아니라 소의 살과 뼈가 이루어진 구조였습니다. 보통의 칼잡이는 1개월에 칼을 한 번씩 바꿉니다만 이것은 그들이 칼로써 고기를 썰고 뼈를 찍기 때문이며, 저는 이 칼을 쓴 지 19년이 지났어도 칼날이 처음과 마찬가지로 예리한데 이것은 제가 칼을 가지고 살을 베거나 뼈를 찍는 것이 아니라 그 조직 구조를 따라 움직이기 때문입니다. 그래서 저 소는 고통도 못 느끼면서 몸이 해체된 것입니다."라고 말했다.

중국인 특유의 과장법을 사용한 허황한 이야기지만, 칼솜씨에 관한 중국인들의 직업관이 도교道敎의 도道와 절묘하게 어우러진 예를 볼 수 있다.

중국요리는 이름만 보아도 포정의 후예들이 칼 솜씨를 어떻게 요리에 적용해 왔는지, 그래서 그 요리에 사용된 주재료의 모양은 어떠할 것인지를 쉽게 짐작할 수 있다.

片(편, piàn) 식재료를 얇고 넓게 써는 방법	두께에 따라	薄片(박편): 두께 0.3 이하
		厚片(후편): 두께 0.5 이상
	길이에 따라	小片(소편): 길이 3.3 이하
		大片(대편): 길이 6.5 이상
	모양에 따라	柳葉片(유엽편): 0.3~0.5 크기의 버드나무 잎 모양
		指甲片(지갑편): 두께 0.2 정도의 손톱 모양
		象眼片(상안편): 3.3×2×0.3 크기의 코끼리 눈 모양
		月牙片(월아편): 0.2 두께의 초승달 모양
		骨牌片(골패편): 4.5×2×0.5 크기의 마작 형태
		梳子片(소자편): 빗살무늬 형태
絲(사, si) 실처럼 가늘게 5~7cm 길이로 써는 것	組絲(조사): 두께 0.3~0.4	
	細絲(세사): 두께 0.1~0.2	
	極細絲(극세사): 두께 0.1 이하	
條(조, tiáo) 3~4cm 길이 絲(사)보다 조금 두껍게	組條(조조): 두께 0.9~1	
	細條(세조): 두께 0.6~0.7	
丁(정, dīng)	계란 크기에서 완두 크기에 이르기까지 작은 사각이나 마름모 크기로 써는 것.	
粒(입, lì)	쌀알 크기의 사각으로 써는 것(야채 등에 주로 사용).	
末(말, mò)	쌀알 크기로 다지는 것(마늘, 생강과 같이 양념용에 사용).	
茸(용, róng)	말보다 더 잘게 썰어서 입자가 보이지 않을 정도로 다져 으깨는 것.	
泥(니, ní)	칼등을 이용하여 용보다 더 잘게 다지는 것으로 끈적끈적하고 부드러운 촉감이 나는 정도. 생선이나 닭을 으깨 다지는 방법.	

괴(塊)토막썰기	滾刀塊(곤도괴, gǔn dāo kuài)	마름모 형태로 막썰기(닭이나 생선은 뼈가 있는 채 썬 것).
	菱形塊(능형괴, líng xíng kuài)	1.7×1.7×1 정도의 비스듬한 마름모 모양.
	瓦塊(와괴, wǎ kuài)	6.5 크기의 기와 형태로 써는 것.
	骨牌塊(골패괴, gǔ pái kuài)	마작형태로 써는 것.
	方塊(방괴, fāng kuài)	6~10 크기의 큰 사각형은 대방괴, 그것을 다시 1.7 크기로 썰면 소방괴인데 육류요리에 주로 사용한다.
	斧頭塊(부두괴, fǔ tóu kuài)	6.5 크기의 도끼머리 형태로 주로 생선요리에 사용한다.
切刀(절도, qiē dāo)		가장 많이 쓰이는 방법으로 칼을 상하로 움직여서 재료를 써는 방법으로 칼을 밀어서 써는 방법과 칼을 당기면서 써는 방법, 질긴 재료를 자를 때 칼을 앞뒤로 움직여서 써는 방법이 있다. 토막썰기는 段(단)이 된다.
批刀(비도)		칼을 옆으로 눕혀 손바닥 쪽으로 재료를 누르면서 칼을 당겨 포를 뜨듯이 자르는 방법으로 손으로 누르면서 닿는 감각으로 재료의 두께를 조절한다. 대각으로 자르거나 수평으로 잘라 모양과 두께를 다양하게 조절할 수 있다.
斬刀(참도)		칼로 고기를 잘게 다질 때 사용하는 방법.
拍(박)		칼 등의 넓은 면으로 마늘, 생강 등을 두들겨 으깨는 방법.
排(배)		갑오징어에 양념이 잘 배게 하고 모양을 내기 위해 칼집을 넣을 때 쓰는 칼질 방법으로, 딱딱하고 질긴 재료들을 부드럽고 연하게 할 때도 사용된다.
敲(고)		딱딱한 재료를 칼등이나 칼날로 다져서 부드럽게 할 때 사용하는 방법.
花(화)		가로 세로로 칼집을 넣어 가열하거나 물에 담가서, 칼집을 넣은 부분이 벌어져 꽃 모양이 되도록 하는 것.
划刀(화도, huá dāo)		약한 칼집을 넣을 때 사용하는 기술.
剖刀(부도, pōu dāo)		육류를 여러 절로 나누거나 생선 내장을 제거하는 기술적인 방법.
削刀(삭도, xiāo dāo)		발골법에 해당하는 방법.
剞刀(기도, jī dāo)		2/3가량 칼집을 깊게 넣어 줄 때 사용되는 기술.
刮刀(괄도, guā dāo)		껍질을 깎듯 얇게 잘라내는 기술.

주방시설과 기물의 특징

1. 주방시설

    중식주방을 크게 기능적으로 분류하면 3개의 작업공간으로 분류된다. 물론 규모가 작은 경우 이보다 적을 수도 있고, 규모가 큰 식당의 경우 이보다 더 많은 기능을 가진 주방으로 분류될 것이다. 또한 한 가지나 몇 가지로 특성화된 주방의 경우 나름대로의 특징을 가지겠지만 여기에서는 특급호텔에서 일반적으로 분류하는 방법에 따라 설명하고자 한다.

중식주방의 내부 모습

(1) 도부, 刀部 식재료의 준비시설

　　모든 식재료를 조리하기 위해 준비를 하는 작업구역으로 식재료를 다듬고 손질하여 조리를 할 수 있도록 준비하는 작업구역이다. 호텔에서 근무하는 사람들은 이곳을 칼판이라고 부르는데, 칼을 이용하여 화부에서 요리를 할 수 있도록 준비한다는 뜻이다. 이곳에서 가장 많이 사용하는 기물은 다음의 기물편에서 설명할 칼과 도마로, 손님이 주문한 메뉴에 맞게 재료를 준비해서 화부로 넘겨준다. 특히 이곳에서는 각각의 요리에 맞게 절단을 해야 하는데, 절단법에 관해서는 앞의 제4절을 참고하기 바란다.

　　사용되는 식재료를 모두 준비해 둘 필요는 없으며, 음식이 주문되었을 때 쉽게 준비를 할 수 있는 것들은 주문과 동시에 준비를 해 주면 된다. 말린 식재료나 냉동으로 들어 온 식재료들은 미리 준비해준다. 준비된 식재료는 냉장고에 잘 보관해 두었다가 영업시간에 냉장테이블에 꺼내놓고 사용하며, 영업이 끝나면 다시 냉장고에 넣어서 보관한다.

　　각 업장마다 나름대로의 특징을 가지고 식재료 준비를 하기 때문에 어느 것이 좋은 방법이라고 말할 수는 없으며, 신선하고 상태가 좋은 음식으로 만들 수 있도록 관리하는 것이 최선의 방법이다. 메뉴에 따라 냉장고, 냉동실, 수족관, 건자재창고 등의 시설이 추가되며 크기나 용량은 매장의 크기와 매출에 의해 결정한다.

중국 가정에서 쓰는 칼과 도마

* 식재료의 손질과 보관
* 주문에 맞는 식재료를 준비하여 화부火部로 전달
* 식재료의 신선도 점검

식재료를 준비하는 작업공간(도부, 刀部)

식재료를 준비하는 요리사가 준비해 둔 식재료

메뉴에 따라 준비된 식재료

* 식재료의 충분한 발주
* 식재료를 보관하는 냉장 · 냉동고의 청결 유지
* 식자재 창고의 유지관리
* 바닷가재, 전복, 생선과 같은 살아있는 식자재를 위한 수족관 관리
* 건전복, 건해삼, 건표고 등의 식재료 손질 등

(2) 화부, 火部 식재료의 조리시설

    중식주방에 있어 가장 중요한 시설은 무엇보다 화력이 강한 중화렌지이다. 중화렌지는 국산과 수입산 여러 가지가 있고 모양도 각양각색이나 일반적인 모양과 크기는 사진과 같다.

    사진의 가장 큰 구멍이 우리가 화덕이라고 부르는 곳으로 강한 불이 올라오는 곳이다. 면류를 제외하고, 각종 소스, 튀김, 삶기, 데치기, 볶기 등으로 열을 가하는 대부분의 요리가 탄생하는 곳이다. 화덕에 있는 작은 구멍은 여분의 열을 이용하기 위해 만든 구멍으로, 이곳을 통해 빠져나간 열이 뒤에 있는 수돗물을 항상 뜨겁게 가열할 수 있다. 이곳에 있는 물을 이용해 농도를 맞추거나 야채를 데칠 수 있으며, 이곳에 육수를 넣어놓고 사용할 수도 있다.

    물이 넘치는 것은 사방으로 물이 빠질 수 있는 배수구가 길게 나 있기 때문에 염려할 필요가 없다. 뿐만 아니라 이 물을 이용해서 중화프라이팬이 더러워졌을 때 언제든지 대솔로 닦아서 사용할 수 있다. 중국요리의 장점이 여기에서 출발한다고 해도 과언이 아닐 만큼 대단히 합리적이다. 중화프라이팬 한 개면 모든 것이 가능한데, 이러한 기물의 단순함은 바로 손쉬운 세척과 관계가 있기 때문이다. 이때 발생한 찌꺼기는 생각처럼 많지 않으며, 바쁜 식사시간이 끝나고 청소를 할 때 손쉽게 제거할 수 있도록 그물망이 되어 있다.

    아래 좌측 사진에서 수돗물이 떨어지는 옆에 있는 통은 언제든지 육수로 사용할 수 있도록 한다. 사진에 잘 나오지는 않았지만 무릎이 닿는 곳에는 손잡이가 있어서 화력을 언제든지 조절할 수 있다. 이 손잡이는 손으로 작동시키는 것이 아니라, 양손에 프라이팬과 국자를 들고 무릎으로 작동시켜 화력을 조절한다.

    가운데 있는 양념과 기름은 평소에 가장 많이 사용하는 양념들로 메뉴에 따라 수시로 바뀌나, 기본적인 양념들은 대부분 고정되어 있다.

5) 튀김을 위한 튀김용 그물망과 기름통을 준비해 두어야 업무를 효율적으로 진행할 수 있다.

튀김을 위한 기름은 항상 튀김을 할 수 있도록 가열되어 있어야 하며 150~160℃로 가열하여 두었다가 필요할 때 170~180℃로 가열하여 쓴다.

음식이 나갈 때 테이블 번호를 표기하여 바뀌어 나가지 않도록 한다

* 칼판에서 준비해 준 식재료를 이용하여 손님의 주문에 맞게 요리를 한다.
* 주방장은 이곳에서 요리가 제대로 나가는지 마지막 점검을 하고 주방을 통솔한다.
* 부주방장이나 조리장은 이곳에서 주도적으로 조리를 담당하게 된다.

(3) 면부, 麵部면류 조리시설

딤섬을 만들고 면을 뽑는 등 면과 만두 등을 주로 요리하는 업무를 중심으로, 식사가 끝나고 먹게 되는 후식까지 담당한다. 따라서 증기를 이용해서 찌는 요리와 삶는 요리가 주이기 때문에 항상 끓는 물이 준비되어 있어야 한다. 뿐만 아니라 상어지느러미찜, 생선찜과 같은 요리나 돼지고기 찜 등 수증기를 이용하는 요리도 할 수 있다. 그러므로 기본적인 시설은 수타면을 뽑아서 사용하기도 하지만, 수요량이 많아지면 기계를 이용해서 국수를 뽑아 쓴다. 이때 제면기, 만두피와 같은 반죽을 하거나 만두 속을 만들기 위한 반죽기, 찜기 솥을 걸어서 하는 찜기와 서랍식 오븐 등가 필요하며 그 외에도 수요와 필요에 의해서 가감할 수 있다.

면류를 조리하는 작업공간

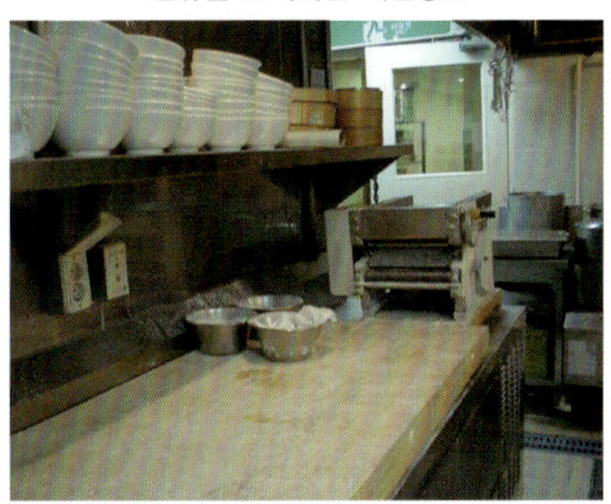

* 각종 면을 만들고 조리한다.
* 딤섬을 만들기 위한 속과 피를 준비하고 주문에 의해 요리한다.
* 찜 요리를 하고 전처리로 찜이 필요할 경우 이를 수행한다.
* 각종 후식을 만들고 준비한다.

(4) 기타 시설

주방의 바닥은 배수와 방수가 용이한 타일로 되어 있어, 오랫동안 서서 일을 해야 하는 조리사들에게 피로감을 줄 수 있다. 따라서 무릎과 허리에 피로감을 덜 주도록 고무매트를 깔아 사용하는데, 피로감이 훨씬 덜하고 미끄럼도 방지할 수 있어서 안전사고 예방에도 도움을 준다. 주방에는 대부분 배수 드레인이 설치되어 있어서 물빠짐이 용이하도록 되어 있으나, 이 드레인을 대부분 스테인리스로 마감하기 때문에 물이 묻거나 기름이 묻으면 대단히 미끄러워 위험하다. 그러므로 여기에도 고무매트를 깔아 주는 것이 좋다. 이 배수 드레인은 그렇게 크게 할 필요가 없다고 생각된다. 물을 항상 많이 사용해서 바닥청소를 하는 것이 아니므로, 작은 배수구멍만으로도 충분히 물빠짐이 용이하다. 때문에 미끄럽고 일체감이 없는 바닥을 만드는 것보다 알맞은 크기의 배수구멍을 적당한 간격으로 설치하는 것이 좋다고 본다.

주방 바닥과 배수 드레인[6]

실제로 주방 바닥에 배수 드레인을 묻지 않고 배수구멍만 설치해 보았더니 물빠짐에 전혀 문제가 없었고, 주방 바닥이 일체감이 있어서 훨씬 보기도 좋았다. 또한 스테인리스보다 덜 미끄러워 안전사고 예방에도 도움이 되었다. 따라서 이 책을 보는 분들이 다음에 주방 바닥을 설치할 기회가 있다면 배수 드레인을 도랑처럼 묻지 말고 배수구멍을 알맞게

[6] 미끄럼 방지와 피로를 덜기 위해 고무매트를 깔아 놓았으나 필자는 도랑처럼 배수 드레인을 묻기보다 배수 드레인을 없애고 배수구만 설치할 것을 권한다.

설치해 보기를 권장하는 바이다.

주방의 벽은 하얀 타일로 마감을 해야 깨끗한 주방을 유지할 수 있다. 천장이나 후드, 일체의 작업대는 물을 많이 쓰는 주방의 특성상 녹이 슬지 않고 강한 내구력을 지닌 스테인리스 재질로 마감을 하는 것이 좋다.

하루 영업이 끝나고 마무리를 하기 위한 청소[7]와 잘 정돈된 주방 모습

2. 주방기물

조리의 복잡 다양함에 비해 중국요리에 사용되는 조리기구는 아주 단순하다. 한정된 수의 도구를 사용해서 다채로운 요리를 창조해 내는 점에서도 중국인의 합리적인 일면을 볼 수 있다.

칼

중국의 화교들이 세계 각국으로 떠나면서 잊지 않고 들고 간 것은 다름 아닌 칼이었다. 어느 곳을 가더라도 그들은 넓적한 주방용 칼을 가지고 갔기에 오늘날 전 세계적으로 중국요리가 유명해진 밑거름이 되지 않았나 한다. 같은 칼이라도 일본인의 칼은 사무라이 칼을 생각나게 하고, 중국인의 칼에서는 맛있는 음식이 생각나게 하는 차이가 있는 듯하다. 중식

7) 기름기가 많이 나오는 중국요리의 특성상 처음에 물을 전체적으로 한 번 뿌리고, 오븐클리너를 분무하여 약 3~5분이 지난 다음에 뜨거운 물을 뿌려 기름기를 제거하여야 주방의 청결이 유지되어 화재를 예방할 수 있다.

용 칼은 묵직하고 넓적하여 매우 둔해 보이지만, 날카로운 서양식 주방용 칼과는 그 효능이 사뭇 다르게 장시간 사용해도 생각보다 힘들지 않다. 마치 무거운 등산화가 등산에는 더 좋은 것과 같은 이치라고 하겠다.

중국사람들의 칼 다루는 재주에 대한 이야기는 숱하게 많다.

한나라 때의 부의傅毅가 쓴 시에 보면 "가늘게 써는 재주가 머리카락 굵기分毫之割 纖如髮藝"라는 구절이 있고, 당나라의 위대한 시인 두보杜甫도 "요리사가 예리한 칼을 휘두르는데 얇게 썬 고기가 금빛 쟁반 위에 흰 눈처럼 나린다饔子左右揮霜刀 膾飛金盤白雪高"고 읊었다. 한자에는 칼질에 대해 백 가지 정도의 다른 표현이 있다고 한다.

조리사들이 쓰기 편하도록 동그란 형태로 커브를 만들거나, 직각인 외형에 얇은 칼이나 두꺼운 칼 등의 구분은 있지만 중국요리를 위한 칼은 대부분 폭이 넓고 무거운 칼을 사용한다. 칼을 잘 다루기 위해서는 칼날을 잘 세워야 하며, 칼날을 잘 세우기 위해서는 연마용 숫돌과 전동식 숫돌 등 다양한 방법들이 사용된다. 칼날을 갈 때는 칼을 세워 날만 갈지 말고 칼을 완전히 숫돌에 대고 칼의 전체를 갈아야 칼이 잘 들고 칼날이 오래간다.

도마

통나무를 가로로 잘라서 둥글고 두껍게 자른 도마를 사용하는데, 묵직하고 안정감이 있어서 사용하기 좋다. 나무는 재질이 치밀하고 옹이가 없어야 하며 나이테가 균일해야 좋다. 새 도마는 소금물에 담가야 섬유질이 단단하고 내구력이 좋아지며 갈라지지 않는다. 일반

적으로 사용할 수 있는 도마는 향이 강하지 않고 잘 마르는 노송이 많이 쓰인다.

나무 도마는 플라스틱 도마보다 재질이 약하기 때문에 가운데가 움푹해지고 칼자국이 잘 나는데, 필요할 때 평평하게 깎아 사용한다. 다 쓴 뒤에는 깨끗이 소독하여 말려 놓는다.

나무 도마는 둥근 통나무를 두껍게 잘라 사용하기 때문에 무거워 물 세척을 하기 어려운 단점이 있다. 하지만 칼과의 궁합이 절묘하게 잘 어울리며, 무거운 칼날을 부드럽게 받아낼 수 있어 쓰기 편하다. 나무 도마는 견고성이 떨어지고, 젖었다 마르기를 반복하면서 갈라지는 단점도 있다. 도마가 불규칙하게 파이고 음식물이 홈에 끼는 등 잘못 관리하면 오염되기 쉽기 때문에 항상 청결을 유지하는 것이 중요하다. 일이 끝나면 칼끝을 세워 도마를 깨끗하게 긁고 세제로 잘 씻어 준다.

나무 도마의 단점과 결점을 보완하기 위해 요즈음은 예리한 칼날에도 잘 견딜 수 있는 플라스틱 도마가 많이 사용된다. 플라스틱 도마를 소독할 때는 뜨거운 물에 세제와 락스를 풀어 담가두면 소독과 표백이 잘 되어 청결하게 사용할 수 있다.

국자

넓고 바닥이 둥근 중화냄비의 형태에 맞게 음식을 조리하거나 음식을 분량대로 접시에 담아내기에 편리하게 만들어져 있으며, 냄비와 함께 항상 양손에 들고 요리를 한다. 철제로 만들어서 사용하기도 하나 최근에는 녹이 슬지 않고 무겁지 않은 스테인리스로 만든 국자가 많이 사용된다.

음식을 만들 때 재료를 넣고, 재료를 섞고, 다 된 음식을 그릇에 담아내고 양념을 넣는 등 모든 동작을 국자로 하는 기술의 수준은 가히 예술에 가깝다.

중화프라이팬

놀라울 정도로 종류가 많은 중화요리를 만들려면 수도 없이 많은 기물이 필요할 것이라고 생각하는 사람들이 가끔 있는 듯하다. 앞에서도 언급을 했듯이 중화요리에 사용되는 기물은 의외로 너무 간단해서 놀라울 따름이다.

中華鍋중화프라이팬과 국자만 있으면 모든 것이 해결 가능하기 때문이다. 中華鍋중화꾸어는 만능조리기구로 볶고, 지지고, 굽고, 찌는 등 한 개로 무엇이든 요리가 가능하다. 프라이팬처럼 한 개의 손잡이가 달린 북경식北京鍋과 양쪽 손잡이가 달린 광동식兩手鍋, 남방식의 두 종류가 있는데, 튀김 등에는 안정감이 좋은 광동식이 좋으며 조리용으로는 북경식이 편리하다. 속이 둥글고 각이 없는 특징으로 인해 안에 불이 미치는 면적이 넓기 때문에 음식을 볶는 데 최적이다. 국물이나 기름의 다소에 상관없이 튀기거나 삶는 것도 가능하다. 볶은 다음에 삶거나 찌는 등 다른 조리를 하는 작업에도 그대로 쓰기 편리하다. 예외적인 음식을

중화프라이팬(편수)

중화프라이팬(양수)

위한 몇 가지를 빼면 대부분의 기본적인 중국요리를 만드는 것이 가능하다.

오늘날의 중국요리는 중식칼과 중화프라이팬에 의해 특징 있는 요리로 발달되었다. 중화프라이팬은 손잡이가 한 개인 것과 두 개인 것 중 손에 익숙한 것을 사용하면 된다.

프라이팬을 사용하다보면 기름이 눌러 붙고 타서 음식에 까만 누룽지 같은 것들이 묻어 나올 수 있어서, 일을 하기 전에 프라이팬을 불에 태워 깨끗하게 씻어서 사용해야 한다. 이를 가리켜 프라이팬을 길들인다고 하는데, 강한 불에 프라이팬을 빨갛게 태워서 불순물이 하나도 없도록 만든다. 그 다음 기름을 둘러 한 번 가열하여 기름이 프라이팬에 코팅되게 한 다음 사용한다.

프라이팬을 길들이기 위해 태우는 것

대솔

요리를 하다가 프라이팬을 닦아야 할 때 사용하는 대나무 솔로, 길이가 길어 뜨거운 중식프라이팬을 닦기에 적합하게 만들어졌다.

프라이팬 한 개로 요리를 다 하기 때문에 즉시즉시 닦아서 사용하며 별도의 세척공간이 필요하지 않다. 왜냐하면 중화렌지 뒤에

대솔과 중화국자

붙어있는 수도꼭지에서 물이 나오기 때문에 씻어서 바로 버리면 배수구멍이 있어 물이 바로 빠지기 때문이다.

튀김용 그물망과 기름통

중식요리는 기름을 이용한 튀김요리가 우리보다 훨씬 많기 때문에 항상 튀김기름이 준비되어 있다. 튀김을 한 음식을 건질 때 사용하는 것으로 거미줄 모양으로 생겼으며, 발이 굵은 것과 발이 가는 것이 있다. 손잡이가 나무로 된 것과 스테인리스로 된 것이 있는데, 어떤 것을 사용해도 좋으나 플라스틱으로 된 것은 가급적 사용하지 않는 편이 좋다. 왜냐하면 강한 열과 기름에 약하기 때문이다.

대나무 찜 발

대나무로 된 발로 찜을 할 때 사용한다. 유연성이 뛰어나서 작은 압력솥에도 잘 들어가며, 야채, 생선, 고기, 상어지느러미 등 어떤 음식이든 찜을 할 때 밑에 깔고 사용할 수 있다.

딤섬용 찜통

세계적인 음식이 된 딤섬을 찔 때 사용하는 것으로 크기와 재질이 다양하나, 재질은 대나무로 된 것이 가장 많이 사용된다. 수증기가 밑의 구멍을 통해 올라가기 때문에 여러 단으로 쌓아서 사용할 수 있다. 중화프라이팬에 걸어서 사용할 수도 있고 현대화된 서랍식 오븐에 넣어서 사용할 수도 있으며, 커다란 솥에 넣고 쪄서 낼 수도 있다.

수프용 대나무통

상어지느러미수프, 제비집수프 등 국물이 있는 수프를 담을 때는 도자기와 같은 그릇을 사용할 수도 있으나, 중국을 상징하는 대나무로 된 그릇을 선호한다. 아름다운 모양과 정감 넘치는 재질로 만든 대나무에 맛있는 수프를 담아 먹는다면 훨씬 맛이 있을 것이다.

대나무 그릇

음식을 담는 그릇은 모양과 재질이 이루 말할 수 없이 다양해서 어떤 것이 중국음식 전용의 그릇이라고 정의하기는 어렵다. 다만 국물이 많은 음식을 담아 낼 때 대나무 그릇을 사용한다면, 일반 접시에 담아 내는 것보다 훨씬 운치 있고 아름다운 식사가 될 수 있을 것이다.

조각용 칼

야채나 과일 등을 조각할 때 사용하는 것으로 제작 회사에 따라 모양과 특징이 약간씩 다르며, 사용자 자신이 주로 사용하는 기물 세트를 구입해서 사용하면 좋다. 사진의 조각칼 세트는 여러 가지 모양의 것들이 다양하게 많아 사용하기는 편리한 점이 있지만, 무리하게

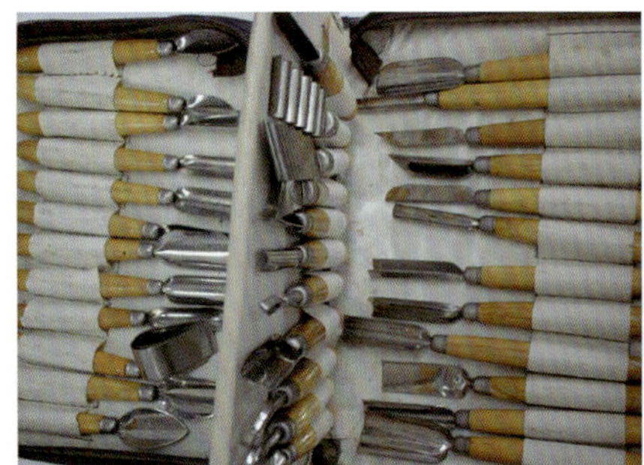

조각칼 세트

너무 많은 것들을 살 필요는 없다. 전문 조각가가 아니라면 제대로 다 활용하지 못하는 경우가 많기 때문이다.

만두피 절단기

만두피를 얇게 밀어서 적당한 크기로 잘라야 할 때 사용하는 틀로, 다양한 크기로 잘라서 사용할 수 있도록 만들어져 있다. 재질은 스테인리스로 되어 있어 견고성과 청결성이 아주 뛰어나다.

저울

요즈음은 디지털 저울과 같은 것들이 많이 개발되어 쉽게 사용할 수 있지만, 아직도 많은 중국사람들이 그림과 같은 전통적인 저울을 사용한다. 요리사의 감각적인 판단에 의해 조리가 이루어지는 중국요리의 특징상 많이 사용되는 편은 아니나, 이해를 돕기 위해 삽입해 둔다.

만두피 절단기

저울

3부

중국요리 실기

특품냉채 特品冷盤

1인분 기준

해파리 30g / 배추 5g / 오이 10g / 청치커리 5g / 홍치커리 5g
양상추 10g / 오리알 1/2개 / 관자 20g / 장육(아롱사태) 25g
크레송 5g / 중하 1마리 / 훈제연어 20g / 홍고추 3g

Recipe

1. 해파리는 끓는 물에 단시간에 데친 후, 흐르는 찬물에 하루 정도 담가 둔다. 배추는 속잎을 채 썰고, 오이와 홍고추도 채를 썬다. 치커리와 양상추는 찢은 다음, 얼음물에 담가두었다가 건져서 다른 재료와 모두 섞는다.

   * 해파리가 쫄깃하지 않으면 미지근한 물에 식초를 약간 넣고 1시간 정도 담근다.

2. 중하는 대파, 생강, 소금을 넣어 살짝 삶고, 관자는 절반으로 자른 후 소금을 넣고 살짝 데친다.

3. 오리알은 손에 놓고 칼을 흔들면서 8등분으로 자르고, 사태는 간장, 설탕, 고추, 팔각(따료), 파, 생강을 넣고 1시간 정도 삶은 것을 사용한다.

4. 훈제연어는 대형할인점에서 구입할 수 있는데, 호텔에서는 직접 만들어 사용한다.

5. 재료를 보기 좋게 담는다. 크레송 등 다양한 고명을 사용할 수 있다.
   접시 중간에 해파리를 올리고 위에 마늘 소스를 뿌린다.
   접시 사방에 오리알, 관자, 장육(족발냉채 참고), 새우를 올리고, 새우에는 겨자 소스, 관자에는 케첩소스나 토마토 칠리소스를 뿌린다.(소스는 뒷부분에 정리, 수록되었음)

족발냉채 拌肘子

2인분 기준

돼지 종아리살 120g / 오이 40g / 간장 20㎖ / 노추 3㎖
설탕 5g / 팔각 약간 / 생강 3g / 대파 10g / 정종 3㎖

Recipe

1. 돼지 종아리살을 물에 데쳐서 털을 제거한다.
2. 정종과 나머지 양념을 넣어 한 시간가량 삶아서 소스를 만든다.
3. 고기는 건지고 소스는 체에 걸러서 약간 졸이거나 전분으로 농도를 조절한다.
4. 거른 소스와 고기를 함께 보관하여 고기가 마르지 않도록 한다.
5. 오이는 껍질을 벗겨내서 칼로 두드린 후, 1cm가량으로 잘라 접시 중앙에 놓는다.
6. 고기를 편으로 썰어 둥글게 돌려서 놓고 대파고명과 소스를 뿌려서 낸다.

조리비화 돼지고기 편육

고기가 익어서 부스러지는 것을 막고 모양을 바로잡기 위해서는 실로 고기를 묶어서 삶으면 좋다. 냉수에서 삶기 시작하면 내부의 단백질이 용출되어 색과 맛이 좋지 않으므로 냉수에서 핏물을 뺀 후 덩어리째 끓는 물에 넣어 삶아야 한다. 마늘, 대파, 생강, 양파, 통후추, 오향 등을 넣고 삶으면 향이 고기 속에 배어 맛이 좋다. 편육은 고기결의 반대방향으로 썰어야 부드럽다.

송화단과 생강절임 酸薑皮蛋

2인분 기준

송화단 2개 / 생강절임 30g / 오이 1/2개

Recipe

1. 칼을 흔들면서 물결무늬가 나도록 송화단을 8등분한다.
2. 생강 절임을 접시 중간에 놓은 후, 편으로 썬 오이를 돌려서 놓고 송화단을 올려 담는다.

조리비화 오이와 무는 멀리해야

오이와 무는 일년 내내 먹을 수 있는 채소이다. 오이에는 수분이 95% 정도, 무에는 90% 들어있는데 비타민 C가 가장 많다. 무생채나 물김치를 만들 때 무심코 곁들이는 것이 오이이다. 오이 색깔은 흰 무와 어울리고 맛도 있어 많은 사람들이 이용하고 있는데, 이것은 잘못된 배합이다. 오이에도 비타민 C가 존재하지만 칼질을 하면 세포에 있던 아스코르비나제라는 효소가 나온다. 이것은 비타민 C를 파괴하는 효소이다. 따라서 무와 오이를 섞으면 무의 비타민 C가 많이 파괴된다.

    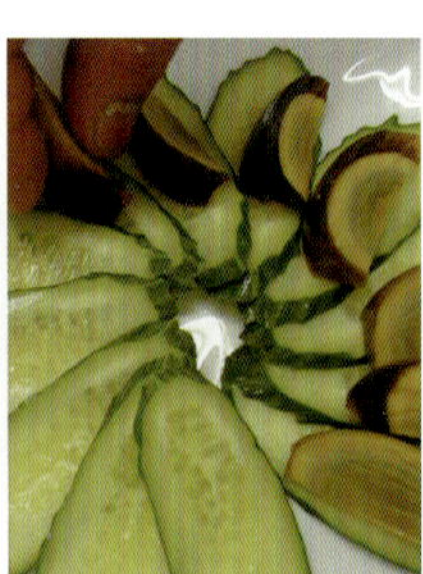

바닷가재샐러드 龍蝦沙律

1인분 기준

바닷가재 80g / 양상추 20g / 치커리 20g / 마요네즈 20g / 두반장 5g / 설탕 5g / 레몬즙 5㎖
*송화단, 냉채는 임의적으로 결정할 수 있다.

〈바닷가재 찔 때〉 파, 생강, 술 약간씩, 산적꼬치

Recipe

1. 바닷가재에 꼬치를 꽂고(찔 때 등이 구부러지지 않게), 파, 생강, 술을 넣어 찜통에 10분 정도 찐 후, 어슷하게 자른다.
2. 접시에 양상추와 치커리를 깔고 바닷가재를 올린다.
3. 마요네즈, 두반장, 설탕, 레몬즙으로 소스를 만들어 끼얹는다.

조리비화 굴과 레몬

굴은 가을에서 겨울 동안에 영양가가 높아지고 맛도 좋아 제철인데, 저장이 어려운 단점이 있다. 레몬은 구연산이 많아 새콤하고 그 자체가 산성이어서 식중독 세균 번식을 억제하며 살균효과를 가지고 있다. 또한 레몬은 굴의 나쁜 냄새를 제거해 산뜻한 맛을 더해주고, 무기질인 철분의 흡수를 잘 되게 해 주기 때문에 굴과 함께 먹으면 빈혈과 피부미용에 효과가 있다. 바닷가재에 함께 곁들여도 좋은 재료가 바로 레몬이다.

전복샐러드 鮑魚沙律

1인분 기준

전복 60g / 양상추 30g / 치커리 30g / 마요네즈 20g
설탕 5g / 두반장 5g / 레몬즙 5㎖ / 송화단, 해파리 냉채 약간
*송화단, 냉채는 임의적으로 결정할 수 있다.

Recipe

1. 익힌 전복을 열십자로 세밀하게 칼집을 내고 얇게 저민다.
2. 접시에 양상추나 치커리(고명)를 깔고 전복을 올린다.
3. 마요네즈, 두반장, 설탕, 레몬즙으로 소스를 만들어 끼얹는다.
4. 송화단 2~3쪽에 해파리 냉채를 조금씩 올려 주면 더 맛있게 먹을 수 있다.

조리비화 전복요리

중국사람들은 마른 전복의 값을 매기는
데 있어 두(頭)라는 단위를 사용한다.
같은 크기의 마른 전복 몇 마리가 1근
(600g)이 되느냐에 따라 2두가 되기도
하고 10두가 되기도 한다. 즉 3두면 한
마리가 200g이고, 6두면 한 마리가
100g이라는 뜻이다.
홍콩의 가장 유명한 전복요리 식당에서
도 6두면 최고급으로 친다. 2두 정도
되면 일년에 두 번 정도밖에 취급하지
못하며, 특별히 홍콩의 갑부들에게 은밀
히 연락을 해서 판매된다.
보통 사람들이 시켜 먹는 12두짜리 한
마리가 10만 원 가량이고, 대개는 6두
정도 크기를 주문하는데 이 경우만 해
도 50만 원이 넘는다. 3두 크기가 200
만 원가량 하니 2두 정도 크기면 그 값
을 알 수가 없다고 한다.

최고급

상어지느러미 수프 上湯魚翅

2인분 기준

최고급 상어지느러미 30g / 팽이버섯 20g
〈양념류〉굴소스 20㎖ / 노두유 3㎖ / 소금 3g / 육수 200㎖
정종, 파기름, 참기름, 감자전분 약간

Recipe

1. 상어지느러미를 풀어지도록 씻어 놓고, 팽이버섯은 밑둥을 자른다.
2. 재료를 뜨거운 물에 데친다.
3. 달구어진 팬에 육수(200ml), 파기름, 정종을 약간씩 넣는다.
4. 굴소스, 간장, 노두유 등으로 간을 맞추고 재료를 넣어 살짝 끓인다.
5. 전분을 풀고, 파기름과 참기름을 넣는다.
6. 수프 볼에 담는다.

조리비화 음식과 침

레몬이나 귤을 생각만 해도 입안에 군침이 고이는 것은 왜 그럴까?
우리 몸에는 침샘이 세 개가 있는데 하나는 귀 밑에, 또 하나는 혀 밑에, 마지막 하나는 아래턱 밑에 있다. 이 침은 소화효소가 풍부해 음식물을 묽게 하여 소화 흡수가 용이하게 하는 역할을 하는데 인간은 하루에 1~1.5ℓ 가량, 일생 동안 약 25,000ℓ의 침을 분비한다고 한다.

 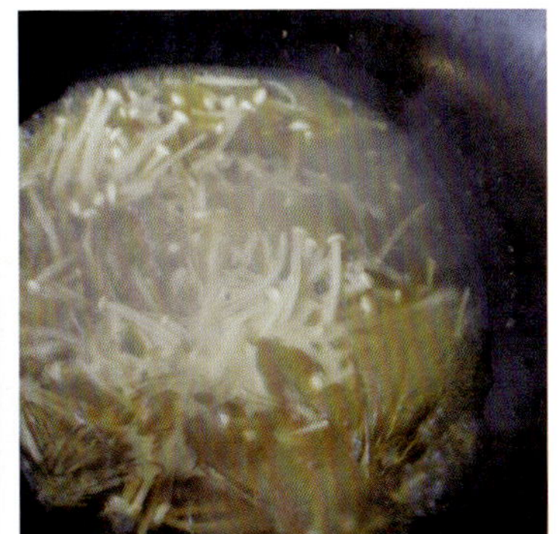

제비집 수프 燕窩羹

1인분 기준

최상급 제비집 5g / 은이버섯 10g / 계란 흰자 10g / 전분 약간 / 육수 200㎖
〈양념류〉 파기름, 참기름, 소금, 정종, 후추 약간

Recipe

1. 마른 제비집은 불려 놓고, 은이버섯은 다져 놓는다.
2. 뜨거운 기름에 육수, 파기름, 정종을 넣는다.
3. 소금과 후추로 간을 맞춘다.
4. 끓을 때 전분을 푼다.
5. 계란 흰자를 넣어 풀고, 참기름을 넣는다.

조리비화 소금과 인체

짠맛을 대표하는 소금은 모든 식품에 맛을 내는 가장 기본적인 양념의 하나로, '간을 본다'고 하는 맛의 범위에 있어서 국의 경우 소금 농도가 보통 0.8%~1.2%이고 찌개 종류는 2% 정도가 기본이라고 한다.

혈액 속의 적혈구는 산소를 각부 조직으로 운반하여 신진대사를 원활하게 한다. 이 같은 적혈구 생성을 돕는 기능과 인체의 생리 기능을 행하는 데 꼭 필요한 미네랄, 나트륨, 칼륨, 니켈, 철, 아연 등 영양의 주 공급원 역할을 하는 것이 소금이다.

또한, 우리 인체의 삼투압을 조절하여 체액이 산성이나 알칼리성으로 치우치지 않게 균형을 유지하며, 약간 부패한 음식을 먹거나 유해한 병균이 침투하여도 세포와 혈관에 침투하지 못하게 하는 해독 작용 및 살균작용을 하는 것이 바로 소금의 역할이다.

심장은 태어나서부터 하루도 쉬지 않고 혈액을 신체의 각 부분으로 보내는 역할을 하게 되는데, 염분이 부족할 경우에는 심장의 기능이 제대로 발휘될 수 없다.

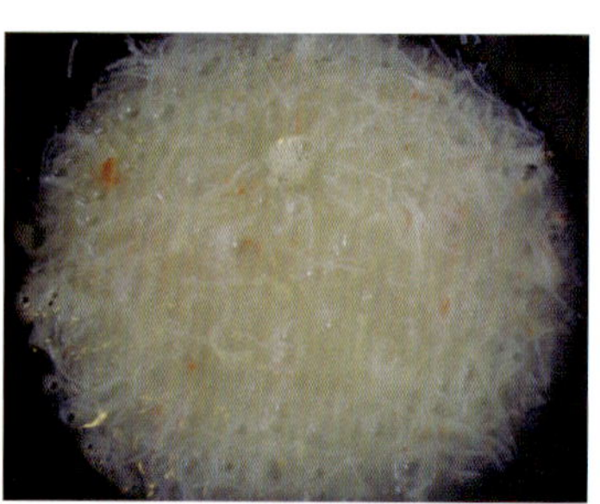

대나무통

상어지느러미 수프 竹筒海鮮翅子羹

1인분 기준

상어지느러미 20g / 갑오징어채 10g / 소라채 5g / 피조개채 5g
시바새우 10g / 해삼 10g / 팽이버섯 10g / 게살 5g / 표고버섯 10g
죽순채 10g / 굴소스 20㎖ / 육수 200㎖ / 노두유 2㎖
〈양념류〉 소금, 파기름, 참기름, 전분, 정종, 간장 약간

Recipe

1. 게살 속의 질긴 힘줄을 제거한다.
2. 재료를 뜨거운 물에 데친다.
3. 달구어진 팬에 육수, 파기름, 정종을 넣는다.
4. 굴소스, 간장, 노두유, 소금 등으로 간을 맞추고, 데친 재료를 넣어 살짝 끓인다.
5. 전분을 풀고, 파기름, 참기름을 넣는다.
6. 대나무통에 담는다.

조리비화 정진요리

정진요리(精進料理)는 불교의 계율에 의해 탄생한 사찰요리이다. 중국 정진요리는 건강에 좋은 야채와 식물성 단백질을 재료로 하여, 4계절의 산물인 생선요리와 육류요리를 진짜보다 더 실감나고 맛있게 만든다. 광대한 영토를 갖고 있는 중국은 일찍부터 불교가 번성하였으며, 차(茶)도 수행 과정에서 나온 것이다. 중국에서는 정진요리를 소제(素齊), 소채(素菜), 소식(素食)이라고 한다. 계율이 엄한 절에서는 부추, 파, 마늘 등을 신체의 혈을 요동시키게 하는 것으로 보아 금지하고 있다.
정진요리의 주된 식물성 단백질원인 대두는 고대로부터 중요한 식량 중 하나이다. 두부는 약 2000년 전 중국에서 만들어졌고, 된장은 기원전 200년 전에 만들어졌다는 기록이 있다.

상어지느러미 전복 수프 鮑魚翅子羹

1인분 기준

상어지느러미 20g / 전복채 20g / 팽이버섯 10g / 파기름 10㎖
소금 2g / 굴소스 10㎖ / 계란 흰자 20㎖ / 징종 30㎖ / 진분 15g
〈양념류〉 육수 200㎖ / 참기름 약간

Recipe

1. 달구어진 팬에 육수, 파기름, 정종을 넣는다.
2. 굴소스 등 양념으로 간을 맞춘다.
3. 재료를 넣고 한 번 끓인 후 전분으로 농도를 맞춘다.
4. 마지막에 계란 흰자, 참기름을 넣고 맛을 낸다.

조리비화 참기름

쇠고기에 많이 함유된 지방은 융점이 높은 고급 포화지방산으로 소화 흡수가 잘 되지 않는데, 고급 포화지방산을 많이 먹게 되면 필수지방산의 요구량도 높아진다. 필수지방산은 주로 식물성 기름에 많이 함유되어 있으며 이러한 식물성 기름은 콜레스테롤이 혈관에 침착되는 것을 예방하는 효과가 있다. 고기를 먹을 때 소금과 후추에 참기름을 섞어서 주는 것은 필수지방산이 많은 식물성 기름을 곁들여 영양상 조화를 이룰 수 있는 좋은 방법이라고 볼 수 있다.

상어지느러미 게살 수프 蟹肉翅子羹

1인분 기준

상어지느러미 20g / 게살 20g / 팽이버섯 10g / 굴소스 20㎖ / 육수 200㎖ / 계란 흰자 10㎖
〈양념류〉 참기름, 정종, 파기름, 소금, 후추, 전분 약간

Recipe

1. 게살은 손으로 찢어 놓는다.
2. 팬에 파기름, 정종을 넣고 육수 한 국자를 넣는다.
3. 굴소스, 후추, 소금 등으로 간을 맞춘다.
4. 재료를 넣고 한 번 끓인 후 전분을 걸쭉하게 푼다.
5. 마지막에 계란 흰자를 풀고, 참기름을 넣는다.

조리비화 곰 발바닥

3천 년 전 은(殷)나라의 마지막 임금인 주(紂)는 옥으로 만든 술잔에 곰 이빨로 만든 젓가락으로 곰 발바닥 요리를 먹는 것을 즐겼다고 한다. 중국에서 가장 인기가 있는 곰 발바닥은 우리나라 백두산인 장백산(長白山)의 것이다. 장백산에는 좋은 꿀이 많이 나는데, 곰은 네 개의 발바닥 중에서도 오른쪽 앞발을 이용해서 벌집을 부수고 꿀을 파먹는다. 때문에 오른쪽 앞발바닥을 이용한 곰 발바닥 요리는 고단백 식품으로 피를 맑게 하고 기력을 촉진시키며, 풍에 특히 좋고 강장 및 보신식품으로도 인기가 높다고 한다. 곰 발바닥을 제대로 조리하려면 발바닥을 살짝 삶아서 털을 뽑고 곰 발바닥의 냄새를 없앤 후 살이 고루 익도록 꿀을 발라 다시 약한 불에 한 시간쯤 삶다가 꺼내서 육수에 다른 재료들과 함께 다시 넣고 세 시간쯤 뭉근히 삶아서 뼈를 발라내고 다른 재료와 함께 쪄 먹는다.

최고급 상어지느러미찜 紅燒大排翅

1인분 기준

상어지느러미 100g / 파 10g / 생강 3g / 고량주 3㎖ / 정종 2㎖ / 파기름 3㎖
육수 200㎖ / 간장 5㎖ / 굴소스 20㎖ / 쌍노두유 5㎖ / 치킨파우더 2g / 청채 1개
숙수나물 20g / 팽이버섯 30g
〈양념류〉 소금, 후추, 필요시 참기름, 전분 약간

Recipe

1. 상어지느러미를 육수, 파, 생강을 넣고 찜통에 10분가량 찐다.
2. 팬에 물을 붓고 청채, 숙주, 팽이버섯을 데친 다음, 물기를 빼고 그릇에 담는다.
3. 상어지느러미를 야채 옆이나 위에 올린다.
4. 팬에 파기름과 술을 붓고 육수와 쌍노두유 등의 양념을 넣은 다음, 간을 맞춘다.
5. 전분으로 농도를 맞추고, 완성된 찜 위에 소스를 얹는다.

발채 상어지느러미찜 髮菜排翅

발채 20g / 상어지느러미 80g / 청경채 1개 / 숙주 20g / 팽이버섯 20g / 술 20㎖
쌍노두유 20㎖ / 호유 5㎖ / 육수 40㎖
〈양념류〉 전분, 파기름, 참기름, 파, 생강 약간

Recipe

1. 발채에 육수를 조금 붓고, 간을 맞추어 찐다.
2. 상어지느러미를 육수, 파, 생강을 넣고 찜통에 10분가량 찐 다음, 프라이팬에 물을 붓고 청경채를 데친다.
3. 숙주나물과 팽이버섯을 데쳐서 접시에 올리고, 그 위나 옆에 상어지느러미를 올린다.
4. 팬에 파기름, 참기름, 술, 육수, 쌍노두유, 호유 등 양념을 넣고 간을 한 다음, 전분으로 농도를 맞춘다.
5. 걸쭉하게 농도가 잘 맞으면 소스를 끼얹고, 그 위에 발채를 올려 준다.

해삼탕 海蔘湯

2인분 기준

해삼 130g / 식용유 20㎖ / 소홍주 10㎖ / 굴소스 20㎖ / 간장 10㎖
전분 20g / 시금치(또는 양상추) 30g / 파 10g / 마늘 5g / 생강 3g
〈양념류〉 소금, 육수, 파기름, 참기름 약간

Recipe

1. 끓는 물에 소금과 기름을 넣고 시금치를 데쳐 접시에 담는다.
2. 팬에 식용유를 두르고 파, 마늘, 생강을 넣은 다음 소홍주를 넣는다.
3. 해삼과 육수를 넣은 후 양념을 하고, 전분으로 농도를 맞춘다.
4. 파기름과 참기름을 넣는다.

조리비화 산초와 추어탕

추어탕은 보신탕, 삼계탕과 더불어 각광받는 보양식이다. 특히 추어탕의 주재료인 미꾸라지는 고단백 식품으로 칼슘 함유 비율이 높다. 미꾸라지도 어류 특유의 비린내 성분이 강해 각종 양념을 넣어서 먹게 되는데, 산초는 산시올이라는 성분이 있어 독특한 향의 향신료 역할을 하고, 소화액을 촉진시키는 성분도 있어 소화장애가 있는 사람에게는 더없이 좋은 식품으로 평가받고 있다.

바닷가재를 넣은
해삼말이 金系烏龍海參

2인분 기준

통해삼 130g(2~3마리) / 바닷가재 100g / 청 · 홍피망 20g / 양파 15g
표고버섯 10g / 죽순 10g / 홍고추 3g / 파 10g / 마늘 5g / 생강 3g
전분 30g / 굴소스 20㎖ / 소홍주 10㎖ / 식용유 30㎖
〈양념류〉육수, 파기름, 참기름, 소금 약간

Recipe

1. 통해삼은 불려서 속을 깨끗하게 정리하고 물기를 닦은 후 마른 전분을 묻힌다.
2. 바닷가재를 잘게 다진 후 전분, 생강즙, 참기름, 소금을 넣고 버무린다.
3. 통해삼 안에 양념한 바닷가재를 넣고 먹기 좋게 자른다.
4. 자른 해삼에 마른 전분을 묻혀서 식용유에 튀긴다.
5. 야채는 채로 썬다.
6. 팬에 식용유를 두른 다음 파, 마늘, 생강을 넣고 소홍주를 부은 후, 야채를 볶다가 해삼을 넣는다.
7. 육수를 넣고 양념을 한 뒤 전분으로 농도를 맞춘다.
8. 파기름과 참기름을 넣어 버무린다.

해삼전복 海蔘鮑魚

2인분 기준

해삼 100g / 전복 40g / 양상추 30g / 대파 10g / 마늘 5g / 생강 3g
〈양념류〉 식용유 20㎖ / 파기름 10㎖ / 전분 15g / 간장 5㎖ / 굴소스 20㎖
노두유 3㎖ / 술 3㎖ / 후추, 참기름, 육수 약간

Recipe

1. 끓는 물에 양상추를 데쳐 접시에 돌려 담는다.
2. 해삼, 전복을 끓는 물에 한 번 데친다.
3. 팬에 식용유를 두르고 파, 마늘, 생강을 넣은 후 술을 넣는다.
4. 육수를 붓고 해삼과 전복을 넣어 볶는다.
5. 간장, 굴소스, 노두유로 양념을 하고 전분을 푼다.
6. 파기름과 참기름, 후추로 마무리한다.

조리비화 불도장

불도장은 상해 인근의 복건성을 대표하는 요리로 고급스러운 재료, 풍부한 내용물, 장시간에 걸친 조리, 최고급 재료를 상징한다. 불도장은 다음과 같은 전설이 있다. 출가한 지 얼마 되지 않은 동자승이 매일 푸성귀만 먹어야 했으므로 고기 생각만 해도 군침이 흐를 지경이 되었다. 결국 동자승은 불공드리러 온 사람들이 준비해 온 음식을 훔쳐서 항아리 안에 넣어두었다가 사람들이 잠들면 먹기로 했다. 냄새가 퍼지지 않도록 항아리 주둥이를 종이로 틀어막고, 마땅한 땔감이 없어서 촛불로 오래도록 끓였다. 밀폐된 상태에서 천천히 오랜 시간 끓인 이 음식은 뚜껑을 열면 향기로운 냄새가 났다. 새벽이 되면 동자승은 일찍 일어나 절 밖으로 항아리를 들고 나가 먹어치우고 돌아 왔는데 "이처럼 맛있는 음식은 부처도 담 넘어와서 먹을 거야." 이렇게 해서 "부처도 담을 넘는다"는 불도장(佛跳墻)이란 이름으로 불리게 되었다고 한다. 해삼, 상어지느러미, 전복, 버섯, 죽순, 밤, 대추, 조개, 건새우, 중국식 햄, 닭다리, 돼지족발, 돼지갈비 등 온갖 산해진미를 다 넣고 약한 불로 최소한 4시간 이상 천천히 달여 주면 재료들은 형체를 알아볼 수 없을 정도로 흐물흐물해지고 국물만 남는다. 이 정도 재료에 이 정도 정성을 들이고도 맛이 없다면 그것이 더 이상할 일이다. 중국 사람들다운 허풍이 대단한 음식이 불도장이다.

해삼 삼겹살찜 海蔘扣肉

삼겹살 160g / 해삼 200g / 대파 10g / 마늘 5g / 생강 3g / 시금치 30g
〈양념류〉 노두유 3㎖ / 전분 15g / 간장 5㎖ / 식용유 20㎖ / 굴소스 3g / 술 3㎖
소금, 육수, 파기름, 참기름, 후추 약간

Recipe

1. 삼겹살을 스팀에 찐다.
2. 끓는 물에 소금과 기름을 넣고, 시금치를 넣어 데친 후 접시에 돌려 담는다.
3. 팬에 파, 마늘, 생강과 술을 넣어 볶은 후 육수를 넣는다.
4. 해삼을 넣고 볶는다.
5. 삼겹살 찜에 육수를 넣고, 노두유, 간장, 굴소스, 후추 등으로 양념을 한 뒤 전분을 푼다.
6. 파기름과 참기름을 넣는다.
7. 시금치 위에 삼겹살을 담고 그 위에 해삼을 올린다.

홍소 통전복 紅燒原只鮑魚

1인분 기준

전복 50g / 양상추 30g / 은행, 브로콜리 약간
〈양념류〉 식용유 20㎖ / 파기름 10㎖ / 노두유 3㎖ / 술 3㎖
전분, 소금, 후추, 육수, 굴소스 약간

Recipe

1. 통전복을 물에 데친 뒤 사각으로 칼집을 내서 튀긴다.
2. 양상추, 브로콜리, 은행을 물에 소금과 기름을 넣고 데친다.
3. 통전복과 양상추, 브로콜리, 은행을 접시에 담는다.
4. 팬에 파기름, 술을 넣고 육수, 굴소스, 노두유로 색깔을 내며 후추와 소금으로 간을 맞춘 다음, 전분을 풀고 전복 위에 뿌린다.

조리비화 원숭이 골

영화 인디아나 존스에서 해리슨 포드가 원숭이 골 요리를 받아들고 당황해 하던 모습이 생생한 사람이 있으리라. 실제 원숭이 골 요리는 영화 속에서 보는 것보다 훨씬 잔인하다고 한다. 일단 살아있는 원숭이를 원숭이의 머리 일부분만 조금 보이도록 한 구멍 뚫린 탁자에 앉히고, 원숭이의 팔과 다리를 줄로 묶은 다음 원숭이의 머리를 잘 고정시켜서 은으로 만든 망치로 원숭이의 두개골을 깨고 김이 모락모락 나는 원숭이의 골을 은수저로 떠먹는다고 한다.

송이전복 松茸鮑魚

2인분 기준

전복 50g / 자연송이 60g / 양상추 30g / 당근 10g / 마늘 15g / 대파 15g
〈양념류〉생강 3g / 식용유 20㎖ / 술 3㎖ / 전분 12g / 참기름, 소금, 후추 약간

Recipe

1. 물에 소금과 기름을 넣고, 양상추를 데쳐서 접시에 담는다.
2. 전복, 당근, 송이도 데친다.
3. 팬에 식용유를 두르고 마늘, 생강, 파를 넣어 볶은 후 송이와 전복을 넣는다.
4. 간을 맞추고 전분으로 농도를 맞춘다.
5. 참기름으로 마무리한다.

조리비화 식경 食經

송을 멸망시킨 원나라가 망하기까지는 불과 90년. 사막의 먼지처럼 피어올라 바람과 함께 사라져 버린 원제국의 모습을 오늘의 몽고에서는 전혀 찾아 볼 길이 없다. 그러나 이렇게 짧은 역사 속에서도 그들은 중국 대륙과 세계에 많은 것을 남겼다. 우선 정치사적인 면에서 중국 대륙 전체를 통일시킨 것은 몽고족의 원나라가 처음이다. 문화면에 있어서는 중국의 3대 발명품(활자 인쇄술, 나침반, 화약)이 서양으로 전해진 것이 이때의 일이고 베니스의 상인 마르코 폴로가 동방견문록을 지어 중국을 포함한 아시아의 사정을 서양에 소개한 것도 이즈음의 일이다. 덕분에 이때 마르코 폴로가 전한 국수 만드는 법은 이태리에서 다양하게 발전하여 오늘날 전 세계에서 이태리를 대표하는 파스타 요리(스파게티, 마카로니, 라비올리)로 사랑받고 있다. 그런가 하면 최초의 조리서인 『식경(食經)』을 남겼으니 이는 세계에 유례가 없는 중국만의 책이 아닌가 생각한다. 그 중에 『음선정요(飮膳正要)』는 14세기 초엽 왕실 영양학자 겸 주방장으로서 음선대의(飮膳大醫)라는 자리에 있던 홀사혜(忽思慧)가 쓴 책으로 양생법, 식이요법, 그리고 진귀한 요리의 조리법과 이름난 의사의 처방, 몸을 보하거나 몸을 해치는 먹거리 따위를 설명한 것이다.

전복 크림소스 奶油鮑魚

2인분 기준

전복 100g / 파기름 20㎖ / 휘핑크림 20㎖ / 물 30㎖ / 양상추 30g
〈양념류〉 소금, 기름 약간 / 전분 3g

Recipe

1. 팬에 물과 소금, 기름을 넣고 양상추를 데쳐 접시에 담는다.
2. 전복을 데쳐서 편으로 자른 후 양상추 위에 얹는다.
3. 물, 파기름, 휘핑크림을 넣고 소금 간을 맞춘 다음, 전분을 넣고 소스로 만들어 사용한다.

조리비화 간과 우유

맹수가 먹이를 잡아먹을 때 제일 먼저 먹는 것이 영양의 창고인 간이라고 한다. 생간은 각종 아미노산뿐 아니라 다량의 비타민 A가 들어 있다. 특히 눈에 좋아 눈이 나쁜 어린아이들에게 권장하는 식품이나, 독특한 냄새가 심하게 나서 기호성이 많이 떨어진다. 이러한 점을 보완하기 위해 우유에 마늘 slice, 양파 slice, 후추, 향신료 타임이나 로즈마리를 넣고 간을 한동안 담가두면 간의 나쁜 냄새와 맛이 상당히 많이 제거되는데, 우유의 미세한 단백질 입자가 간의 좋지 못한 성분에 흡착하기 때문이다. 영양의 손실이 없고 나쁜 냄새와 맛의 제거 효과도 좋아 비위가 약한 사람들이 간을 먹어야 할 때 이용할 수 있는 방법이다.

전복 XO소스 XO鮑魚

2인분 기준

전복 100g / 청피망 35g / 홍고추 10g / 마늘 10g / 대파 10g
전분 15g / 양상추 30g / 소금, 식용유 약간 / XO소스 10g / 두반장 3g
〈양념류〉라지장 5g / 고추기름 4㎖ / 굴소스 5㎖ / 참기름 5㎖ / 설탕 3g / 술 3㎖

Recipe

1. 팬에 물과 기름, 소금을 넣고 양상추를 데쳐 접시에 담은 다음 전복을 데친다.
2. 팬에 식용유를 두르고 야채와 전복을 넣어 볶으면서 양념으로 간을 맞추고 전분을 넣는다.
3. 참기름을 넣고 양상추 위에 놓는다.

조리비화 딸기와 우유

알칼리성 식품인 딸기는 과일 중에서도 비타민 C가 가장 많아 감기, 세균성 인후염, 편도선염 등에 특효가 있다. 그리고 피부미용 효과와 병후회복, 수술 후 상처치유 기능도 있고, 피로회복에도 도움이 되며 체력을 증진시킨다. 비타민 C는 비타민 중에서 그 소요량이 가장 큰 반면, 매우 불안정하므로 효력을 상실하기 쉽다. 그래서 날것으로 먹는 것이 좋으며, 신맛을 내는 유기산이 공존하면 안정성이 커서 잘 파괴되지 않는다. 건강장수에 유기산이 많이 함유된 식품이 좋은데 나이가 들수록 신맛을 싫어하는 경향이 있다. 우유는 딸기의 자극적인 신맛을 중화해 주고 단백질과 지방이 보강되어 영양균형을 이룰 수 있는 음식궁합을 이룬다.

전복해삼송이 鮑魚海蔘松茸

2인분 기준

전복 40g / 해삼 60g / 송이 40g / 대파 10g / 마늘 5g / 생강 3g / 양상추 30g
〈양념류〉 굴소스 3㎖ / 소홍수 5㎖ / 쌍노추 3㎖ / 흰후추 3g / 전분 15g / 파기름 10㎖
참기름 20㎖ / 소금, 식용유, 육수 약간

Recipe

1. 양상추는 물에 소금과 기름을 넣고 데쳐서 접시에 담는다.
2. 편으로 자른 전복, 해삼, 송이를 데친다.
3. 팬에 식용유를 두르고 마늘, 생강, 파를 넣어 볶은 후, 전복, 해삼, 송이를 넣어 다시 볶은 다음 육수를 넣는다.
4. 양념으로 간을 맞추고 물전분을 넣는다.
5. 참기름을 두르고 양상추 위에 얹는다.

송이관자 松茸干貝

2인분 기준

관자 60g / 자연송이 50g / 당근 10g / 시금치 30g / 파 10g / 마늘 5g / 생강 3g
〈양념류〉 식용유 20㎖ / 파기름 5㎖ / 술 3㎖ / 전분 15g / 육수 30㎖ / 참기름 약간

Recipe

1. 시금치를 식용유, 소금, 육수에 데친 후, 전분물을 약간 넣고 볶아 접시에 돌려 담는다.
2. 송이, 당근, 관자를 데친다.
3. 팬에 식용유를 두르고 생강, 마늘, 파를 넣어 향을 낸 다음, 송이와 관자를 넣고 볶는다.
4. **3.**에 육수를 넣고 양념으로 간을 한 다음 전분물을 풀어 농도를 맞추고, 참기름을 넣는다.
5. 시금치를 담은 접시의 중간에 **4.**를 담는다.

새우관자볶음 干貝蝦球

2인분 기준

새우 60g / 관자 60g / 당근 10g / 양송이 20g / 양상추 30g / 식용유 20㎖
술 10㎖ / 파 10g / 마늘 5g / 생강 3g
〈양념류〉 참기름 3㎖ / 파기름 3㎖ / 소금 10g / 전분 15g / 육수 30㎖

Recipe

1. 팬에 물을 부어 소금과 기름을 넣고 양상추를 데친 다음, 전분물을 넣어 살짝 볶은 후 접시에 담아 놓는다.
2. 팬에 기름을 넣고 파, 마늘, 생강을 볶은 후 새우, 관자, 당근, 양송이를 같이 넣어 다시 볶는다.
3. 육수를 붓고 양념으로 간을 맞춘 다음 전분물을 풀어 농도를 맞춘다.
4. 참기름과 파기름을 넣는다.

깐풍관자 乾烹干貝

2인분 기준

관자 120g / 청피망 20g / 당근 20g / 양파 20g / 마늘 5g
대파 10g / 마른 고추 10g / 육수 약간
〈양념류〉 고추기름 20㎖ / 식초 10㎖ / 설탕 5g / 후추 3g / 간장, 참기름 약간
〈튀김옷 입힐 때〉 전분 30g / 밀가루 40g / 계란 30g

Recipe

1. 관자를 끓는 물에 데쳐 물기를 빼고 소금, 후추로 밑간을 한다.
2. 관자에 밀가루나 전분을 살짝 뿌리고, 전분, 밀가루, 계란으로 만든 반죽으로 옷을 입혀 170~180℃에서 튀긴다.
3. 청피망, 당근, 양파를 잘게 썬다.
4. 팬에 기름을 두르고 마늘, 마른 고추와 대파를 볶다가 썰어놓은 야채를 볶는다.
5. 간장, 식초, 설탕, 후추를 넣고 간을 맞춘 다음, 육수를 약간 넣어 볶는다.
6. 참기름을 넣고 담아 낸다.

관자튀김 燒干貝

2인분 기준

관자 120g / 전분 20g / 밀가루 30g / 계란 40g
〈양념류〉 소금, 후추, 참기름 약간

Recipe

1. 관자를 끓는 물에 데쳐 물기를 빼고 소금, 후추, 참기름으로 밑간을 한다.
2. 전분, 밀가루, 계란으로 만든 반죽으로 옷을 입혀 170~180℃에서 튀긴다.
   ＊관자에 전분가루나 밀가루를 살짝 뿌리면 옷이 잘 입혀진다.

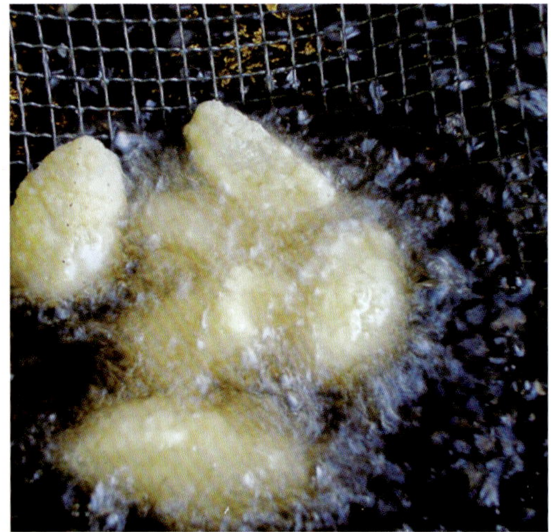

조리비화 약선요리

오천 년 전 신농씨가 수많은 약초를 맛보았다는 역사이야기로부터 시작해 중국인은 조금씩 '약식동원(藥食同原)'의 관념을 키워왔다. 그들은 쉽게 구할 수 있는 재료를 나름대로 분석해서, 중국의학과 약학 이론에 기초하여 약재와 식물을 서로 유기적으로 배합하였다. 이러한 중국 특유의 조리법으로 만들어낸, 약효를 위주로 하는 음식을 약선요리라고 하는데 주로 식욕을 증진시키고 몸을 건강하게 하는 데 주목적이 있는 식사로 오늘날의 식이요법에 해당된다. 약선요리는 약재와 식재를 모두 일정한 性味(성질과 맛)를 지닌 일미 약물(一味 藥物)로 여겨 맛과 동시에 임상치료의 목적도 고려한다. 만약 조리할 때 약재와 식재가 지닌 고유의 性味가 파괴되면 약선의 효력이 약화되거나 상실된다. 이런 점이 바로 약선의 일반음식과의 차이점이다. 약재와 식재는 약식동원 이론에 근거하여 모두 한(寒)·열(熱)·온(溫)·량(凉)의 사기(四氣)와 산(酸)·신(辛)·감(甘)·고(苦)·함(咸)의 오미(五味)를 가지고 있다. 약선을 제작할 때 반드시 '변증시선(辨症施膳)—증상에 맞게 음식을 만든다' 하여 약선의 효능을 생각하는 동시에 음식의 맛도 고려하여 만든다. 보비위(補脾胃), 익폐신(益肺腎)의 효능이 있는 '淮山肉麻圓'를 예로 들면, 적당히 달고 짜며 또한 참깨를 곁들여 비위(脾胃)에 좋을 뿐 아니라 고소한 맛까지 증가시킨다.

왕새우 칠리소스 干燒大蝦

2인분 기준

왕새우 2마리 / 완두 5g / 대파 10g / 양파 10g / 마늘 10g / 홍피망 5g / 두반장 5g
〈양념류〉 고추기름 10㎖ / 케첩 40g / 설탕 30g / 후추 2g / 물 10㎖ / 식용유 20㎖ / 전분 약간

Recipe

1. 새우는 머리부분부터 꼬리까지 펼치듯 칼집을 넣어, 마른 전분을 묻힌다.
2. 기름에 바삭하게 튀긴다.
3. 각 재료를 잘게 썰어 볶다가 물을 넣고 각 양념으로 간을 맞추어 소스를 만든다.
4. 튀긴 새우를 소스에 넣고 살짝 볶아서 접시에 담는다.

조리비화 돼지고기와 새우젓

돼지고기에는 당질대사에 꼭 필요한 물질인 비타민 B_1의 함량이 비교적 높아 쌀을 주식으로 하는 우리나라 식생활 형태에서는 없어서는 안 되는 식품이지만 소화 면에서 다소 부담이 되는 문제가 있다. 이러한 소화의 부담을 덜어 주는 것이 바로 새우젓이다. 단백질은 소화되면 펩타이드를 거쳐 아미노산으로 바뀌는데, 이때 필요한 것이 단백질 분해효소이다. 새우젓은 발효되는 동안 상당량의 단백질 분해효소인 프로테아제가 생성되어 소화제 구실을 해 준다. 또한 사람들이 지방을 섭취하면 췌장에서 분비되는 리파아제라는 지방 분해효소의 작용으로 지방산과 글리세린의 형태로 체내에 흡수되는데, 새우젓에는 리파아제가 함유되어 있어 기름진 돼지고기의 소화를 한층 도와주게 된다. 따라서 고단백, 고지방의 돼지고기 섭취에는 짠맛으로 조화를 이루고, 소화율을 높여주는 새우젓이 이상적인 배합이다.

깐풍새우 干烹明蝦

2인분 기준

새우(중하) 6마리 / 양파 20g / 마늘 10g / 당근 10g / 대파 20g / 청피망 10g / 건고추 10g
〈양념류〉 간장 10㎖ / 식초 5㎖ / 설탕 20g / 후추, 식용유, 참기름, 전분 약간

Recipe

1. 새우는 꼬리만 남기고 껍질을 벗긴 뒤, 등에 칼집을 넣는다.
2. 양파, 마늘 등 야채는 다지듯 잘게 썬다.
3. 새우에 전분을 묻히고 기름에 튀긴다.
4. 팬에 기름을 두르고 건고추를 볶다가 야채와 양념을 넣어 다시 볶은 다음, 튀긴 새우를 넣어 살짝 볶는다.
5. 접시에 담는다.

조리비화 식초 활용법

① 김밥을 자를 때 식초에 칼을 담갔다 자른다.
② 손이나 도마에 묻은 양파, 생선 냄새는 물에 식초를 타서 씻으면 싹 가신다.
③ 카레를 불에서 내려놓기 전에 식초를 조금 넣으면 독특한 풍미가 난다.
④ 너무 짠 음식에 식초를 몇 방울 떨어뜨리면 짠맛이 덜 난다.
⑤ 밥을 오래 보존하려면 밥통에 식초를 몇 방울 떨어뜨린다.
⑥ 질긴 고기는 식초를 발라 2~3시간 두면 연해진다.
⑦ 산적은 꼬챙이에 식초를 적셔 꽂으면 고기나 생선살이 붙지 않고 잘 빠진다.
⑧ 양배추, 연근, 우엉 같은 야채를 삶을 때 식초 몇 방울을 넣고 조리하면 하얗게 된다.
⑨ 계란 지단에 식초를 조금 넣고 부치면 잘 펴지고 찢어지지 않는다.
⑩ 파슬리, 양파, 피망, 셀러리, 향신료 등 먹다 남은 야채는 빈 병에 넣고 식초를 부은 다음 일주일 정도 지나면 풍미 있는 식초가 되는데, 드레싱이나 기타 요리에 다양하게 이용할 수 있다.

새우볶음 油泡明蝦

2인분 기준

새우(중하) 6마리 / 양상추 30g / 당근 10g / 양송이 20g / 전분 15g
〈양념류〉 파 10g / 마늘 10g / 생강 3g / 식용유 20㎖ / 파기름 10㎖ / 술 3㎖ / 소금, 후추

Recipe

1. 새우는 꼬리만 남기고 껍질을 벗긴 뒤, 내장을 제거하고 등에 칼집을 넣는다.
2. 양상추는 먹기 좋은 크기로 다듬어 씻는다.
3. 양상추는 기름에 살짝 볶아 양념을 하고, 물기를 뺀 다음 접시에 담는다.
4. 새우는 기름에 데친 다음 건진다.
5. 파, 마늘, 생강을 볶아 향을 우려낸 후 당근, 양송이 등을 볶다가 간을 맞춘 뒤 새우를 넣고 전분을 푼다.
6. 양상추 위에 담는다.

새우 누룽지탕 明蝦鍋粑

2인분 기준

새우(중하) 6마리 / 찹쌀누룽지 20g / 마늘 10g / 양파 20g / 대파 10g / 홍피망 10g
〈양념류〉케첩 40g / 두반장 5g / 식용유 20㎖ / 고추기름 10㎖ / 후주 3g / 물 10㎖ / 전분 15g / 식용유 2㎖

Recipe

1. 새우는 꼬리를 남기고 껍질을 벗긴 뒤 등쪽에 칼집을 낸다.
2. 누룽지는 먹기 좋은 크기로 자르고, 튀겨서 그릇에 담는다.
3. 새우는 뜨거운 기름에 데친다.
4. 팬에 기름을 두르고 케첩, 두반장 등 양념을 넣은 다음, 데친 새우와 나머지 양념을 넣고 살짝 볶는다.
5. 전분으로 농도를 조절하여 누룽지 위에 붓는다.

  ✳ 누룽지에 소스를 얹었을 때 "지지직"소리가 나야 한다.

하편카나페 蝦片小菜

4인분 기준

하편 60g / 다진 새우 60g / 홍피망 20g / 표고버섯 20g
계란 흰자 20g / 마늘 5g / 생강 3g / 대파 10g
〈양념류〉 식용유 20㎖ / 소금, 후추, 참기름, 파기름, 술, 튀김용 기름, 전분 약간

Recipe

1. 다진 새우에 소금, 전분, 계란 흰자로 밑간을 하여 팬에 볶은 뒤에 기름을 뺀다.
2. 야채는 잘게 썬다.
3. 하편을 기름에 튀긴다.
4. 팬에 기름을 두르고 파, 마늘, 생강을 먼저 볶다가 야채, 각 양념과 다진 새우를 같이 넣어 다시 볶는다.
5. 간을 맞춰서 튀긴 하편에 한 스푼씩 얹는다.

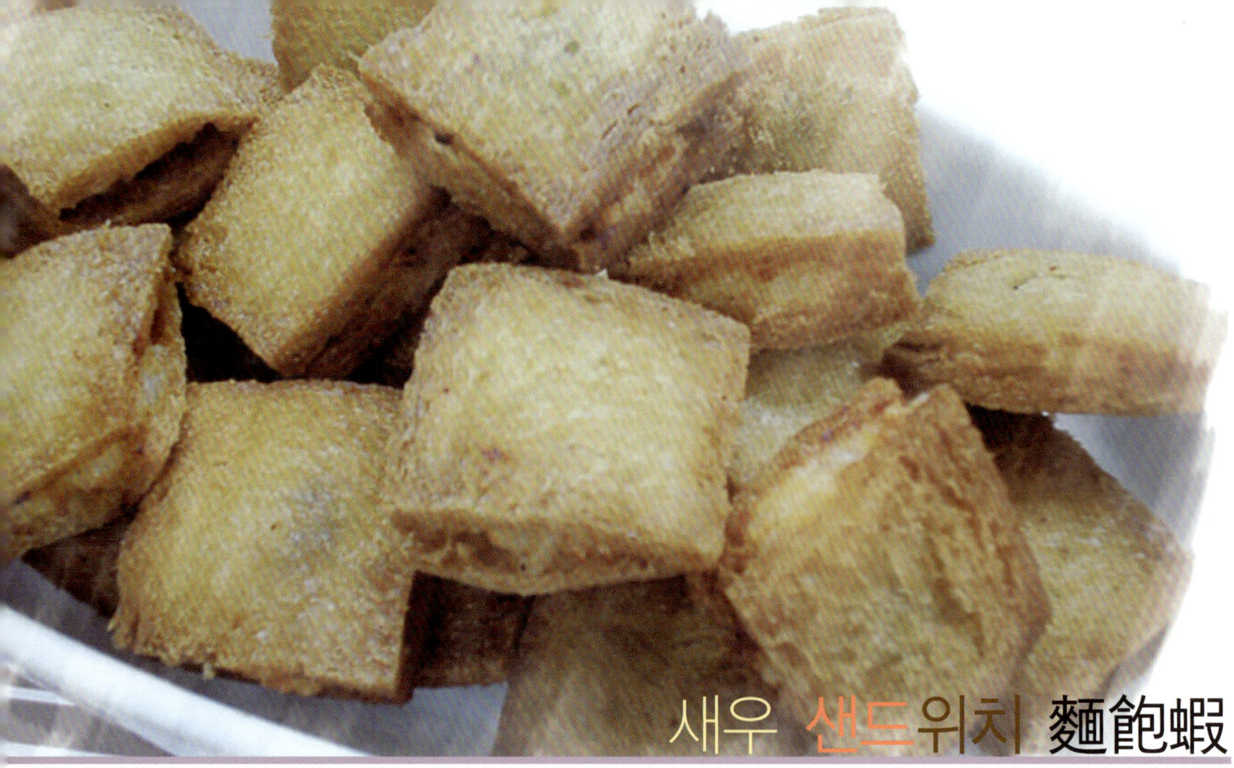

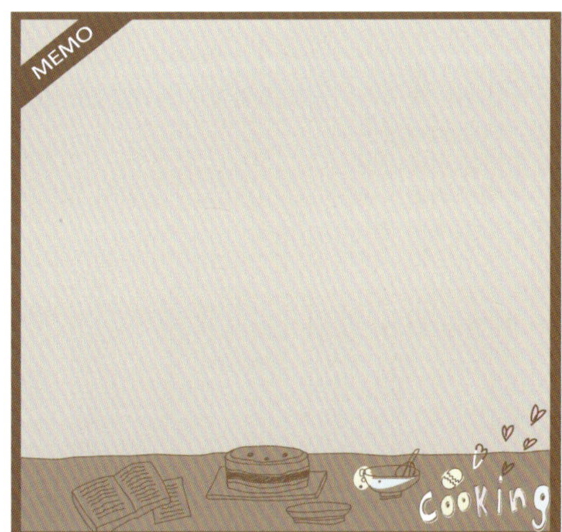

새우 샌드위치 麵飽蝦

4인분 기준

식빵 8장 / 새우 160g / 계란 흰자 30g / 생강즙 약간 / 전분 10g
〈양념류〉 소금, 후추, 참기름, 술 약간

Recipe

1. 새우를 잘 다진 다음에 생강즙, 계란 흰자, 전분 등 재료에 양념들로 밑간을 한다.
2. 식빵을 사방 4cm의 정사각형으로 자른다.
3. 식빵 사이에 새우를 넣고, 약한 불에 서서히 튀겨서 담는다.

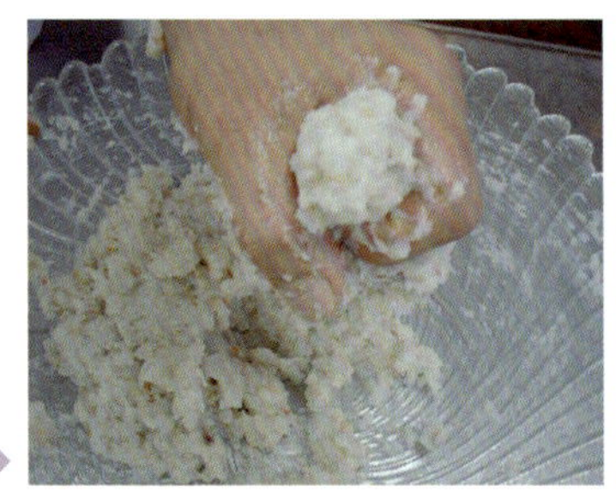

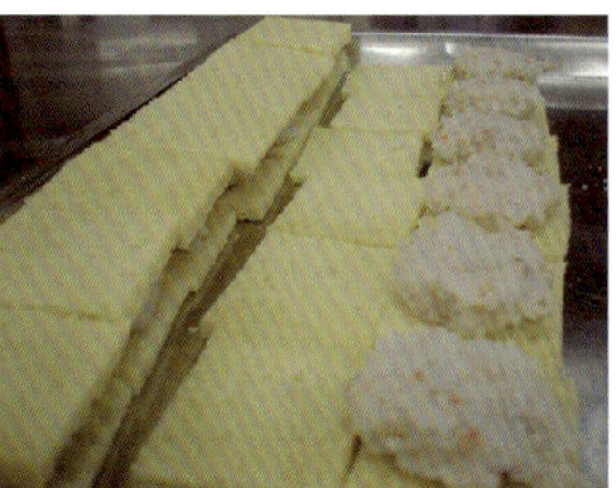

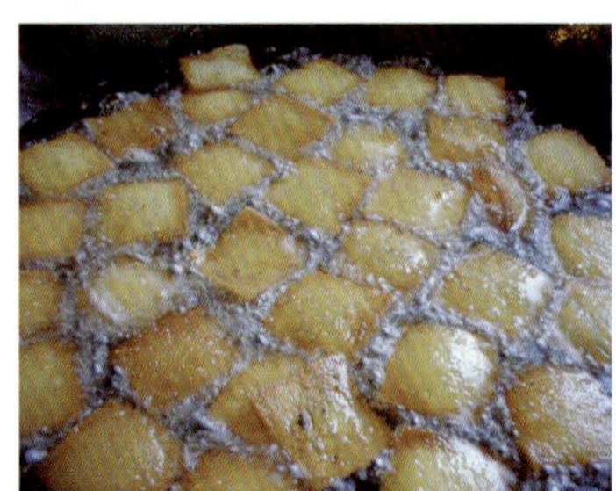

바닷가재튀김 椒塩蝦

바닷가재(1마리) 800g / 감자전분 적당량

Recipe

1. 머리와 몸통을 분리하고, 몸통을 배 쪽에서 가위로 2등분한 다음 가재 살을 분리한다.
   (가시에 찔리지 않도록 깨끗한 면장갑을 끼고 작업한다)
2. 가재 살을 결대로 8등분 내고 양념을 한다.
3. 마른 전분에 굴려서(간을 하지 않는다) 깨끗한 기름에 튀겨 낸다.

* 소스는 곁들이지 않아도 되나, 우리나라 사람들은 소스를 좋아하므로 보통 깐풍소스나 칠리소스를 곁들인다.
   (소스편 참고)

바닷가재 칠리소스 干燒龍蝦

4인분 기준

바닷가재(1마리) 800g / 양파 30g / 대파 30g / 홍피망 20g / 완두콩 20g / 감자전분 50g
〈양념류〉 고추기름 20㎖ / 설탕 50g / 육수 100㎖ / 두반장 20g / 마늘 20g / 케첩 80g

Recipe

1. 바닷가재는 머리와 몸통을 분리하고, 몸통을 배 쪽에서 가위로 2등분한 다음 살을 분리한다.
2. 가재 살을 감자전분에 굴려서 깨끗한 기름에 튀긴다.
3. 팬에 기름을 두르고 야채를 볶다가 육수와 고추기름, 설탕, 두반장, 마늘, 케첩을 넣은 다음, 전분으로 약간 걸쭉하게 하여 튀김과 함께 넣어서 잘 섞은 후 접시에 담는다.

XO해물볶음 XO爆海鮮

4인분 기준

새우 80g / 관자 80g / 해삼 120g / 청피망 30g / 마늘 10g
홍고추 20g / 감자전분 15g / 육수 약간
〈양념류〉 두반장 5g / XO소스 20g / 굴소스 20㎖ / 고추기름 4㎖ / 설탕, 술, 식용유, 참기름 약간

Recipe

1. 새우, 관자, 해삼을 데친다.
2. 팬에 기름을 두르고 야채를 볶다가 양념과 육수를 넣는다.
3. 데친 해산물을 넣어 간을 맞춘 후 물전분을 넣는다.
4. 참기름을 둘러 향을 낸 다음 접시에 담는다.

진시황의 전차
(무덤에서 발굴된 실물과 똑같이 만든 것이라고 함)

조리비화 전가복의 유래

미식가로 알려진 청의 건륭(乾隆)황제가 남쪽수
도인 남경을 찾았을 때 상 위에 차려진 온갖 산
해진미를 보고도 별로 탐탁지 않은 표정을 하
자, 이에 놀란 총독이 황급히 요리사를 불러 다
시 한번 좋은 요리를 만들어 보라고 엄히 일렀
다. 이에 요리사가 해삼, 닭고기, 중국식 햄, 새
우 등을 넣고 얼른 볶아 내었다. 김이 모락모락
나는 채 상 위에 오른 요리를 맛본 황제가 요리
사를 불러 칭찬을 하고 요리의 이름을 묻자 다
만 "폐하께서 이곳에 납시어 모든 사람들에게
복이옵니다."라고만 답하였다. 그러자 "마땅한
이름이 없으면 앞으로 전가복(全家福)으로 부르
라."고 하여 전가복이 되었다고 한다. 온 가족이
모여서 이것저것 시키기 어려울 때 가족의 행
복을 위해 시켜먹는 메뉴, 전가복 하나면 족하
지 않을까?

전가복 全家福

4인분 기준

관자 60g / 새우(중하) 80g / 자연송이 60g / 해삼 60g / 갑오징어 60g / 피조개 40g / 죽순 20g
표고버섯 20g / 브로콜리 20g / 초고버섯 20g / 파 10g / 마늘 5g / 생강 3g / 식용유 20㎖
〈양념류〉 간장 10㎖ / 후추 3g / 굴소스 10㎖ / 노두유 5㎖ / 참기름 3㎖ / 파기름 3㎖ / 술 3㎖ / 육수, 전분 약간

Recipe

1. 모든 재료를 끓는 물에 데친다.
2. 관자와 새우는 밑간을 살짝 하여 기름에 데친다.
3. 팬에 기름을 두르고 파, 마늘, 생강을 넣어 볶다가 간장과 술을 넣는다.
4. 데친 모든 부재료를 넣어 볶다가 굴소스와 노두유로 간을 맞춘다.
5. 4.에 육수를 부은 후 끓이다가, 육수는 따로 부어 놓고 전분을 푼다.
6. 5.를 그릇에 담아 놓고, 따로 부어 놓은 육수에 관자와 새
   우를 넣은 다음, 전분을 푼 참기름과 파기름을 넣는다.
7. 그릇에 담아 놓은 재료 위에 얹어 낸다.

조리비화 전가복

全家福은 이름 그대로 온 가족이 모두 행복하게
(福) 먹을 수 있는 푸짐한 요리라는 뜻도 되고,
진귀한 해물들을 다 넣고 만들어 행복하게 먹는
요리라고 해석하기도 한다.
얼마나 훌륭한 요리이기에 온 가족이 다 행복하
게 먹을 수 있을까?
전가복은 전복, 해삼, 왕새우, 관자, 바닷가재,
송이, 죽순, 초고버섯 등 진귀한 재료에 야채를
잘 볶아서 만든 요리로, 특히 해물을 좋아하는
사람들에게는 더 바랄 것이 없다.
그중 해삼은 바다의 인삼이라고 불릴 정도로 영
양이 풍부하고 철분이 많이 들어 있으므로 임산
부나 여성 피부미용에 아주 좋다. 자연송이나
전복 등의 비싼 식재료들이 항상 신선하게 준비
되어 있어야 하는 요리이기 때문에, 손님 중에
전가복을 주문하는 이가 있으면 주방장은 손님
을 미식가로 인식하여 약간 긴장하게 된다고 한
다. 또한 전가복은 음식점에 있는 모든 재료를
사용해야 하는 요리이므로, 이 요리 한가지로
그 음식점의 재료 상태가 바로 파악된다.

도미튀김 火龍糖醋加魚

4인분 기준

도미 1마리 / 파채 20g / 생강채 10g / 표고버섯채 20g / 죽순채 20g / 당근채 30g
고구마 100g / 마늘 2쪽 / 청·홍피망 20g / 전분 60g / 계란 50g
〈양념류〉 식초 25g / 케첩 100g / 간장 15㎖ / 육수 20㎖ / 고량주 15㎖ / 설탕 20g / 식용유 30㎖ / 소금, 후추 약간

Recipe

1. 도미를 사진과 같이, 4쪽으로 어슷하게 포를 뜨듯이 조금 넓게 잘라 칼집을 넣고 밑간을 한다.
2. 전분과 계란으로 반죽하여 활 모양으로 기름에 튀겨 놓는다.
3. 고구마는 길게 채를 쳐서 기름에 튀겨 접시에 담고, 도미를 그 위에 올려 놓는다.
4. 재료를 볶아서 양념하여 간을 맞춘 다음, 육수를 넣고 전분으로 농도를 맞춰 소스를 만든다.
5. 야채소스를 도미에 끼얹고, 바로 고량주에 불을 붙여서 생선에 부어 불꽃이 일게 한다.

* 맛도 맛이지만 화려함이 극에 달하므로 손님들에게 즐거움을 안겨 줄 수 있는 요리이다.

우럭찜 蒸黑石斑魚

4인분 기준

우럭(두 마리) 700g / 생강 30g / 파 50g / 홍고추 10g
고수 30g / 파기름 10㎖ / 술 3㎖
〈양념류〉 소금, 후추 약간

Recipe

1. 우럭을 양쪽 등으로부터 두 쪽으로 편을 떠서 좌측으로 눕힌 다음, 파, 생강을 편으로 떠서 안쪽과 바깥쪽에 얹는다.
2. 준비된 양념과 술을 부어서 찜통에 8분가량 찐다. (생강과 파는 제외)
3. 고수, 홍고추채, 대파채를 우럭 위에 올려놓고 파기름을 달구어서 생선 위에 부은 다음, 생선간장소스(소스 편 참고)를 그 위에 다시 부어준다.

조리비화 생선요리

생선은 질 좋은 단백질 급원식품으로 육류의 포화지방산에 비해 불포화지방산이 많이 들어있기 때문에 비만을 걱정하는 현대인들이 즐겨 먹는 고단백 식품이다. 생선요리를 맛있게 만드는 비법은 특별한 것이 아니라 신선한 식재료를 사용하는 것이다.
① 신선한 생선은 비린내가 적게 나고 비늘과 껍질이 윤기가 있어야 하며, 살은 탄력이 있어야 한다.
② 눈은 맑고 투명하며 함몰되지 않아야 한다.
③ 아가미는 밝은 선홍색을 유지하고 있어야 한다.
④ 냄새가 나는 생선은 흐르는 물에 깨끗하게 씻어 암모니아 등 냄새성분과 비린내를 제거하여야 한다.
⑤ 파, 마늘, 양파, 고춧가루, 후추 등의 향신료를 이용하거나, 식초나 레몬을 이용하여 비린내와 잡내를 제거할 수 있다.
⑥ 마늘, 후추, 타임과 같은 향신료가 든 우유에 잠시 담가 두어도 우유의 탈취효과와 향신료의 방향효과를 잘 이용할 수 있다.

쇠고기송이볶음 松茸牛肉片

2인분 기준

쇠고기 100g / 자연송이 60g / 당근 20g / 청·홍피망 각 15g / 베이비콘 15g
양상추 30g / 식용유 20㎖ / 대파 10g / 생강 3g / 마늘 5g
〈양념류〉 굴소스 20㎖ / 전분 15g / 간장 5㎖ / 술 3㎖
노두유 5㎖ / 참기름, 파기름, 후추, 육수 약간

Recipe

1. 팬에 기름을 두르고 쇠고기를 데친다.
2. 송이와 당근은 끓는 물에 데친다.
3. 양상추는 소금과 기름을 넣고 데친 다음, 물기를 빼고 접시에 담는다.
4. 팬에 기름을 두르고 파, 마늘, 생강, 술을 넣고 각종 양념 재료와 굴소스, 육수, 후추를 넣고 볶다가 전분으로 농도를 맞춘다.
5. 마지막으로 파기름, 참기름을 뿌려 담아 낸다.

조리비화 김과 기름

김 한 장에는 달걀 2개 분량에 해당하는 비타민 A가 들어 있으며, 각종 비타민뿐 아니라 칼륨, 철, 인 등 무기질이 풍부한 알칼리성 식품이다. 김을 구울 때 기름을 바르고 구우면 기름을 바르지 않고 굽는 것보다 색깔도 좋고 맛과 영양의 균형이 향상되는 좋은 방법이나, 편리한 것을 추구하는 현대인들은 조미 김이란 가공 김이 등장하면서 더 이상 김을 구울 필요가 없게 되었다. 그러나 구이김에 사용한 기름이 제아무리 신선한 기름이라고 하더라도 유통과정에 공기와 햇빛으로 인해 산화가 일어나기 쉽다. 최근 일본에서는 기름과 소금을 재워 만든 구이 김 대신 기름을 바르지 않은 구이 김이 주류라고 한다.

쇠안심 후추소스 黑椒牛柳粒

2인분 기준

쇠안심 120g / 양파 20g / 홍피망 10g / 계란 20g / 마늘 10g / 파인애플 20g / 전분 15g
〈양념류〉 노두유 5㎖ / 설탕 10g / 간장 5㎖ / 굴소스 3㎖ / 파기름 5㎖
참기름 5㎖ / 스테이크소스 3㎖ / 통후추 5g / 육수 약간

Recipe

1. 안심에 계란, 전분, 굴소스를 넣고 버무린 후, 기름에 데친다.
2. 팬에 기름을 두르고 마늘, 야채와 파인애플을 넣은 다음, 간장, 육수, 스테이크소스, 후추, 설탕 등 양념을 넣고 볶다가 전분으로 농도를 맞춘다.
3. 마지막으로 파기름, 참기름을 뿌려 담아낸다.

조리비화 스테이크에는 파인애플

우리나라에서는 옛날부터 고기를 연하게 하는 연육제로 무나 배를 사용해 왔으나 육류의 소비량이 많은 서양에서는 무화과나 파파야, 파인애플 등을 사용하였다. 무화과의 피신, 파파야의 파파인, 특히 파인애플의 브로멜린이라는 성분은 아주 소량만 넣어도 뛰어난 연육효과(고기를 연하게 하는 효과)가 있어 많이 사용한다. 스테이크 요리시 브로멜린을 첨가하지 않아도 파인애플을 곁들여 먹거나 후식으로 먹으면 소화가 촉진되는 효과가 있다. 고기를 재울 때 이들 효소가 들어 있는 과일을 많이 넣게 되면 고기가 부스러지므로 소량만 사용하는 것이 좋다.

쇠고기 굴소스 蠔油牛肉

쇠고기 120g / 양송이 30g / 당근 10g / 양상추 30g / 식용유 20㎖ / 전분 15g
〈양념류〉간장 5㎖ / 굴소스 3㎖ / 흰후추 3g / 참기름 5㎖ / 정종 3㎖
노두유 5㎖ / 파기름 5㎖ / 파 10g / 마늘 5g / 생강 3g

Recipe

1. 팬에 기름을 두르고 쇠고기를 볶는다.
2. 양송이, 당근은 끓는 물에 데치고, 양상추는 기름과 소금을 넣어 데친 다음 접시에 담는다.
3. 팬에 기름을 두르고 파, 마늘, 생강, 술을 넣은 뒤 각 재료를 넣고 볶다가 양념을 하여 다시 볶은 다음, 전분
   으로 농도를 맞춘다.
4. 파기름과 참기름을 뿌려 담아 낸다.

쇠고기 아스파라거스 볶음 露筍牛肉

2인분 기준

쇠고기 100g / 아스파라거스 40g / 당근 20g / 식용유 20㎖ / 전분 15g
〈양념류〉파기름 5㎖ / 굴소스 20㎖ / 참기름 5㎖ / 후춧가루 3g
간장 5㎖ / 술 3㎖ / 노두유 5㎖ / 파 10g / 마늘 5g / 생강 3g

Recipe

1. 팬에 기름을 두르고, 양념해서 재워둔 쇠고기를 데친다.
2. 아스파라거스, 당근은 끓는 물에 데친다.
3. 팬에 기름을 두르고 파, 마늘, 생강, 술을 넣은 후, 각 재료를 넣고 양념하여 다시 볶는다.
4. 전분으로 농도를 맞추고, 파기름, 참기름으로 맛을 낸다.

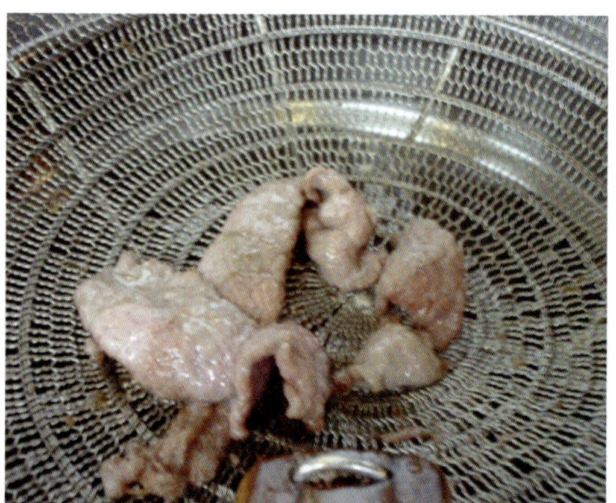

소갈비찜 紅燒牛排

소갈비 200g / 간장 7㎖ / 노두유 5㎖
〈양념류〉 소금 5g / 설탕 3g / 참기름 5㎖ / 대파 10g / 생강 5g / 고량주 5㎖
굴소스 5㎖ / 닭고기 육수(갈비가 잠길 만큼) / 소홍주, 소금, 후추, 팔각 약간

Recipe

1. 소갈비는 3cm×3cm 크기로 자른다.
2. 물을 끓여 소갈비를 한 번 데치고, 다시 육수를 넣어 생강, 대파, 고량주, 팔각을 넣은 후 잘 우려낸 다음,
   20분 정도 끓인다.
3. 닭고기 육수에 굴소스, 간장, 노두유, 소홍주, 소금, 후추와 나머지 양념으로 간을 한 다음, 소갈비를 넣고
   아주 약한 불에서 2시간 정도 끓인다.

조리비화 육류요리

① 육류요리를 할 때 육류를 먼저 끓이는 것은 그 다음 간을 한 조림을 하기 위한 준비과정이므로 약 80% 정도만 익히면 된다. 이때 뼈나 고기에서 나오는 불순물을 완전히 제거하는 것이 중요하다.

② 동구버섯, 빙탕, 포도주를 넣는 것은 향을 내기 위함이며, 또한 빙탕은 요리에 윤기를 내게 해주는 재료이다. 육류요리 시 탕에 간을 할 때는 2시간 정도 조리면 짠맛이 강해질 수 있으므로 처음에 간을 조금 하고 나중에 다시 간을 해야 한다.

중국 섬서성의 요리학교 실습재료

다진 쇠고기 양상추쌈 什錦牛肉鬆

쇠고기 다진 것 60g / 표고버섯 20g / 홍고추 10g / 양상추 100g / 죽순 20g
국수 100g / 잣 10g / 마늘 5g / 대파 20g / 생강 3g
〈양념류〉굴소스 20㎖ / 두반장 5g / 노두유 5㎖ / 간장 5㎖ / 참기름 5㎖ / 식용유 10㎖ / 스테이크소스 5㎖

Recipe

1. 양상추를 둥글게 자른 뒤 씻어서 접시 위에 따로 엎어 놓아 물기를 뺀다.
2. 국수를 튀긴 후 접시에 담는다.
3. 다른 재료를 잘게 썬다.
4. 팬에 쇠고기를 볶다가 어느 정도 익으면 야채를 넣고 다시 볶으면서 양념을 한 다음, 은근하게 볶는다.
5. 참기름으로 향을 낸다.
6. 튀겨낸 국수 위에 5.를 담고 잣을 올린다.

조리비화 잣과 수정과

수정과는 과음으로 몸에 축적된 알코올 성분을 빨리 산화·배설하는 데 필요한 과당과 비타민, 수분을 갖추고 있다. 수정과의 주원료는 생강, 꿀, 곶감, 잣인데 그 중 곶감은 수분이 82% 이상인 감을 저장하기 좋은 형태로 만든 것이다. 곶감은 기침, 딸꾹질, 숙취, 각혈이나 하혈 등에 좋지만 곶감 속의 탄닌은 철분 흡수를 방해한다. 잣은 철분 함량이 많으므로 수정과에 잣을 띄우면 철분을 섭취할 수 있는 적절한 배합이 된다.

토마토쇠고기볶음 蕃茄炒牛肉

4인분 기준

쇠고기 200g / 토마토 100g / 청경채 20g / 생강 3g / 마늘 5g / 파 10g / 육수 약간
〈양념류〉 전분 15g / 식용유 20㎖ / 술 3㎖ / 참기름 3㎖ / 파기름 3㎖ / 소금 5g / 후추 2g

Recipe

1. 편으로 자른 쇠고기를 기름에 데친다.
2. 토마토는 살짝 데쳐서 껍질을 벗긴 후 저며 썬다.
3. 팬에 기름을 두르고 파, 마늘, 생강을 넣어 향을 낸 다음, 쇠고기와 청경채를 넣고 볶다가 육수를 넣은 뒤 양념으로 간을 한다.
4. 준비된 토마토를 넣고 전분을 푼 다음 접시 위에 담아 낸다.

조리비화 토마토와 기름

토마토를 영국에서는 '사랑의 사과'라고 하고 이탈리아에서는 '황금의 사과'라고 하는데, 원산지는 고도의 문명 발상지 중의 한 곳인 남미 잉카제국으로 알려져 있다. 토마토는 오래 전부터 비만, 고혈압, 당뇨병 등의 식이요법에 이용되어 왔는데, 토마토가 혈압을 낮추는 효능을 갖는 것은 비타민 C와 루틴을 함유하고 있기 때문이다. 기름에 튀긴 음식이 맛은 있지만 먹고 나면 위에 부담을 주게 되는데 튀김, 고기, 생선 등 기름기가 많은 음식을 먹을 때 토마토를 곁들여 먹으면 위 속에서 소화를 촉진시키고 위의 부담을 줄여준다. 이렇게 소화를 도와주는 성분은 각종 효소와 비타민 B군이다. 이외에도 토마토에 풍부한 펙틴은 세포막의 구성성분이기도 한 식물성 섬유이며, 토마토에 함유된 다량의 수분은 장의 활동에 영향을 미쳐 변비예방에도 도움을 준다. 요즈음 패스트 푸드점에서 흔히 햄버거에 토마토를 슬라이스해서 올리는 이유도 여기 있다.

돼지갈비찜 紅燒猪排

2인분 기준

돼지갈비 200g / 양상추 30g / 생강 5g / 대파 10g / 고량주 10㎖ / 팔각 5g
〈양념류〉 굴소스 5㎖ / 간장 7㎖ / 노두유 3㎖ / 소홍주 10㎖ / 소금 5g / 후추 3g
참기름 5㎖ / 빙탕(얼음사탕) 10g / 전분 약간

Recipe

1. 돼지갈비는 3cm×3cm 크기로 자른다.
2. 돼지갈비를 끓는 물에 한 번 데친 다음, 생강, 대파, 고량주, 팔각을 넣고 다시 20분 정도 끓인다.
3. 닭 육수에 굴소스, 간장, 노두유, 소홍주, 빙탕, 소금, 후추로 간을 한 다음, 돼지갈비를 넣고 아주 약한 불에서 2시간 정도 끓인다.
4. 양상추는 물, 기름, 소금을 넣고 데쳐서 접시에 놓는다.
5. 다 익은 돼지갈비를 양상추 위에 올린 다음, 끓인 육수에 물전분을 풀고 참기름으로 맛을 낸 다음 고기 위에 끼얹는다.

조리비화 돼지고기

돼지고기, 특히 살코기에 많이 포함되어 있는 비타민 B_1은 비교적 열에 강한 편이다. 돼지고기의 필수지방산은 에너지원으로 우수할 뿐만 아니라, 뇌의 지적 활동에도 없어서는 안 될 중요한 요소다.

전 세계적으로 어느 나라보다도 가장 종류가 많고 다양한 돼지고기 조리법을 이용하는 중국인들은 돼지고기를 채소류와 함께 조리하여 성인병을 예방하는 합리적인 식생활을 하고 있다.

돼지고기의 지방과 콜레스테롤이 걱정되는 사람은 석쇠에서 굽거나 쪄서 지방을 줄일 수 있고, 콜레스테롤의 흡수를 줄이는 작용을 하는 불포화지방산이 많이 함유된 콩기름으로 볶거나 튀기는 것도 한 방법이다. 일본 오키나와의 예를 보면 장수하는 사람들은 돼지고기를 즐겨 먹는데 채소, 해조류를 배합한 합리적인 조리방법을 통해 건강식으로 이용하고 있다.

족발찜 紅燒肘子

족발 100g / 양상추 30g / 굴소스 5㎖ / 간장 10㎖ / 노두유 5㎖
〈족발을 삶을 때〉 생강 5g / 대파 10g / 고량주 10㎖ / 팔각 5g
〈양념류〉 소금, 후추, 참기름, 육수 약간

Recipe

1. 족발은 뼈를 추려낸 뒤 잘 정리해 둔다.
2. 물을 끓여 족발을 한 번 데친 후 다시 끓여서 생강, 대파, 고량주, 팔각을 넣고 우려낸 뒤, 족발을 다시 넣어 80% 정도 익힌다.
3. 팬에 육수를 넣고 굴소스, 간장, 노두유, 소금, 후추, 참기름으로 간을 하여 족발을 넣은 후, 2시간 정도 약한 불에서 조려 낸다.
4. 다 익은 족발을 양상추 위에 올린 뒤 걸쭉한 육수를 그 위에 붓는다.

조리비화 중국요리의 완성 만한전석 1

청나라가 중국을 평정하고 채택한 정책은 몽고가 일으킨 원나라와는 달리, 명의 옛 관리들을 계속해서 기용하거나 과거를 실시하여 한족을 채용하고, 한족과 만주족을 따로 살게 하여 별도의 관리를 두어 다스리게 하는 등의 유화적인 정책과 변발을 강요하는 등 고압적인 강온 양면을 적절히 구사하는 당근과 채찍을 병용하였다. 그로 인해 만주족은 수적으로 비교가 되지 않는 소수민족이지만 270년 가까이 대륙의 지배자로 군림할 수 있었다.

이러한 문화융합 정책은 음식문화에도 영향을 끼쳐, 만한전석과 같은 화려함과 호사스러움의 극치를 연출하였다. 그들은 국가적 연회를 베풀 때도 만주식과 한족식 연회를 모두 망라하여 화합적인 효과를 노리는 지혜를 발휘하였다.

만한전석이 문헌상으로 처음 등장하는 것은 18세기 초이다. 청나라 강희제 말기에 본인이 회갑을 맞자 천자로서는 보기 드문 장수를 누리는 기쁨에 이틀간에 걸쳐서 전국의 65세 이상 되는 노인을 2,800명이나 궁궐로 초청하여 대연회를 개최함으로써 천수연을 베풀어, 청나라의 왕권하에서 다수의 한족과 소수의 만주족이 융합하여 태평성대가 계속되기를 기원했다고 한다.

돼지고기 레몬소스 猪肉檸檬汁

2인분 기준

돼지고기 120g / 레몬 1/2개 / 오렌지 주스 100㎖ / 전분 30g
〈양념류〉 설탕 10g / 생강즙 5g / 식용유

Recipe

1. 돼지고기는 1cm×5cm 크기로 썬 뒤에 생강즙을 넣어 잘 버무린 다음, 마른 전분을 고기에 묻힌다.
2. 170~180℃에서 2번 튀겨낸 뒤, 그릇에 담는다.
3. 오렌지 주스, 설탕과 편으로 자른 레몬으로 간을 한 다음, 전분으로 농도를 맞춘다.
4. 고기를 넣고 버무려서 담아낸다.

조리비화 중국요리의 완성 만한전석 2

만한전석(滿漢全席)에 쓰이는 식기로서 풀 세트가 완벽하게 남아있는 것은 산동의 공자 집안에 있는 것이 유일하다고 한다. 이는 196가지의 음식을 404가지 그릇에 담아낼 수 있는 양이라고 한다. 이 그릇은 모두 은으로 만든 것으로 건륭제(乾隆帝)가 딸을 공자의 72대손에게 시집보내면서 혼수품으로 준 것이라 하는데 그릇에 신묘년(申卯年)이라고 표기된 것을 보아 1771년 제품인 것으로 추측한다. 만한전석의 메뉴는 108종류의 음식으로 북경요리 28가지를 포함해서 총 136가지 코스요리로 구성되는데 광동과 사천지역의 남쪽지역 요리가 54가지, 산동지역과 만주지역의 만채가 54가지, 북경지역의 요리가 총 28가지로 합해서 136가지라고 한다. 연회는 하루 두 번씩 사흘에 걸쳐 진행되는 것이 보통이고 한 번의 연회는 네 개의 세트메뉴로 구성이 되어 있으며, 매 세트마다 주된 요리 하나에 네 개의 보조요리가 따라 나오기 때문에 한 번의 연회에 20여 가지의 주요리와 보조요리가 나오고 여기에 건과류, 꿀전병(蜜餞), 간단한 음식(點心), 과일 등이 30~40여 가지가 되므로 사흘에 걸친 연회에는 모두 180가지의 요리가 된다. 만한전석에 차려지는 재료는 상어지느러미, 곰 발바닥, 낙타 등, 원숭이 골 요리 등 중국 각지에서 준비한 희귀한 재료들이 이용되는데 만한전석의 메뉴는 일정하게 정해진 메뉴가 아니라 계절이나 임금의 취향에 따라 신축성 있게 구성되었다. 현재 중국에서도 만한전석을 완벽하게 만들 수 있는 요리사는 몇 안 된다고 한다.

동파육 東坡肉

2인분 기준

껍질 달린 삼겹살 120g / 양상추 30g / 소금 5g / 소홍주 10㎖
포도주 10㎖ / 노두유 10㎖ / 간장 10㎖ / 설탕, 육수 약간
〈양념류〉 대파, 생강, 고량주, 팔각, 후추, 참기름, 양파, 토마토케첩 약간

Recipe

1. 삼겹살은 7cm×7cm로 자른다.
2. 물을 끓여 고기를 한 번 데친 다음 다시 대파, 생강, 고량주, 팔각을 넣고 끓인다.
3. 물기를 제거한 뒤 팬에 설탕을 녹여 진한 갈색을 낸 다음, 고기도 색깔을 낸다.
   *색소를 사용하는 것보다 설탕이 더 윤기 있는 색을 낸다.
4. 팬에 양파, 생강을 넣고 기름을 낸 뒤 케첩을 넣어 아주 강한 불에서 볶아낸다.
5. 육수를 넣고, 4.의 소스, 노두유, 간장, 소홍주, 소금, 후추, 참기름, 포도주를 넣어 3시간 정도 끓여낸다.
6. 그릇에 데친 양상추를 깔고 동파육을 담아 완성한다.

조리비화 동파육의 기원

동파육은 중국 항주(杭州)지방의 전통 요리로 당송 8대가의 한 사람인 북송의 시인 소동파가 항주에서 관리로 역임하고 있을 때, 서호를 준설하여 제방을 쌓아 주위의 논밭에 관개의 혜택을 주어 백성들의 근심을 덜어주었다. 나중에 이 제방은 항주 서호 10景의 제1경인 '소제춘효(蘇堤春曉)'가 된다. 어느 해 백성들이 풍작을 거두어 설 무렵, 돼지와 술을 들고 그에게 세배를 갔다. 소동파는 돼지고기를 사각형 덩어리로 썰어 自家조리법을 이용해 삶아서 술과 함께 다시 서호 제방 쌓을 때의 인부들 명단을 찾아 집집마다 고기를 보내 새해 인사를 했다. 그런데 집사람이 조리를 할 때 "술과 함께 전하다(連酒一起送)"를 "술과 함께 삶다(連酒一起燒)"로 잘못 듣고 만들었으나 뜻밖에 만들어진 紅燒肉이 더욱 향기롭고 맛있게 되었다고 한다. 사람들은 그가 인부들을 잊지 않은 것에 더욱 감동하여 그를 사랑하게 되었고, 그가 전해 준 고기를 '동파육'이라고 명명하였다고 한다.

북경오리 北京片皮鴨(北京烤鴨)

4인분 기준

오리 1마리(2kg 정도)
〈믹을 때 곁들임〉 오리떡 20장 / 오이 60g / 대파 60g
〈소스〉 해선장 5g / 식용유 20㎖ / 굴소스 3㎖ / 설탕 18g / 춘장 10g / 살구잼 15g
〈양념류〉 화조, 팔각, 오향분, 식초, 물엿, 고량주, 마늘, 생강, 소금 약간

Recipe

1. 오리는 날개와 다리 부분을 손질한 후 내장을 제거한다.
2. 물을 끓여 화조, 식초, 물엿, 팔각, 소금, 파, 마늘, 생강, 고량주를 넣고 오리를 데친 다음, 소금을 몸통 안팎에 문질러 바른다.
3. 오향분을 속에 발라 양념한다.
4. 양쪽 날갯죽지를 걸어 12시간 정도 통풍이 잘 되는 곳에서 말린 다음, 전용오븐에서 진한 갈색이 나도록 1시간 정도 구워낸다.
5. 오리떡을 찌고, 오이채와 파채 및 소스를 곁들여 낸다.
6. 소스는 기름, 해선장, 굴소스, 춘장, 설탕, 살구잼, 물 약간을 넣어 끓인다.
＊ 오리떡에 오리껍질을 적당한 크기로 잘라 올린 뒤 오이채, 대파채, 해선장 소스를 올려 춘권 모양으로 말아서 먹는다.
＊ 오리떡(야빙):
　밀가루, 소금(소량), 물(源水)로 약간 되게 반죽을 하여 얇게 밀어 준다. 한 장에 기름을 바르고 그 위에 또 한 장을 덮은 다음, 2장씩 굽는다.

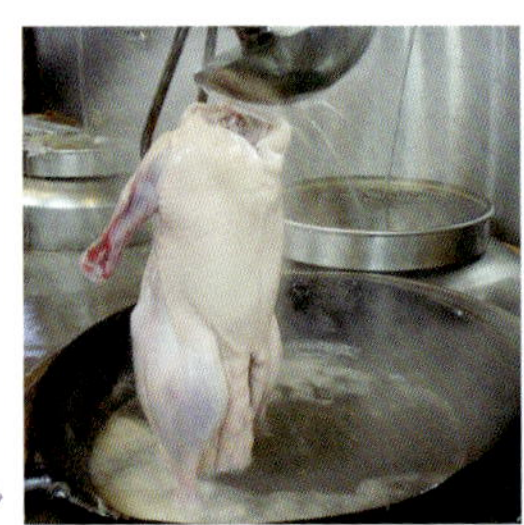   

오리가슴살철판볶음 鴨肉鐵鈑燒

2인분 기준

오리 가슴살 편 100g / 청피망 20g / 홍피망 20g / 양파 40g
베이비콘 20g / 생강 5g / 마늘 10g / 전분 약간
〈양념류〉 청주 5㎖ / 굴소스 6㎖ / 간장 5㎖ / 노두유 3㎖ / 육수 100㎖ / 후추, 참기름, 설탕 약간

Recipe

1. 오리 가슴살은 긴 사각형 모양의 편으로 자른다.
2. 청피망, 홍피망, 베이비콘, 양파는 길게 편으로 자른다.
3. 오리 가슴살은 청주, 생강즙, 굴소스, 계란 흰자, 녹말가루로 밑간을 하여 기름에 데친다.
4. 팬에 기름을 두르고 다진 마늘을 볶다가 야채를 넣고 육수를 넣은 뒤에 굴소스, 간장, 노두유, 후추, 설탕을 넣어 간을 맞춘 다음, 데친 오리 가슴살을 넣어 끓인다.
5. 물녹말로 농도를 맞춘 후 참기름으로 마무리한다.
6. 철판을 불에 달궈 기름을 바른 다음, 양파채를 깔고 볶은 오리고기를 얹는다.

요과계정 腰果鷄丁

2인분 기준

닭고기 100g / 양송이 10g / 표고버섯 10g / 죽순 10g / 초고버섯 10g / 홍피망 5g
청피망 5g / 깐땅콩 10g / 건홍고추 5g / 마늘 10g / 계란 흰자 1개 / 전분 약간
〈양념류〉 굴소스 10g / 육수 10cc / 노두유 2g / 청주 2g / 간장 2g
고추기름 5g / 소금, 후추, 설탕, 참기름 약간

Recipe

1. 닭고기는 1.5cm×1.5cm 크기로 썰고, 계란 흰자, 마른 전분으로 밑간을 하여 기름에 데친다.
2. 팬에 기름을 두르고 건홍고추를 볶다가 파, 마늘, 생강, 버섯, 피망, 죽순 등을 넣는다.
3. 청주와 간장으로 향을 낸 다음, 육수를 두르고 굴소스, 노두유, 설탕, 소금, 후추, 참기름 등 양념으로 간을
   한다.
4. 먼저 조리한 닭고기를 넣고 전분으로 농도를 맞춘 다음, 땅콩을 넣고 섞어 낸다.

조리비화 닭고기와 인삼

담백한 맛의 닭고기는 쇠고기보다 단백질이 많고, 필수 아미노산과 질 좋은 지방이 풍부하며 소화흡수가 잘 되는 산성식품이다. 인삼에는 당질, 단백질, 무기질, 비타민 외에도 사포닌이 20여 종이나 들어 있어 간장보호 작용을 하며, 위를 튼튼하게 한다.

닭고기에 인삼을 넣어 먹으면 기운이 없거나 몸이 허약해지고 지치기 쉬운 여름에 보신용으로 좋으며, 강장 및 강정 효과까지 기대할 수 있다.

송이볶음 炒松茸

2인분 기준

자연송이 80g / 양상추 20g / 대파 10g / 마늘 5g / 생강 3g / 굴소스 5㎖
식용유 20㎖ / 정종 3㎖ / 육수 100㎖
〈양념류〉 소금, 후추, 참기름, 전분 약간

Recipe

1. 송이는 편으로, 양상추는 4cm×5cm 크기로 자른다.
2. 양상추는 물에 기름과 소금을 넣고 데쳐서 물기를 뺀 다음 접시에 담는다.
3. 송이는 뜨거운 물에 데친 뒤 파, 마늘, 생강과 함께 볶는다.
4. 육수를 넣고 굴소스, 정종 등으로 간을 맞춘다.
5. 전분을 약간 풀고 참기름으로 마무리하여 담는다.

조리비화 쇠고기와 들깻잎

쇠고기는 부위에 따라 성분의 함량 차이가 심하다. 한우등심 100g은 수분 72.3%, 단백질 19.8g, 지방 6.8g, 당질 0.2g, 회분 0.9g, 칼슘 11mg, 인 142mg, 철분 1.8mg, 비타민 B_1 0.07mg, 비타민 B_2 0.22mg, 나이아신 4.2mg 등을 함유하고 있다.
성인은 체중 1kg당 하루에 1.2~1.5g의 단백질이 필요하고, 성장기 아이들에게는 2~3g의 단백질이 필요하다.
들깻잎에는 철분이 시금치의 두 배 이상, 쇠간과 비슷하게 함유되어 있으며, 비타민 C는 46mg이나 들어 있다. 또한 깻잎은 녹색을 띠는 엽록소(클로로필색소)를 갖고 있으므로 세포의 부활작용, 지혈작용, 상처치유작용, 항알레르기작용 등 광범위한 효능을 가지고 있으며, 면역기능을 향상시켜 준다. 고기를 섭취할 때 쇠고기에 들어있지 않은 비타민 A와 비타민 C, 섬유소 및 철분의 함량이 높은 들깻잎을 곁들이면, 암의 발생을 예방하고 혈액을 깨끗하게 하는 조혈작용을 도와 건강한 식생활을 할 수 있다.

고급 모듬 야채볶음 素全福

표고버섯 20g / 죽순 20g / 당근 20g / 초고버섯 20g / 아스파라거스 20g
베이비콘 20g / 마늘 5g / 파 10g / 전분 15g
〈양념류〉 간장 5㎖ / 굴소스 15㎖ / 식용유 20㎖ / 참기름 20㎖ / 술 3㎖ / 생강 3g / 육수 100㎖

Recipe

1. 아스파라거스는 칼로 외피를 살짝 벗기고, 다른 재료도 알맞게 자른다.
2. 끓는 물에 야채를 데친다.
3. 팬에 마늘, 파, 데친 재료를 볶으면서 육수를 넣는다.
4. 굴소스 등의 양념을 넣고, 전분으로 농도를 맞춘다.
5. 접시에 보기 좋게 담는다.

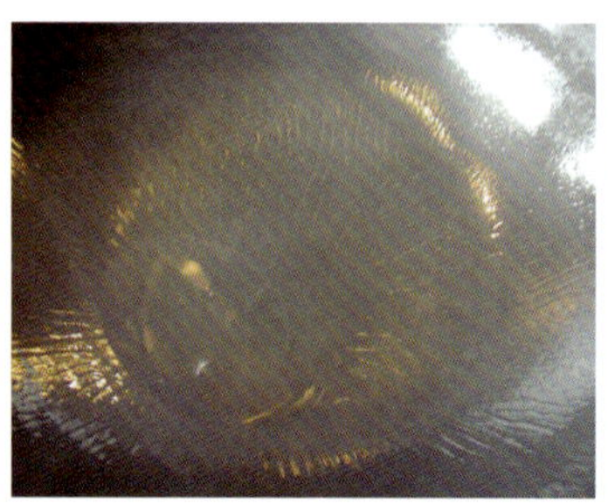

조리비화 표고버섯과 돼지고기

표고버섯은 식품 중의 콜레스테롤이 체내에서 흡수되는 것을 억제하고 혈압을 낮추며, 항암효과, 면역기능증진 등의 효능이 있다. 표고버섯은 지방분이 많고 감칠맛이 있어 일반인들이 가장 즐겨 먹는 육류인 돼지고기를 먹을 때 함께 먹으면 콜레스테롤 흡수를 줄일 수 있다. 또한 표고버섯의 특별한 향은 돼지고기 특유의 냄새를 억제하는 데도 효과가 있다.

청채 굴소스 蠔油靑江菜

청경채 80g / 굴소스 20㎖ / 식용유 20㎖ / 전분 15g / 육수 100㎖
〈양념류〉 파기름 10㎖ / 간장 5㎖ / 노두유 3㎖ / 술 3㎖ / 후추 3g / 소금, 참기름 약간

Recipe

1. 청경채는 밑 부분에 열십자로 칼집을 내고, 끓는 물에 소금과 기름을 넣어 데친 다음, 접시에 보기 좋게 담는다.
2. 팬에 기름을 두르고 술, 육수, 굴소스와 양념을 넣어 간을 맞춘 후, 전분을 풀고 참기름을 약간 넣어 소스를 만든다.
3. 청경채 위로 소스를 부어준다.

 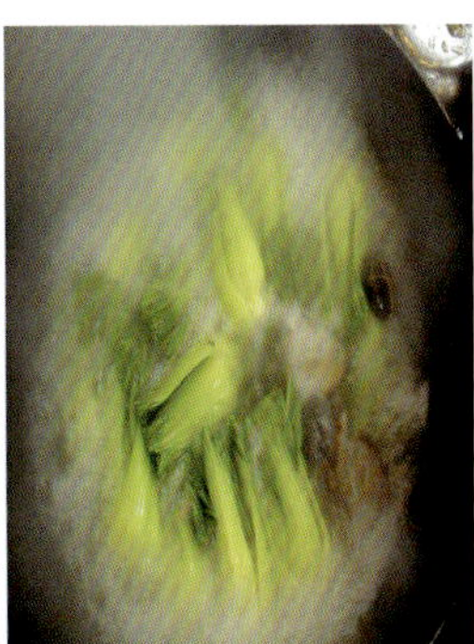 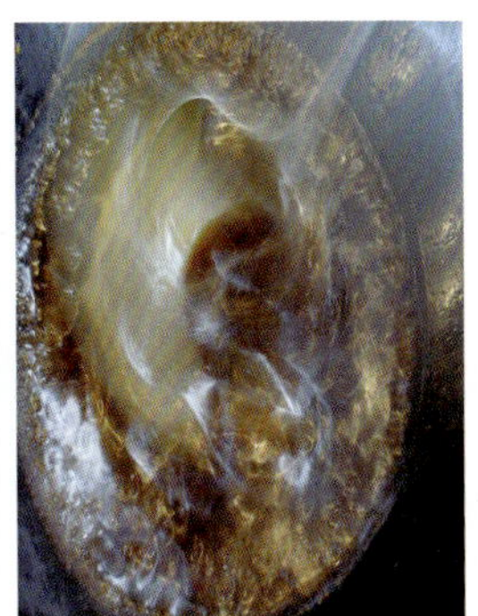 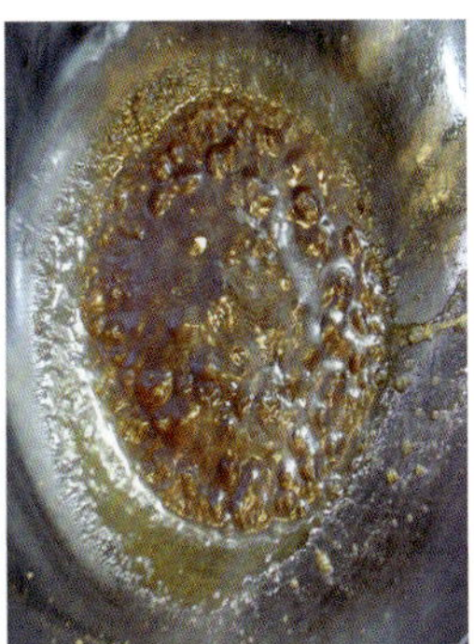

시금치계란볶음 鷄蛋炒波菜

계란 2개 / 시금치 50g / 식용유 20㎖
〈양념류〉소금, 후추 약간

Recipe

1. 시금치를 데친다.
2. 달구어진 팬에 기름을 두르고 계란을 볶는다.
3. 볶은 계란에 간을 하고, 시금치를 넣어 다시 볶는다. 이 때 순간적으로 볶아서 시금치와 계란이 덩어리지지 않도록 해야 한다.
4. 접시에 담는다.

＊ 소금간이 약하면 맛이 없으므로 간을 약간 세게 해준다.

죽생아스파라거스 竹笙蘆筍

2인분 기준

생아스파라거스 40g / 죽생 20g / 식용유 20㎖ / 전분 15g
〈양념류〉 정종 5㎖ / 굴소스 10㎖ / 노두유 5㎖ / 참기름 2㎖ / 후추 약간

Recipe

1. 아스파라거스는 껍질을 벗겨서 데치고, 죽생은 물에 불린 뒤에 끓는 물로 데친다.
2. 정종, 굴소스, 노두유, 참기름, 후추 등 양념을 넣고 전분을 풀어 소스를 만들어 둔다.
3. 데친 아스파라거스와 죽생을 접시에 담고 그 위에 소스를 끼얹는다.

＊ 아스파라거스는 야채지만 가격이 비싸기 때문에 세심하게 관리해야 한다. 서양 사람들은 고급 야채로 간주한다.

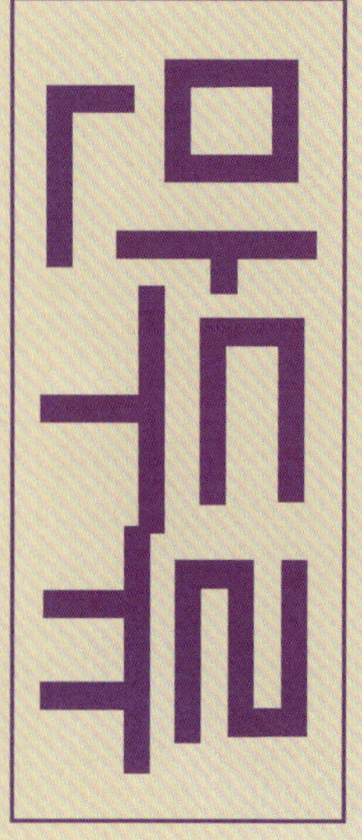

중국요리에 있어서 우리가 흔히 혼란을 느끼게 되는 것 중의 하나가 바로 만두이다.

우리가 알고 있는 만두와 정통중국만두는 차이가 많다. 중국에서 만두라고 하면 속에 아무 것도 들어있지 않은 찐빵을 가리키며, 우리가 '만두'라고 알고 있는 것은 '교자' 또는 '포자'라고 한다.

만두의 유래는 다음과 같다. 전한시대에 뛰어난 지략으로 이름을 떨친 제갈공명은 남만의 추장 맹획과의 전투에서 불을 이용하여 적을 섬멸하였다. 그러나 남만의 병사들이 처참하게 죽은 광경을 보고 가슴 아프게 생각했다.

그가 돌아오는 길에 노수에 이르렀을 때 솟구치는 격랑이 불에 타죽은 군사들의 원한 때문이라는 의견을 받아들여, 밀가루로 사람의 머리 모양을 빚고 소와 양고기로 속을 채운 만두를 만들어 제물로 썼다고 한다. 그러나 오늘날 중국에서는 속이 없는 찐빵을 '만두'라고 부르고 있다.

교자饺子 지아오쯔나 포자包子 빠오쯔도 모두 만두의 일종인데, 외관상으로 구분이 어렵다. 즉 이름 뒤에 교사가 붙은 것은 밀가루나 찹쌀가루를 반죽하여 얇게 밀어 저민 고기나 야채를 넣고 만든 것이고, 포자는 외관이 만두와 같으나 속에 팥으로 만든 소가 들어 있는 것이 다르기 때문에 일반인들이 정확하게 구분하기는 쉽지 않다.

그 밖에 우리에게 익숙지 않지만 유명한 것으로는 샤오마이소매가 있다. 이 또한 교자의 일종인데, 속의 내용물이 보인다는 것이 특징이다.

만두피에 돼지고기, 야채, 새우 따위를 넣고 말아서 튀겨낸 춘권은 우리나라에 있는 중국음식점에서도 맛볼 수 있을 정도로 대중적인 음식이 되어 있다. 식어도 먹을 수 있기 때문에 스낵과 간편식으로 많은 사랑을 받는다. 유조얇게 만든 튀김 빵는 중국, 특히 북경을 중심으로 두유와 함께 아침에 많이 먹는 음식이다.

일반적인 만두피 반죽으로는 밀가루 1kg, 찬물 500cc, 소금 20g에 약간의 덧가루가 필요하다. 만두는 속과 모양을 다양하게 이용 가능한 음식이다. 그 때문에 만두를 만드는 대표적인 반죽방법, 모양, 조리방법으로 구분하여 사진을 수록하였다. 또한 중국식 이름과 혼선을 피하기 위해 우리나라에서 불리는 만두로 명명하였다.

만두의 가장 기본적인 구성 요소는 만두피와 만두속이며, 대표적인 조리방법으로는 찜이 가장 많이 이용된다. 그 밖에도 튀김만두나 군만두 등, 실로 천의 얼굴을 지닌 음식이라 하겠다.

야채 쇠고기 만두 牛肉燒賣

20인분 기준

갈은 쇠고기 3.6kg / 소금 70g / 전분 240g / 물밤 20g
돼지기름 400g / 대파 50g / 식용유 30㎖ / 고수 30g
〈양념류〉 물소다(냉) 10g / 설탕 100g / 후추 30g

Recipe

1. 만두피를 아주 얇게 만든다.
2. 모든 재료를 믹서기로 갈아서 소를 만든다.
3. 여러 가지 모양으로 응용해서 모양을 만들고, 더욱 멋을 내려면 장식을 한다.

시금치 만두 波菜餃

15인분 기준

시금치 2.4kg / 설탕 80g / 표고버섯 300g / 마늘기름 60g
〈양념류〉 후추 30g / 소금 25g / 식용유 10㎖ / 참기름 50㎖

Recipe

1. 만두피를 아주 얇게 만든다.
2. 시금치는 데쳐서 다지고, 표고는 다져서 양념하여 소를 만든다.
3. 만두피에 소를 넣고 예쁘게 만두를 빚는다.

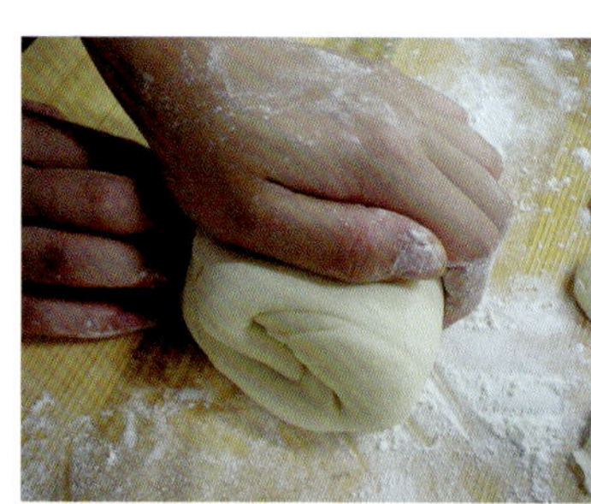

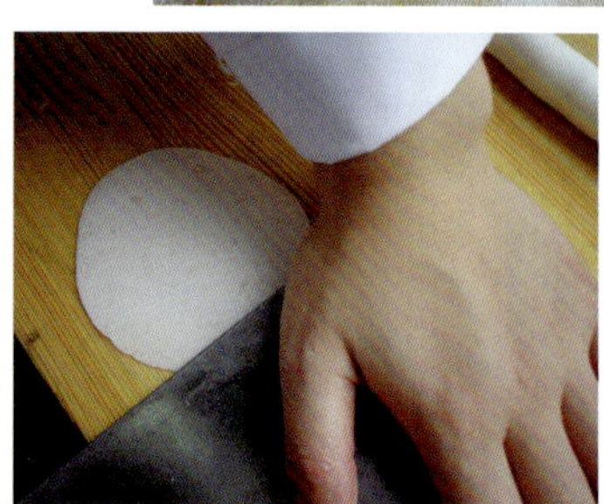
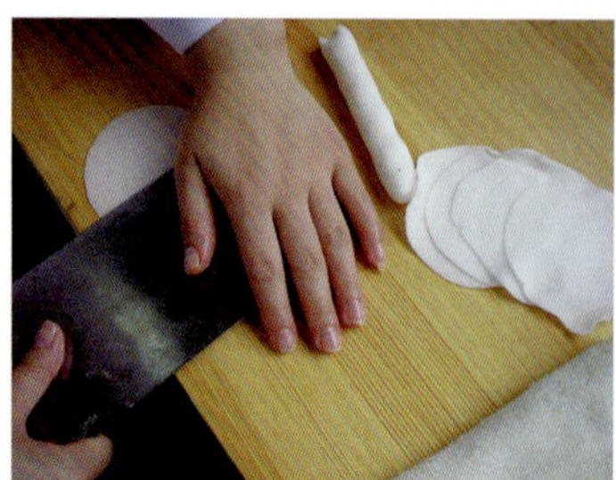

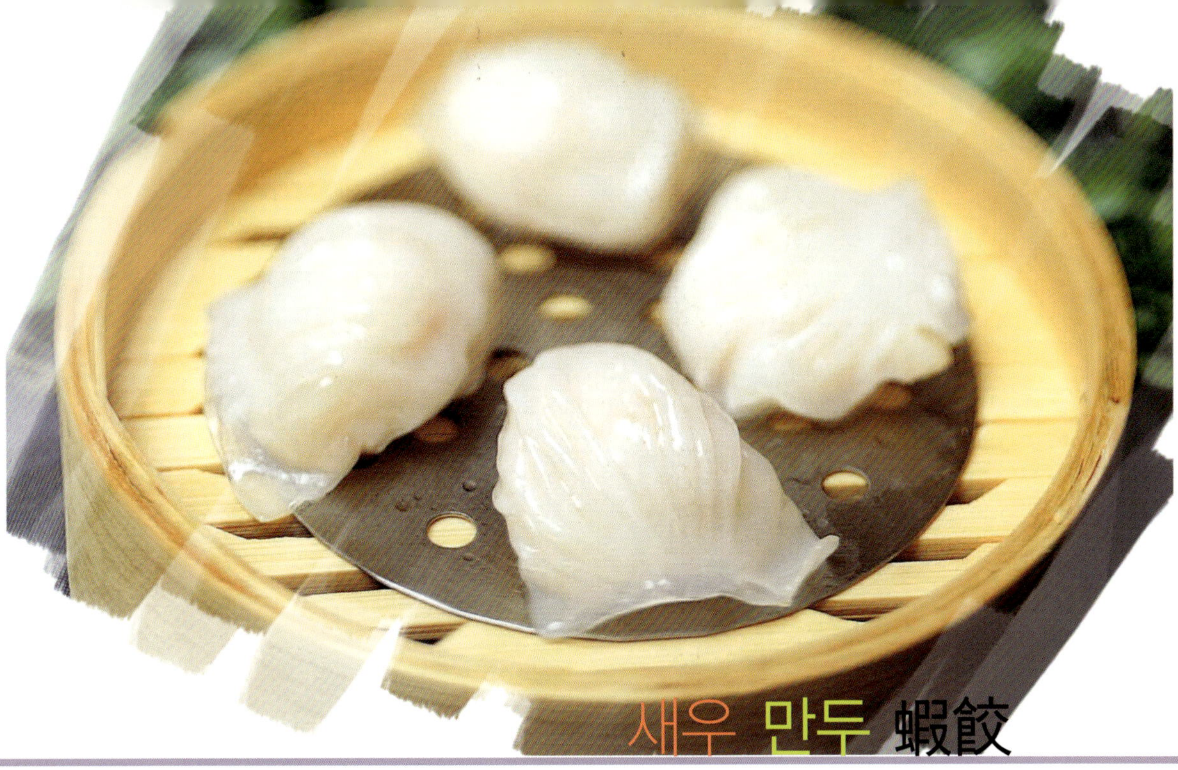

새우 만두 蝦餃

22인분 기준

새우(중하) 3kg / 설탕 100g / 전분 100g / 식용유 50㎖ / 죽순 600g / 돼지기름 800g
〈양념류〉 흰후추 30g / 소금, 후추 약간

Recipe

1. 새우와 죽순에 돼지기름을 넣고 다져서 양념하여 소를 만든다.
2. 다양한 모양으로 만두를 빚는다.

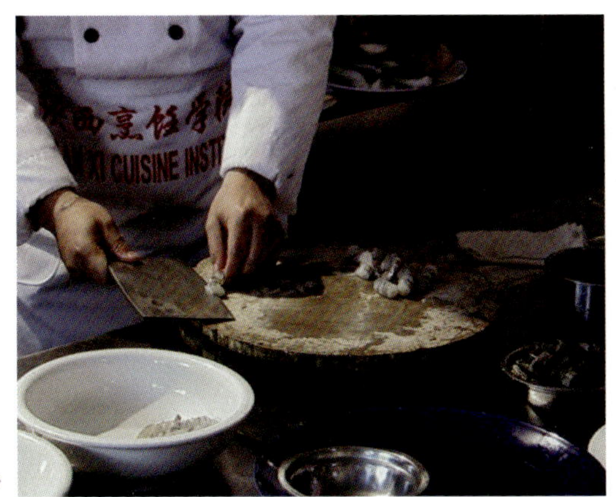

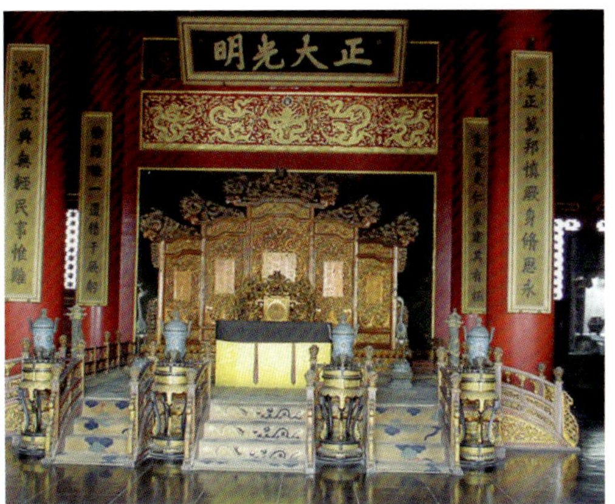

북경 자금성 황제의 옥좌

상어지느러미 만두 魚翅餃

22인분 기준

돼지방심 3kg / 설탕 60g / 죽순 600g / 참기름 20㎖ / 샥스핀 600g / 식용유 100㎖
〈양념류〉 감자전분 200g / 소금, 후추, 육수 약간

Recipe

1. 만두피를 아주 얇게 만든다.
2. 모든 재료를 잘게 다져서 양념하여 소를 만든다.
3. 만두를 상어지느러미 모양으로 빚는다.
4. 그릇에 담고 육수를 조금 부어서 찜으로 찐다.

＊ 만두가 터지지 않도록 주의한다.

사색 부추 만두 四色韭菜餃

부추 2kg / 설탕 80g / 해삼 300g / 전분 30g / 중하(또는 쇠고기) 1kg
〈양념류〉 소금, 후추 약간

Recipe

1. 모든 재료를 칼로 다져서 소를 만든다.
2. 새우 대신 쇠고기를 조금 넣어도 되며, 여러 가지 모양으로 만두를 빚는다.
＊ 색깔은 피망, 옥수수, 버섯 등의 야채로 맞추어 준다.

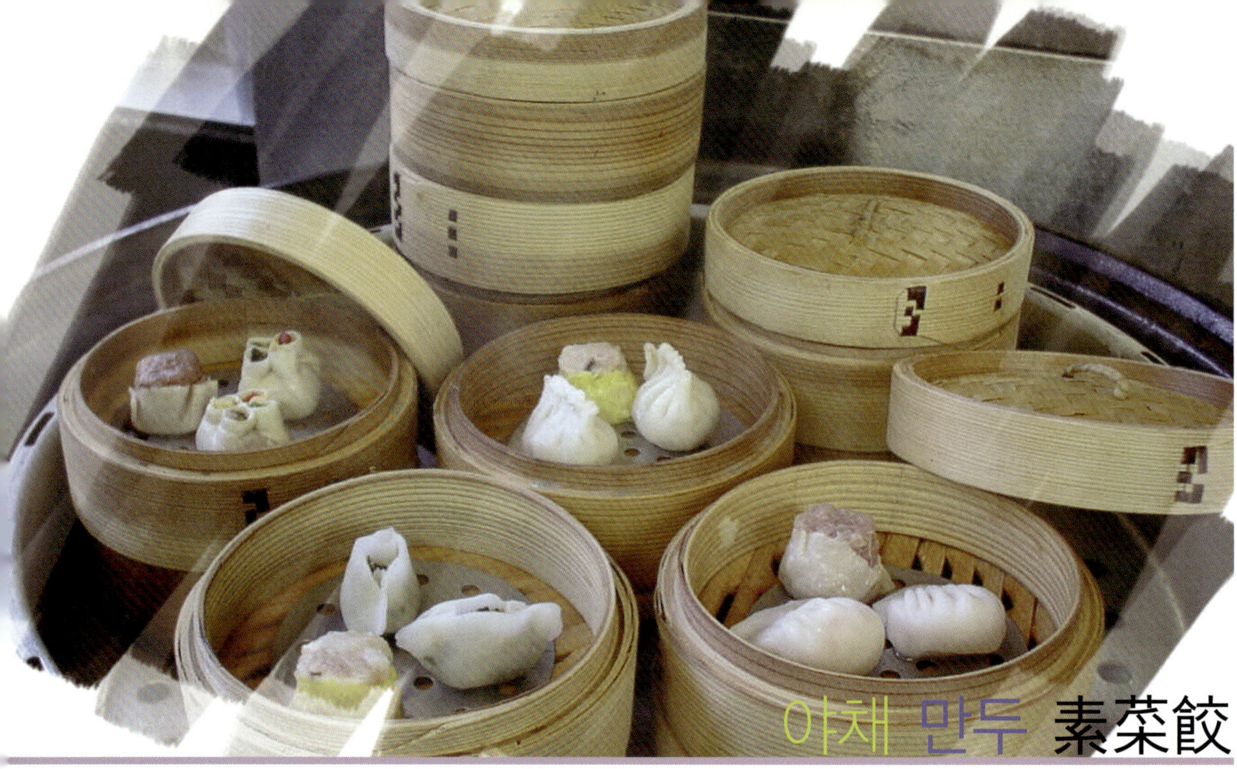

야채 만두 素菜餃

5인분 기준

생표고 500g / 설탕 10g / 당근 100g / 진분 30g
쌀당면 500g / 식용유 40㎖ / 오향분 2g
〈양념류〉 소금, 후추 약간

Recipe

1. 만두피를 아주 얇게 만든다.
2. 표고버섯과 당근을 칼로 다져서 소를 만든다.
3. 당면은 삶은 후 다져서 소에 넣는다.

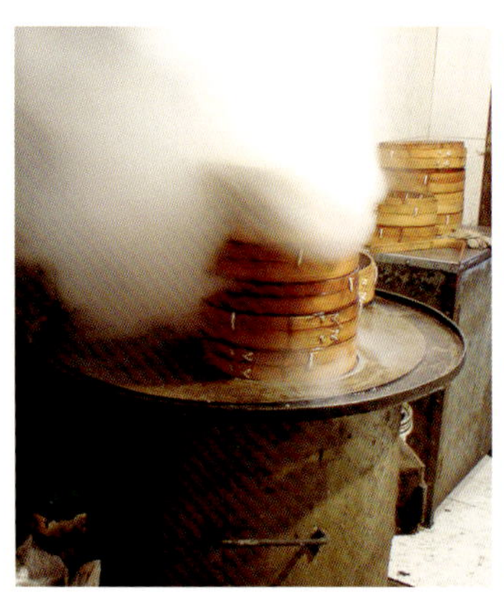

사천식 만두찌기

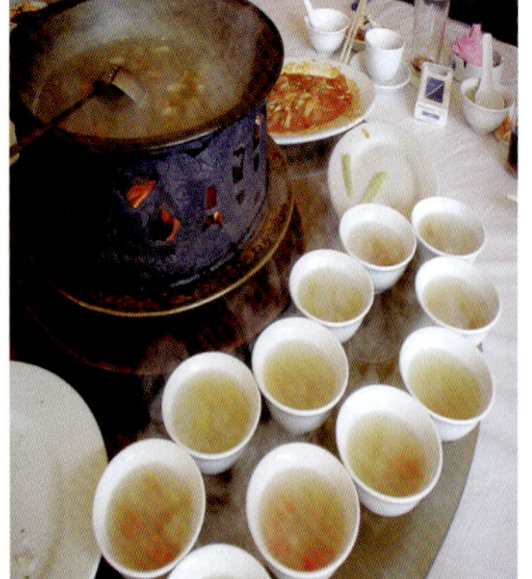

사천식 만두전골

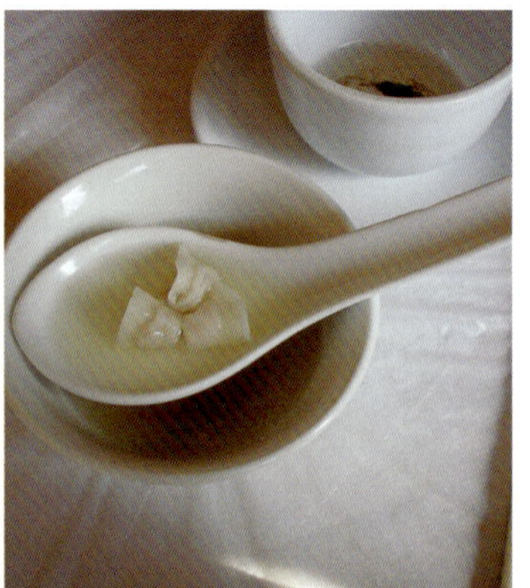

사천식 꼬마만두

돼지고기 만두 猪肉餃子

6인분 기준

돼지방심 500g / 설탕 10g / 전분 25g / 돼지기름 150g
새우(중하) 500g / 생표고 200g / 식용유 30㎖
〈양념류〉 소금, 후추 약간

Recipe

1. 돼지방심, 새우, 생표고에 돼지기름을 넣고 믹서기로 갈아서 소를 만든다.
2. 만두피를 얇게 밀어서 예쁘게 만두를 빚는다.

＊ 고명을 다양하게 바꿔줄 수 있다.

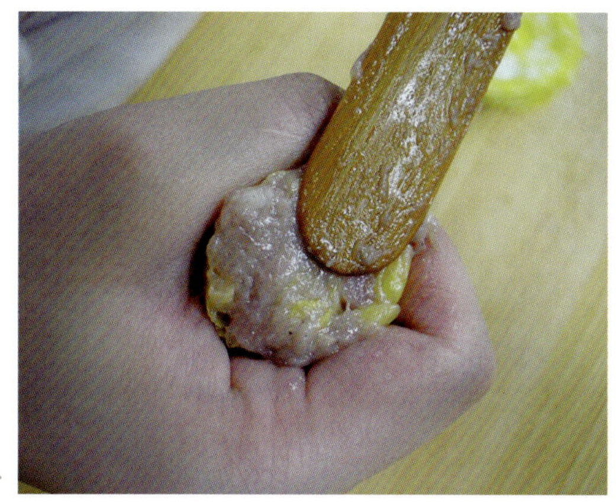

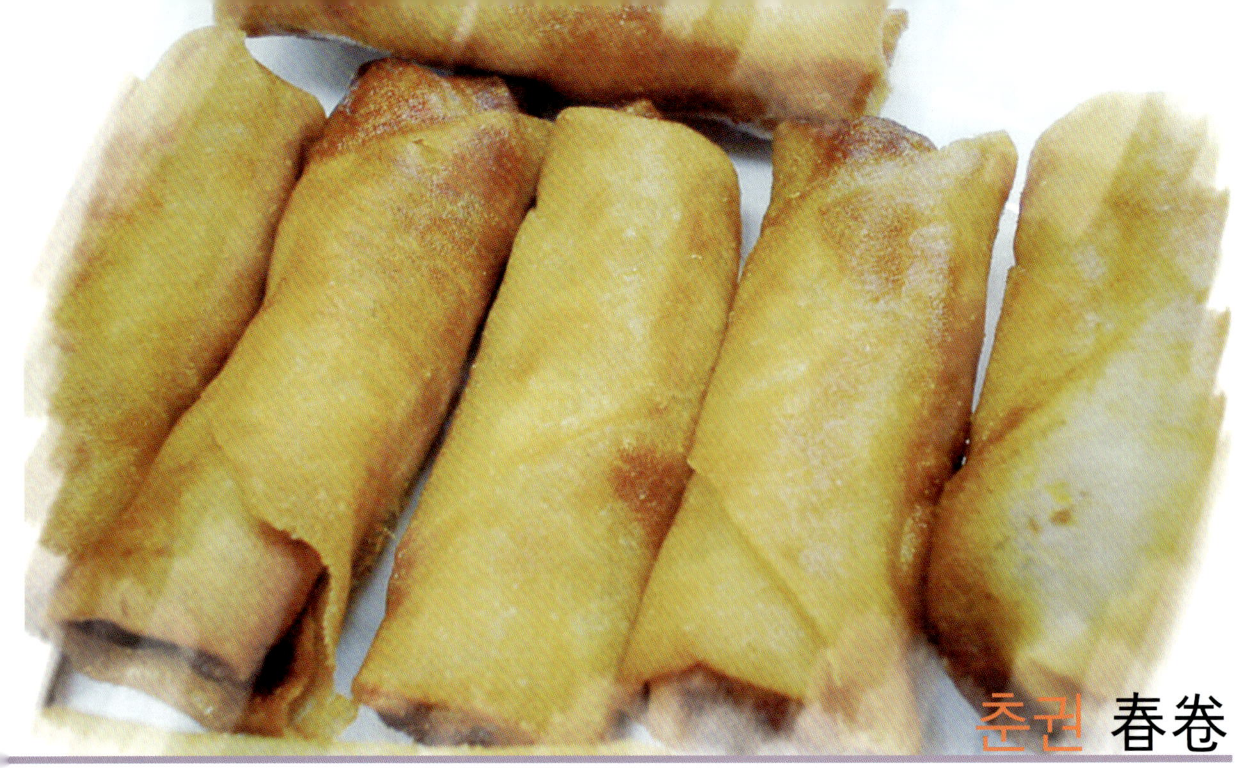

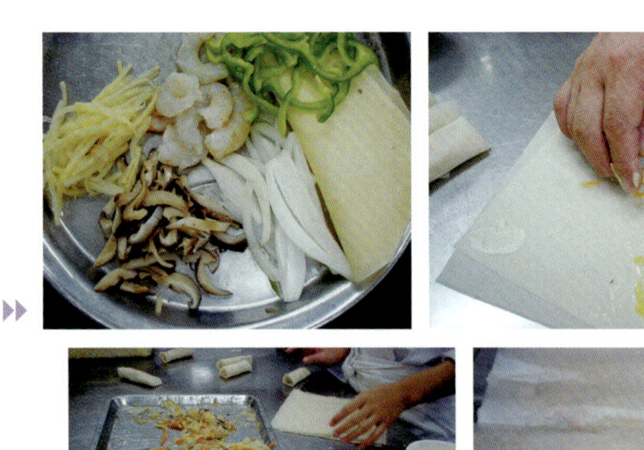

춘권 春卷

4인분 기준

춘권피 / 표고, 물밤, 양파, 피망, 새우, 대파 총 400g

Recipe

1. 표고, 물밤, 양파, 피망, 새우, 대파 등을 얇게 채 쳐서 볶은 다음에 식힌다.
2. 춘권피에 춘권소를 싸고, 밀가루 풀로 접착시킨다.
3. 만들어진 춘권을 용기에 담는다. 이때 사이사이에 비닐이나 기름종이를 깔아서 물기가 생겨도 달라붙지 않도록 한다.
4. 필요할 때마다 꺼내서 튀겨 낸다. 너무 오래 보관하면 냉장에서는 상하기 쉬우므로 주의를 요한다.

＊ 냉동된 춘권피를 구입하여 사용할 수도 있다.

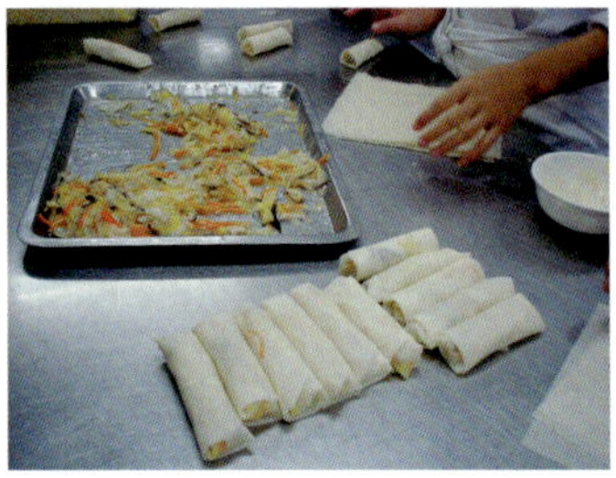

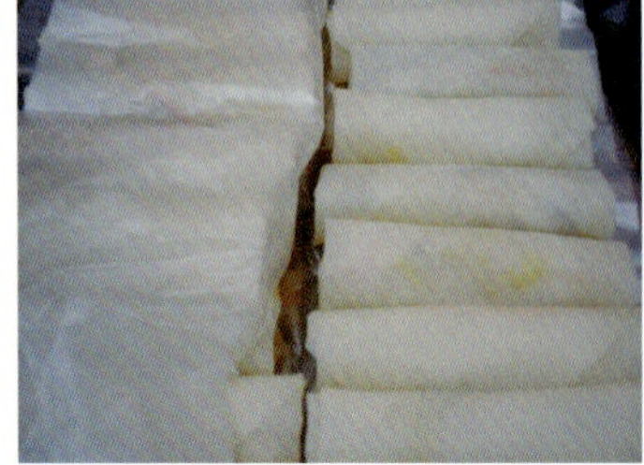

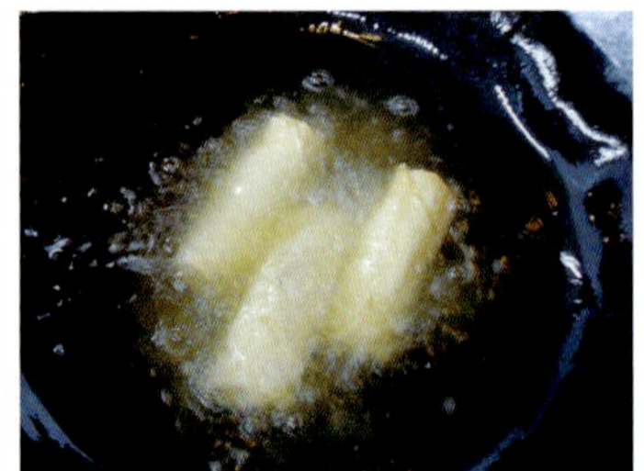

완당튀김 炸餛飩

돼지고기 볼기살 2kg / 감자전분 30g / 참새우 2kg / 소금 60g / 설탕 80g
돼지기름 1kg / 건표고 800g / 부추 800g / 당근 300g
〈양념류〉 참기름 50㎖ / 흰후추 30g

Recipe

1. 재료들을 칼로 적당하게 썰어서 믹서기에 넣고 양념과 치댄다.
2. 만두피를 얇게 밀어서 주머니를 만들듯이 완당을 만든다.
3. 필요할 때마다 미리 만들어 둔 완당을 튀겨 낸다. 이때 완당이 타지 않도록 주의한다.

꽃빵 花卷

4인분 기준

밀가루 500g / 이스트 15g / 설탕 60g / 휘핑크림 또는 생그림 10g
우유 30㎖ / 식용유 10㎖ / 베이킹파우더 15g / 물 220㎖

Recipe

1. 밀가루에 원수를 부어 이스트와 설탕, 휘핑크림, 우유를 넣고 연하게 반죽한다.
2. 2시간 정도 상온에서 발효시킨다.
3. 밀가루를 묻히고 베이킹파우더를 조금 넣어 치댄다.
4. 반죽을 얇게 밀어서 식용유를 바른 후, 양쪽으로 말아 3cm 정도로 자른다. 이때 모양은 자유롭게 한다.
5. 20~30분 정도 숙성시킨다.
6. 스팀기에 7분 정도 찐다.

중국 재래시장의 꽃빵

쇠고기송이덮밥 松茸牛肉片燴飯

1인분 기준

밥 200g / 송이편 30g / 쇠고기 30g / 청경채 20g / 당근 10g / 육수 20㎖
파기름 5㎖ / 대파 10g / 마늘 5g / 생강 3g / 전분 10g
〈양념류〉 참기름, 굴소스, 술, 후추, 간장, 식용유 약간

Recipe

1. 쇠고기는 기름에 데치고, 송이, 당근, 청경채는 끓는 물에 데친다.
2. 팬에 기름을 두르고 파, 마늘, 생강, 술 및 1.의 재료를 넣은 다음, 양념과 육수를 넣어 끓이다가 전분으로 농도
   를 맞춘다.
3. 파기름과 참기름을 두르고 밥에 덮어 낸다.

야채덮밥 蔬菜燴飯

1인분 기준

밥 200g / 표고버섯 10g / 죽순 10g / 물밤 10g / 초고버섯 10g / 베이비콘 10g / 목이버섯 5g
청경채 5g / 은이버섯 5g / 브로콜리 10g / 당근 5g / 대파 10g / 마늘 5g / 생강 3g
굴소스 3㎖ / 간장 5㎖ / 전분 15g / 육수 100㎖
〈양념류〉 후추, 술, 참기름, 파기름, 식용유 약간

Recipe

1. 각종 재료를 끓는 물에 데친다.
2. 팬에 기름을 두르고 파, 마늘, 생강, 술을 넣은 다음, 데친 재료를 넣어 볶는다.
3. 양념과 육수를 넣고 끓이다가 전분으로 농도를 맞춘다.
4. 파기름, 참기름을 넣어 밥에 덮어 낸다.

조리비화 야채요리

소채(素菜)라고 하면 중국요리에서 야채요리를 말하는데, 중국요리 하면 느끼한 고기요리만 생각하기 쉽지만 꼭 그런 것만은 아니다. 야채요리라 하여도 날것으로 먹는 것보다 익혀서 먹는 것이 많다는 점이 우리나라와 다르다. 그것도 우리는 야채를 삶거나 데쳐서 무쳐먹는 것이 많지만 중국요리는 볶아서 먹는 것이 많다는 차이뿐, 야채요리의 다양성을 보면 중국요리의 가짓수만큼이나 다양한 종류를 가지고 있다. 대표적인 야채요리가 채심볶음(淸炒菜心, 칭초아오차이신)인데, 광동사람들이 끼니마다 빼놓지 않고 기본적으로 먹는 야채요리이다. 공심채는 채소의 줄기 속이 비어 있어서 붙여진 이름이다.

베이컨새우볶음밥 煙肉蝦炒飯

밥 200g / 베이컨 30g / 새우 30g / 파 10g / 당근 10g
완두콩 10g / 식용유 20㎖ / 계란 30g
〈양념류〉 소금, 후추 약간

Recipe

1. 팬에 기름을 두르고 계란을 살짝 볶아서 적당한 크기가 되도록 한다.
2. 파, 당근, 완두콩, 새우, 베이컨을 넣고 다시 볶는다.
3. 밥을 넣고 다시 볶다가 소금과 후추로 간을 하여 마무리한다. 이때 식용유의 양을 알맞게 넣고, 불을 약간 줄인 다음 볶아야 맛있는 볶음밥이 된다.

조리비화 검게 변색된 은수저

은수저는 공기 중의 아황산가스나 황화수소를 만나면 검게 변색된다. 따라서, 이 성분이 들어 있는 달걀이나 양파 요리를 할 때는 은수저나 은 기물의 사용을 피해야 하며, 검게 변색되었을 때는 탄산수소나트륨 또는 소금으로 닦거나 소금물에 은수저를 넣고 삶으면 깨끗해진다.

야채볶음밥 素菜炒飯

1인분 기준

밥 200g / 당근 10g / 파 10g / 완두콩 20g / 양상추 10g
〈양념류〉 식용유, 소금, 후추 약간

Recipe

1. 당근과 파 등을 잘게 썬다.
2. 팬에 기름을 두르고 야채를 볶는다.
3. 밥을 넣고 소금 간을 하여 볶는다.
4. 양상추를 넣고 소금, 후추로 간을 맞춘 다음, 따뜻한 접시에 담아 낸다.

조리비화 가지

가지에는 칼슘과 철을 비롯하여 비타민 A, 비타민 B_1, 비타민 B_2, 비타민 C 등 많은 종류의 비타민이 들어 있기는 하지만 그 함량이 소량이어서 영양학적으로 보면 큰 의미가 있는 식재료는 아닌 듯하다. 하지만 가지는 기름을 잘 흡수하는 성질을 가지고 있어 튀김과 볶음에 이용할 경우 식물성 기름의 불포화지방산과 비타민 E의 흡수율을 증가시키므로 콜레스테롤 섭취를 걱정하는 사람들이 이용하면 좋다. 가지 자체는 찬 성질을 가지고 있기 때문에 몸에 열이 많은 사람들에게 좋고, 자칫 입맛을 잃기 쉬운 여름철에 시원한 가지를 이용한 요리를 차릴 경우 보라색의 아름다움과 향긋한 색으로 식욕을 돋우기에 안성맞춤이다.

파인애플볶음밥 波蘿炒飯(菠欏炒飯)

1인분 기준

밥 200g / 파인애플 40g / 당근 10g / 파 10g / 완두콩 10g
〈양념류〉 식용유, 소금, 계란 약간

Recipe

1. 팬에 기름을 두르고 계란을 볶은 후, 야채와 파인애플을 넣고 볶는다.
2. 밥을 넣고 양념을 한다.

＊ 연잎이나 댓잎에 싼 밥을 만들기도 한다.

연

연잎에 싼 밥

파인애플 찜밥

삼선짜장면 三鮮炸醬麵

1인분 기준

쇠고기 50g / 해삼 20g / 오징어살 10g / 알새우 20g / 양파 80g / 생강 5g / 식용유 30㎖
육수나 물 100㎖ / 전분 15g / 볶은 춘장 20g / 삶은 국수 150g / 고명용 오이채 약간
〈양념류〉 간장

Recipe

1. 식용유를 두르고 쇠고기와 해물을 볶는다.
2. 간장과 생강을 넣고 볶다가 양파를 넣고 다시 볶는다.
3. 어느 정도 볶아지면 춘장을 넣고 볶는다.
4. 육수나 물을 조금 부은 후 간을 맞추고, 전분을 풀어 농도를 맞춘다.
5. 국수 위에 소스와 고명 오이를 얹어 낸다.

조리비화 **수타면 만들기**

밀가루, 찬물, 냉소다로 만들어지는 수타면은 더운 여름이면 습도와 온도가 높으므로 약간 되게 하는 것이 좋고, 습도와 온도가 낮은 겨울에는 약간 질게 해야 잘 만들어진다.
특히 여름철에는 약간의 소금을 첨가하면 글루텐에 힘이 생기므로 밀가루가 힘없이 늘어지는 것을 방지할 수 있다.

사천짜장면 四川炸醬麵

알새우 20g / 해삼 10g / 오징어 10g / 양파 50g / 생강 5g / 식용유 30㎖ / 간장 50㎖
감자전분 15g / 고추기름 20㎖ / 삶은 국수 150g / 물이나 육수 100㎖
〈양념류〉 소금, 간장, 후추, 고춧가루 약간

Recipe

1. 팬에 식용유를 두르고 간장과 양파, 생강, 해물을 볶는다.
2. 고춧가루를 넣고 볶다가 물이나 육수를 조금 붓는다.
3. 소금과 후추로 간을 한다.
4. 전분을 풀어 농도를 맞춘 후, 마지막으로 고추기름을 넣는다.
5. 면을 삶아 그릇에 담고 빨간색의 소스를 올린다. 이때 소스를 따로 곁들여 내도 좋다.

삼선짬뽕 三仙炒嗎麵

1인분 기준

해삼 5g / 알새우 10g / 오징어살 5g / 피조개 5g / 새조개 5g / 소라 5g / 죽순 5g
표고버섯 10g / 초고버섯 10g / 홍고추 5g / 청피망 10g / 파 10g / 마늘 5g / 생강 3g
정종 3㎖ / 삶은 국수 150g / 육수 200㎖
〈양념류〉 식용유 20㎖ / 참기름, 소금, 설탕 약간

Recipe

1. 팬에 기름을 두르고 파, 마늘, 생강을 넣어 볶다가 해물과 버섯, 야채를 넣어서 다시 볶는다.
2. 소금을 넣은 뒤 정종, 설탕을 약간 넣는다.
3. 볶으면서 육수를 조금씩 붓고, 참기름으로 마무리한다.
4. 삶은 국수에 짬뽕을 올려 낸다.

팔진탕면 八珍湯麵

1인분 기준

삶은 국수 150g / 양송이 10g / 표고버섯 10g / 죽순 10g / 브로콜리 10g / 당근 5g
목이버섯 5g / 오징어 10g / 소라 5g / 피조개 5g / 새우 10g / 해삼 20g / 식용유 20㎖
마늘 5g / 대파 10g / 생강 3g / 쇠고기 20g / 감자전분 6g / 굴소스 10㎖
노두유 3㎖ / 간장 10㎖ / 육수 80㎖
〈양념류〉 술, 파기름, 참기름, 소금, 후추 약간

Recipe

1. 밑간 한 쇠고기를 기름에 데친다.
2. 팬에 기름을 두르고 파, 마늘, 생강, 술을 넣어 볶다가 각 재료를 볶는다.
3. 각종 양념을 넣고 잠깐 볶다가 육수를 조금 넣고, 전분을 풀어서 면 위에 얹는다.
4. 팬에 육수를 넣고, 굴소스, 간장, 노두유, 후추, 소금, 참기름, 파기름으로 국물을 만들어 부어 준다.

야채탕면 蔬菜湯麵

1인분 기준

삶은 국수 150g / 양송이 10g / 표고버섯 10g / 죽순편 10g / 목이버섯 5g
당근 10g / 대파 10g / 마늘 5g / 생강 3g / 브로콜리 10g / 베이비콘 10g
〈양념류〉 굴소스 10㎖ / 간장 10㎖ / 노두유 3㎖ / 파기름 5㎖
식용유 20㎖ / 육수나 물 100㎖ / 전분, 참기름, 소금 약간

Recipe

1. 각종 재료를 끓는 물에 데친다.
2. 팬에 식용유를 두르고 파, 마늘, 생강을 넣어 볶다가 데친 재료를 넣고 볶는다.
3. 볶은 재료에 육수를 조금 넣은 후, 양념으로 간을 하고 전분을 조금 푼다.
4. 육수를 섞어서 국물을 만들어 면 위에 부어준다.

해물수초면 海鮮水炒麵

1인분 기준

삶은 국수 100g / 표고버섯 10g / 죽순 10g / 해삼 10g / 새우 10g / 청피망 10g / 양파 10g
홍고추 5g / 대파 10g / 마늘 5g / 생강 3g / 식용유 30㎖
〈양념류〉 간장 10㎖ / 굴소스 3㎖ / 소금, 후추, 참기름, 육수 약간

Recipe

1. 팬에 기름을 두르고 파, 마늘, 생강을 넣어 볶다가, 각종 재료를 넣고 볶는다.
2. 굴소스, 간장, 소금, 후추를 넣은 뒤에 육수를 붓고, 삶은 국수를 넣는다.
3. 참기름으로 마무리한다.
* 해물초면과 다른 점은 튀긴 국수를 깔아주지 않는다는 점이다.

해물초면 海鮮炒麵

국수 100g / 표고버섯 10g / 죽순 10g / 해삼 10g / 새우 10g / 청피망 10g / 양파 10g
홍고추 5g / 대파 10g / 마늘 5g / 생강 3g / 물이나 육수 100㎖ / 식용유 30㎖ / 전분 약간
〈양념류〉 굴소스 3㎖ / 간장 10㎖ / 참기름, 후추 약간

Recipe

1. 팬에 기름을 두르고 파, 마늘, 생강, 술을 넣어 볶다가 해물과 표고버섯, 야채를 볶는다.
2. 굴소스, 간장, 후추를 넣고 육수를 넣는다.
3. 참기름과 전분을 넣어 농도를 마무리한다.
4. 국수를 삶아 기름에 튀기고 접시에 올린다.
5. 튀긴 국수 위에 볶은 야채를 얹어 낸다.

홍콩면 鼓椒鷄肉麵

삶은 국수 150g / 표고버섯 10g / 죽순 10g / 닭가슴살 20g / 홍고추 5g / 양파 10g
검은콩 소스 5g / 식용유 5㎖ / 대파 10g / 정종 약간
〈양념류〉 마늘 5g / 생강 3g / 육수 100㎖ / 전분 10g / 참기름 약간

Recipe

1. 닭가슴살을 채썰고 밑간을 하여 기름에 데친다.
2. 팬에 기름을 두르고 파, 마늘, 생강, 정종을 넣어 닭가슴살을 볶다가 표고버섯, 죽순, 홍고추, 양파를 넣어 다시 볶는다.
3. 검은콩 소스와 더불어 양념을 하고 전분을 푼 뒤, 참기름으로 마무리한다.
4. 면 위에 수북하게 담아 낸다.

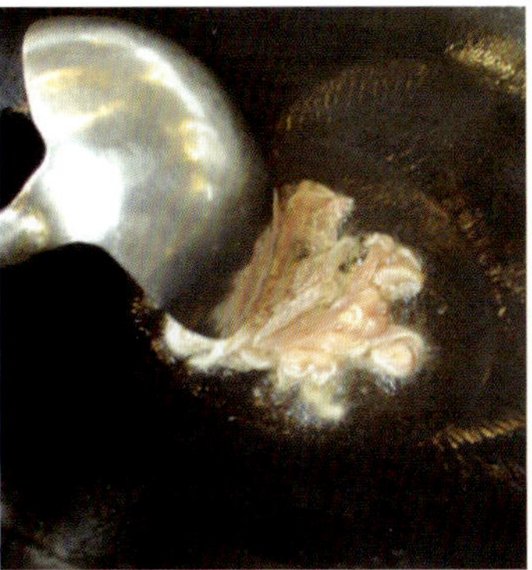

찹쌀떡 拔絲元宵

1접시

찹쌀가루 300g / 팥 200g / 식용유 50㎖ / 설탕 100g / 뜨거운 물 150㎖ / 참깨 약간

Recipe

1. 찹쌀가루를 익반죽하여 팥 앙금을 넣고 동그랗게 만든다.
2. 참깨에 살짝 굴린 후, 뜰채에 넣어 기름에 튀긴다.
3. 팬에 식용유를 두르고 설탕을 넣어 시럽을 만들어서 옷을 입힌다.
4. 식기 전에 참깨옷을 입힌 다음 은박지에 싸서 낸다.

조리비화 대추와 약식

약식은 '약이 되는 밥'이란 뜻으로 찹쌀과 대추, 잣, 계피, 곶감 등을 넣어 만든, 영양의 균형을 이룬 뛰어난 식품이다. 찹쌀은 칼로리가 높고 소화가 잘 된다. 또한 비타민 B_1, B_2가 많으며 지방 함량이 적고 칼슘과 철분 함량이 낮다. 이 결점을 보완해 주는 것이 바로 대추로, 마른 대추 100g에는 칼슘 51mg, 철분 3.3mg이나 들어 있고 지방도 풍부하다. 대추를 달여 마시면 열을 내리게 하고 변비를 없애며 기침도 멎게 할 뿐 아니라, 쇠약한 내장을 회복시키고 이뇨작용에 효과가 있다.

사과탕 拔絲蘋果

1접시

사과 1개 / 밀가루 1C / 전분 20g / 설탕 60g / 식용유 약간

Recipe

1. 사과는 깨끗이 씻어서 8등분하고, 씨를 제거한다.
2. 밀가루옷을 서너 번 입혀서 준비한다.
3. 전분을 뿌린 후 기름의 온도는 170~180℃ 정도로 맞추어서 바삭하게 튀긴다.
4. 팬에 기름을 두르고 설탕을 녹여 연한 갈색 시럽이 되게 만든다.
5. 시럽에 튀긴 사과를 넣어 재빨리 버무린 후 찬물을 약간 끼얹는다.
6. 하나씩 분리시켜 식힌 후 담아 낸다.

바나나 레몬소스 香蕉檸檬汁

1접시

바나나 2개 / 레몬 1/2개 / 오렌지 주스 200㎖ / 설탕 60g
밀가루 25g / 전분 10g / 베이킹파우더 5g / 물, 식용유 약간

Recipe

1. 바나나는 껍질을 벗기고 4등분한다.
2. 밀가루, 전분, 베이킹파우더, 물, 식용유로 옷을 만들어 입힌다.
3. 식용유에 바나나를 노랗게 튀겨낸다.
4. 오렌지 주스, 레몬, 설탕, 전분을 넣어서 약간 걸쭉하게 소스를 만든다.
5. 튀긴 바나나 위에 소스를 얹는다.

＊ 시간이 되는대로 과일이나 야채 조각하는 방법을 익혀두면, 필요할 때 실력을 요긴하게 발휘할 수 있다.

당근조각

수박조각

멜론사고크림 蜜瓜西米露

1컵

사고 10g / 멜론 1/4개 / 설탕시럽 20g / 민트, 딸기 등 장식용 과일

Recipe

1. 끓인 물에 사고를 넣어 익힌다.
2. 사고를 찬물에 식힌다.
3. 믹서기에 멜론, 설탕 시럽을 넣고 간다.
4. 유리잔에 **2.**와 **3.**을 넣는다.
5. 멜론이나 민트 잎으로 장식한다.

마지팬 공예

모듬 냉채

누에전경 蠶景

땅콩 10g / 요가 10g / 잣 10g / 호두 10g / 아몬드 10g / 찹쌀가루 200g / 코코넛가루 100g
설탕시럽 50g / 전분 100g / 설탕 200g

✳ 장식용으로 막대과자와 상추 · 경엽채를 사용할 수 있다.

Recipe

1. 땅콩, 요가, 잣, 아몬드, 호두는 한 번 튀겨서 잣보다 약간 작게 부순다.
2. 설탕시럽을 만들어 식힌다.
3. 시럽이 되직하게 식으면 1.을 넣고 섞는다.
4. 전분에 뜨거운 물을 넣고 익힌 다음, 찹쌀가루와 섞어서 반죽하여 3.을 속으로 넣어 작은 공 모양으로 만든다.
5. 끓는 물에 익힌 뒤, 코코넛가루에 굴린다.
6. 긴 막대형의 과자로 뽕나무를 만들고, 상추나 경엽채로 뽕잎 장식을 한다.
7. 설탕시럽을 거품기에 묻혀 흔들면서 실을 뽑아서 발사를 만들어 올린다.

은행탕 拔絲百果

은행 200g / 설탕 80g / 밀가루 200g / 전분 20g / 식용유 50㎖ / 물 약간

Recipe

1. 은행을 뜨거운 물로 살짝 데쳐 물전분을 묻히고 밀가루에 굴린다.
2. 끓는 물에 살짝 데쳐 밀가루를 또 묻히기를 서너 번 정도 반복한다.
3. 170~180℃ 정도의 기름에서 바삭하게 튀긴다.
4. 팬에 기름을 두르고, 설탕을 녹여서 연한 갈색 시럽이 되게 만든다.
5. 시럽에 튀긴 은행을 넣어 재빨리 버무린 후 찬물을 약간 끼얹는다.
6. 식용유를 두르고 하나씩 분리시켜 식힌 후 완성하여 접시에 담아 낸다.

조 리 비 화 인삼과 꿀

인삼은 스트레스, 피로, 우울증, 심부전, 고혈압, 동맥경화증, 빈혈, 당뇨병, 암세포 증식을 막는 항암효과 등이 탁월하다. 인삼에는 당질 67%, 단백질 13%, 지방 3%, 무기질 3%의 일반성분 외에 사포닌 등 약리작용을 나타내는 성분이 20여 종이나 들어있으며 열량은 매우 낮은 편이다. 인삼에 부족한 칼로리를 보충하고 쌉쌀한 맛을 억제시켜 주는 꿀과 함께 섭취하면 소화를 촉진시켜 주고 몸을 보해 주어 건강상 좋은 식품배합이 된다.

깐풍소스

식용유 100㎖ / 물 300㎖ / 간장 200㎖
식초 400㎖ / 마늘 60g / 설탕 300g / 파 30g
당근 30g / 청피망 30g / 양파 30g / 전분 약간

XO소스

건고추(청양고추, 사천고추) 500g / 고추기름 10ℓ
건관자 2kg / 설탕 100g / 마늘 1kg
기린라조장 2병 / 홍콩고추장 2병
홍고추 3kg / 두반장 2개

Recipe

1. 프라이팬을 적당히 달군 후, 식용유를 두르고 준비해둔 야채와 향신료를 넣어서 볶는다.
2. 조금 볶은 후, 간장, 설탕, 식초를 넣고 한 번 더 끓인다.
3. 마지막으로 물 전분을 만들어 소스 안에 넣는다.
4. 달콤하고 새콤하며 매콤한 맛의 소스를 완성시킨다.

* 중국요리에서 주로 사용하는 마늘, 콩소스, 고추마늘소스, 매실소스, 바베큐소스, 탕수육소스, 마파소스와 같은 여러 가지 소스들이 가공되어 유통되기 때문에 적절하게 구매하여 사용할 수 있다.

Recipe

1. 청양고추 · 홍고추를 저며 썰고, 고추기름에 볶는다.
2. 마늘, 두반장, 사천고추, 기린라조장, 홍콩고추장, 설탕을 넣고 다시 볶는다.
3. 마지막으로 건관자를 넣고 볶는다.

생선소스

물 800㎖ / 일식간장 200㎖ / 설탕 130g
셀러리잎 100g / 고수 50g
생강 20g / 대파 100g

칠리소스

케첩 1can / 마늘 300g / 양파 500g
홍고추 100g / 설탕 800g / 물 500㎖
고추기름 500㎖ / 식용유 약간

Recipe

1. 셀러리잎, 고수, 생강, 대파를 한 번 끓인다.
2. 20분 정도 끓인 물을 별도로 준비해 둔다.
3. 물(4) : 일식간장(1)의 비율로 넣어 끓인다.
4. 설탕을 첨가한 후, 다시 한 번 끓인다.
5. 짠맛과 약간의 달콤한 맛을 내는 소스로 만든다.

Recipe

1. 마늘, 양파, 홍고추를 다진다.
2. 잘 달구어진 프라이팬에 식용유를 두르고, 고추기름과 야채를 같이 볶는다.
3. 어느 정도 볶다가 물과 케첩, 설탕을 넣고, 다시 한 번 끓인다.
4. 달콤하고 조금 매운맛이 나는 소스로 만든다.

토마토칠리냉채소스

케첩 1can / 고추기름 1ℓ / 마늘 500g
설탕 650g / 두반장 2개

라지장 홍유

건고추 500g / 홍고추 3kg / 건새우 1kg
고추기름 8ℓ / 두반장 2개 / 라지장 2개
황설탕, 마늘 약간

Recipe

1. 케첩에 설탕, 두반장을 넣고 잘 배합한다.
2. 마늘을 넣고 배합한 다음, 마지막으로 고추기름을
   넣고 잘 배합한다.

Recipe

1. 고추기름에 홍고추와 건고추를 넣고 볶는다.
2. 설탕, 두반장, 라지장, 마늘을 넣는다.
3. 마지막으로 건새우를 넣고 볶는다.

겨자소스

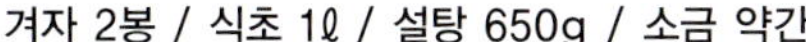

겨자 2봉 / 식초 1ℓ / 설탕 650g / 소금 약간

마늘소스

소금 45g / 설탕 2kg / 식초 2병
참기름 40㎖ / 마늘 400g

Recipe

1. 겨자를 미지근한 물에 갠다.
2. 밀봉하여 따뜻한 곳에 2시간 정도 발효시킨다.
3. 식초, 설탕, 소금을 넣고 한쪽 방향으로 저어서 마무리한다.

Recipe

준비해 둔 재료를 다 섞는다.

＊ 땅콩 잼을 조금 넣어 주면 더 맛있게 된다.

생강소스

생강 100g / 홍고추 3개 / 소금 45g / 설탕 2kg

마파두부소스

간 쇠고기 50g / 홍고추 10g / 표고버섯 20g
연두부 1모 / 고추기름 200㎖ / 식용유 200㎖
소홍주 200㎖ / 간장 200㎖ / 두반장 20g
대파 10g / 마늘 5g / 물 30㎖
굴소스 10㎖ / 전분 약간

Recipe

1. 마늘소스에서 마늘 대신 생강과 홍고추를 다져 넣는다.
2. 소금과 설탕을 섞어 소스를 만든다.

Recipe

1. 달구어진 프라이팬에 기름을 두르고 간 쇠고기를 볶는다.
2. 소홍주(정종)를 넣고, 홍고추, 표고버섯, 다진 대파, 간 마늘을 볶다가 물과 간장, 두반장, 굴소스를 넣는다.
3. 두부를 넣고 조심스럽게 끓이다가 전분을 풀어서 알맞게 농도를 맞춘다.
4. 마지막으로 고추기름을 넣어서 마무리한다.

짜장소스

알시바새우 20g / 해삼 10g / 쇠고기 10g
양파 50g / 춘장 20g / 식용유 300㎖
간장 5㎖ / 감자전분 약간

오리장소스 해선장

춘장 3kg / 호유(또는 굴소스) 250㎖ / 살구잼 600g
설탕 600g / 중화 해선장 200g / 물 700㎖
굴소스 200㎖ / 추후장 100g / 기름 약간

Recipe

1. 달구어진 프라이팬에 식용유를 두르고 쇠고기를 먼저 볶는다.
2. 해삼, 새우와 간장을 넣은 후 볶는다.
3. 양파를 넣고 한참을 볶다가 물과 춘장을 넣어 간을 맞춘다.
4. 물전분을 풀어 농도를 맞춘다.

Recipe

1. 팬에 기름을 두르고 춘장을 볶아 쓴맛을 제거한다. 이때 춘장이 잠길 정도로 충분한 양의 기름을 사용한다.
2. 물을 부어 가며 잘 풀어 준다.
3. 살구잼, 굴소스, 중화 해선장, 설탕, 추후장을 넣고 잘 섞는다.

깐소소스

물 1ℓ / 케첩 1통 / 두반장 500g
설탕 400g / 고추기름 0.8ℓ
마늘 60g / 양파 100g
홍피망 20g / 대파 30g
식용유 약간

Recipe

1. 양파, 홍피망, 파를 저며 썰고, 마늘은 갈아 둔다.
2. 적당히 달구어진 프라이팬에 식용유를 두른 후, 고추기름을 넣고 야채를 넣어 한 번 볶아 준다.
3. 어느 정도 볶다가 물과 케첩, 두반장, 설탕을 넣고, 다시 한 번 끓인다.
4. 달콤하고 조금 매운맛이 나는 소스로 만든다.

탕수소스

물 600㎖ / 설탕 300g
식초 200㎖ / 간장 100㎖ /
전분 약간

Recipe

1. 물과 설탕, 식초, 간장을 비율 (6:3:2:1)대로 넣어서 끓인다.
2. 전분으로 농도를 조절한다.

기타 소스

Recipe

단초
식초 1, 간장 2, 설탕 3, 소금 1/2, 후추 1ts

식초 밀쌈
식초 1, 소금 1/2, 간장 1/2

레몬이나 유자초(즙 : 간장＝5 : 2)
뜨거운 냄비요리에 적합하다.

소금초(식초 : 소금＝3 : 1ts)
생선의 비린내 제거를 위해 담가 둘 때

겨자초 간장(겨자 : 간장 : 레몬＝ 2 : 3 : 3ts)
국물 있는 요리에 찍어 먹을 때

겨자 간장(양겨자 : 간장＝1 : 5)

생강 간장(생강 : 간장＝1 : 1)
밀쌈 등을 찍어 먹을 때

겨자초 된장
양겨자 2ts, 된장 40g, 설탕 60g, 초 1/2컵

깨된장(깨소금 2, 된장 120g, 설 탕m 60g, 술 1ts, 초 2/3컵)

고기를 재는 양념
① 간장 1컵, 미림 1/2컵, 설탕 60g, 술 1/3컵, 물 1/3컵, 양 파와 생강즙 1/3컵
② 양파 1/3ts, 생강 1/4ts, 간장 1/2ts, 술 1/2ts
③ 간장 1/2ts, 설탕 1ts, 생강 2ts, 마늘 3쪽

조리비화 식초의 살균과 해독작용

식초의 주성분은 초산이다. 초산은 탄소를 함유하고 있는 유기산이며, 살균·해독작용을 지닌다. 식초에는 이 밖에도 각종 아미노산, 사과산, 호박산, 주석산 등 60가지 이상의 유기산이 포함되어 있다. 구연산은 우리 몸에서 산소의 이용률을 높여 신진대사를 활발하게 하고 에너지 방출을 도우며, 몸속의 찌꺼기를 제거해 준다.

식초는 파괴되기 쉽고 다루기 까다로운 비타민 C를 보호하고, 그 효능을 발휘할 수 있게 한다. 즉 초절임으로 보존하면 비타민 C가 파괴되지 않는다. 또 일이나 운동을 무리하게 하면 유산이 분비되어 피로감을 느끼는데, 이때 식초를 섭취하면 인체에 무해한 물과 탄산가스로 분해하는 작용을 일으킴으로써 피로감을 덜어 준다.

식초는 지방의 분해를 촉진하는 기능이 있어서 비만, 고혈압과 동맥경화에 좋고, 간기능을 개선하며, 위액의 분비를 촉진시켜 위장병 개선에도 좋다. 그뿐만 아니라 항이뇨 호르몬을 조절하여 신장기능을 개선하며, 체내의 신진대사를 높여 변비에 좋고 당질이 지방으로 변하는 것을 막아주기도 한다. 또 식품 중 칼슘의 체내흡수를 원활하게 하므로 골다공증에도 좋다.

피부나 근육 내의 젖산을 분해해서 혈액의 흐름을 원활하게 하는 작용을 하므로 기미와 노화예방에도 좋으며, 특히 피부미용에 좋다.

중국의 다기

푸짐하게 차려진 식사

중식 테이블

테이블 세팅

기능사 실기시험

공/통/적/인 주/의/사/항/

※ 불을 사용하여 만든 조리작품은 먹기에 알맞게 익어야 하고 출제된 작품이 2가지인 경우 한 가지 작품만 제출한 경우는 채점 대상에서 제외되므로 어떤 일이 있어도 작품은 모두 제출하여 채점 대상에서 제외되는 일이 없도록 한다.

※ 조리작품을 만드는 순서를 가급적 지켜준다.

※ 배분된 식재료와 목록표의 식재료가 상이 또는 부족하거나 불량품이 있으면 미리 요구하여 보충받는다.

※ 항상 청결을 유지하여 정리정돈된 상태에서 조리를 한다. 요리 전에 미리미리 정리를 하는 것이 여러 면에서 도움이 된다.

※ 예의바른 자세를 갖는 것도 매우 중요하다.

※ 자격증 시험과 호텔이나 중식 전문식당에서 사용하는 식재료는 다를 수 있음을 염두에 두고 공부를 해야 하며, 틀에 박힌 공부보다 폭넓은 실습공부를 해야 한다.

※ 본 레시피와 조리법은 한국산업인력공단 자격증 과정을 참고하여 호텔 중식당 조리법대로 작성한 교재로 다소 차이가 있다.
폭 넓은 공부를 위해 2가지 모두 이해해 두면 좋다.

고추잡채 靑椒肉絲

■ **시험시간**　20분

■ **지급재료**　돼지고기 100g / 청주 5㎖ / 전분 15g / 피망(또는 풋고추) 100g / 표고 1개 / 계란
　　　　　　1/2개 / 죽순 30g / 양파 1/2개 / 파 1/5대 / 마늘 1쪽 / 생강 1쪽 / 간장 15㎖
　　　　　　〈양념류〉 소금, 후추, 참기름, 볶음용 식용유 약간

■ **요구사항**
주어진 재료를 사용하여 고추잡채를 만드시오.
1. 주재료 고추와 고기는 5cm 정도로 채 써시오.
2. 고기에 초벌간을 하시오.

■ **만드는 방법**
1. 피망(풋고추)를 갈라서 씨를 뺀 후 5cm 길이로 채 썬다.
2. 양파, 대파, 죽순, 표고도 같은 길이로 채 썬다.
3. 고기는 얇게 저민 후 간장, 후추, 생강, 청주를 넣고 초벌간을 하여, 계란과 전분을 넣어 잘 버무린 다음
　기름에 데쳐 둔다.
4. 뜨거워진 팬에 기름을 두르고 간장, 파, 마늘, 생강을 볶다가 청주를 넣고 2.와 피망을 넣은 다음, 고
　기를 넣고 소금, 후추로 간을 한다.
5. 참기름을 두르고 담아 낸다.

■ **유의사항**
팬을 완전히 달구고 기름을 둘러 법랑처리(코팅)를 하여야 야채가 달라붙지 않는다.
고기가 서로 엉겨붙지 않게 하고, 피망 등 야채와 길이를 맞춘다.
고추 등 야채 색깔이 선명하도록 너무 볶지 말고, 센 불에서 순간적으로 볶아낸다.
간장으로 향과 색을 맞추고 소금으로 간을 한다.

깐풍기 乾烹鷄(干烹鷄)

- ■ **시험시간** **30분**

- ■ **지급재료** 닭 300g / 계란 1/2개 / 청주 15㎖ / 전분 15g / 마늘 1/2개 / 대파 1/2개 / 홍고추,
  풋고추 각 1개 / 튀김용 식용유 800㎖
  〈소스〉 간장 15㎖ / 식초 15㎖ / 설탕 15g / 육수(또는 물) 45㎖ / 후추 0.6g / 참기름
  5㎖

■ 요구사항

주어진 재료를 사용하여 깐풍기를 만드시오.
1. 닭은 사방 4cm 정도 사각형으로 써시오.
2. 닭을 튀기기 전에 초벌간을 하시오.

■ 만드는 방법

1. 닭고기를 4cm 정도 썰어서 간장과 후추로 초벌간을 한다.
2. 청주, 계란, 전분으로 튀김옷을 만든 다음, 2번에 걸쳐 바삭하게 튀긴다.
3. 마늘, 대파, 홍고추, 청고추를 잘게 썬 다음, 팬에 기름을 두르고 센 불에서 순간적으로 볶아서 색이
   죽지 않도록 한다.
4. 간장, 설탕, 식초, 후추, 육수를 넣고 끓이다가 튀겨놓은 닭을 넣어 버무린다. 신맛과 단맛이 알맞게
   균형을 이루어야 한다.
5. 향과 맛을 더하도록, 마지막으로 참기름을 약간 넣어 잘 섞어서 담아 낸다.

■ 유의사항

뼈를 발라내지 않고 만들 때는 튀김옷을 얇게 입힌다.
프라이팬에서 소스와 닭을 혼합할 때 타지 않도록 한다.
완성된 요리의 소스 농도가 잘 맞아 접시에 흐르지 않아야 한다.

야채볶음 炒合菜

- **시험시간** 20분

- **지급재료** 양배추 100g / 당근 1/2개 / 죽순 1/2개 / 양파 1/2개 / 피망 1개 / 표고 2개 / 볶음용
  식용유 45㎖ / 간장 5㎖ / 육수 100㎖ / 전분 약간
  〈양념류〉 소금 5g / 후추 5g / 청주 5㎖ / 참기름 5㎖ / 파 1/2대 / 생강 1/2쪽

■ 요구사항
주어진 재료를 사용하여 야채볶음을 만드시오.
1. 모든 야채는 길이 3cm 정도인 사각형의 굵은 채로 써시오.
2. 제일 먼저 표고를 볶으시오.

■ 만드는 방법
1. 양배추, 양파, 당근, 죽순, 표고, 피망 등은 굵은 채로 썰어 둔다.
2. 파, 생강을 제외한 모든 야채는 살짝 데친다.
3. 팬에 기름을 두르고 뜨겁게 달아오르면 소금을 뿌리고 표고를 넣어 향기가 나게 한 다음, 대파와 생강
   을 볶다가 청주를 넣고 1.의 준비한 야채를 넣어 잠깐 볶다가 육수, 후추, 간장을 넣어 재빨리 볶는다.
4. 물전분을 넣어 약간 걸쭉하게 한 다음, 간장과 청주로 간을 맞추고 참기름을 둘러서 담아 낸다.

■ 유의사항
야채의 색상을 살리려면 화력을 세게 하여 짧은 시간에 조리한다. 이때 야채를 볶는 순서에 유의한다.
완성된 작품은 재료에서 물이 흘러나오지 않아야 하고, 색이 죽지 않아야 한다.
야채볶음은 조리하여 두면 색이 변하기 쉬우므로 요구작품이 2가지인 경우에는 나중에 만든다.

탕수육 糖醋肉

■ **시험시간**　30분

■ **지급재료**　돼지고기 200g / 청주 15㎖ / 간장 15㎖ / 후추 약간 / 생강즙 5㎖ / 계란 1/2개 / 전분 120g / 피망(또는 고추) 1개 / 목이버섯 15g / 양파 1/4개 / 당근 1/4개 / 오이 1/5개 / 완두 15g / 참기름 2㎖ / 튀김용 기름 800㎖ / 식용유 50㎖
〈소스〉육수(또는 물) 240㎖ / 설탕 15g / 간장 5㎖ / 식초 10㎖

■ 요구사항

주어진 재료를 사용하여 탕수육을 만드시오.

1. 돼지고기는 길이를 3cm 정도, 두께는 1cm 정도로 하여 사각형 크기로 써시오.
2. 야채는 편으로 써시오.

■ 만드는 방법

1. 돼지고기는 길이 3~4cm, 두께 1cm 정도의 긴 사각형으로 썰어 생강즙, 간장, 후추, 청주로 밑간을 한다.
2. 물전분을 만들어 놓는다.
3. 1.에 계란과 전분 반죽으로 옷을 입힌 다음, 180℃의 기름에서(물:전분 = 1:1) 바삭하게 두 번 튀긴다.
4. 오이, 당근, 양파, 피망은 편으로 썰고, 목이버섯은 불려서 손으로 찢어 놓는다.
5. 달구어진 팬에 기름을 두르고 4.의 재료와 완두를 볶은 뒤, 간장과 육수를 넣고 끓이면서 설탕과 식초를 넣어 맛을 본 다음 물전분을 넣는다.
6. 소스의 농도를 맞추고 튀긴 고기를 섞은 뒤, 참기름을 넣어 접시에 담아 낸다.

■ 유의사항

1차 튀긴 후 소스를 만든 다음 2차 튀김을 해야 맛이 좋다.
신맛과 단맛의 정도가 동일해야 한다.
야채의 색이 변하지 않게 팬이 충분히 달궈진 후에 기름을 두르고, 당근, 양파, 오이, 목이버섯, 완두 순으로 볶는다.
튀김기름의 온도는 튀김옷을 약간 뿌려서 확인해 본다.

난자완자 南煎丸子

- **시험시간** 30분

- **지급재료** 돼지고기 100g / 마늘 2쪽 / 파 1/2대 / 생강 10g / 계란 1/2개 / 전분 15g / 죽순
  1/4개 / 표고(목이), 양송이 2개 / 당근 20g / 배추 1/2줄기 / 튀김용 기름 800㎖
  〈양념류〉 간장 15㎖ / 육수 1컵 / 청주 약간 / 참기름 약간 / 설탕 15g / 소금, 후추
  적당량 / 육수(또는 물) 80㎖

■ 요구사항

주어진 재료를 사용하여 난자완자를 만드시오.
1. 완자는 직경 3cm 정도로, 둥글고 납작하게 만드시오.
2. 야채는 3cm 크기의 편으로 써시오.

■ 만드는 방법

1. 돼지고기를 곱게 다진 후 마늘과 파, 간장, 청주, 전분, 계란, 소금, 후추를 넣고 간을 맞춰 반죽하여,
   3cm 정도의 둥글납작한 모양으로 갈색이 나게 튀기거나 지진다.
2. 생강, 죽순, 당근, 버섯은 3cm 정도의 편으로 썰어 준비한다.
3. 죽순, 당근, 버섯, 배추를 데쳐서 익힌다.
4. 달구어진 팬에 기름을 두르고 대파, 생강을 먼저 넣은 뒤, 딱딱한 것에서부터 무른 것 순서로 **3.**을
   볶고 간장, 육수와 설탕을 넣어 끓인다.
5. 완자를 넣어 간이 배도록 끓인 다음, 물전분으로 농도를 조절하고 참기름을 넣어 접시에 담아 낸다.

■ 유의사항

완자를 만들기 전에 1.의 재료를 충분히 치대 주어야 고기가 부드러워지고 양념이 골고루 스며든다.
완자를 익힐 때 화력조절에 주의하여 잘 익혀야 한다.
소스의 색상과 농도에 주의한다.

마파두부 麻婆豆腐

■ **시험시간**　20분

■ **지급재료**　두부 1모 / 마늘 2쪽 / 생강 1쪽 / 파 1/2대 / 홍고추 1개 / 다진 돼지고기 50g / 육수
　　　　　　　(또는 물) 118㎖
　　　　　　　〈양념류〉　고추기름 15㎖ / 두반장(또는 고추장) 7g / 간장 15㎖ / 설탕 5g / 전분 10g /
　　　　　　　　　　　　참기름 5㎖ / 볶음용 기름 30㎖

■ 요구사항

주어진 재료를 사용하여 마파두부를 만드시오.

1. 두부는 1cm 정도의 주사위 모양으로 써시오.
2. 두부가 차지 않게 하시오.

■ 만드는 방법

1. 두부는 가로세로 1.2cm 정도로 썰어 팔팔 끓는 물에 데친다.
2. 고기는 다지고 마늘, 생강, 대파, 홍고추를 잘게 썬다.
3. 팬이 뜨거워지면 기름을 두르고 고기를 볶다가 2.의 야채를 넣고, 간장, 육수, 고추기름, 두반장(혹은
　 고추장)과 설탕을 넣어 간을 맞춘 다음, 물전분으로 농도를 맞춘다.
4. 두부를 넣고 걸쭉해지면 고추기름과 참기름으로 마무리한 다음 담아 낸다.

■ 유의사항

두부를 넣고 충분히 끓여야 간이 밴다.
두부가 깨지지 않도록 주의한다.
파나 고추는 조금 남겨 두었다가 음식을 접시에 담고 난 후, 위에 뿌려 낸다.

고구마탕 拔絲地瓜

■ **시험시간**　25분

■ **지급재료**　고구마 200g / 설탕 79g / 튀김용 기름 800㎖ / 식용유 30㎖

■ 요구사항

주어진 재료를 사용하여 고구마탕을 만드시오.
1. 고구마는 4cm 정도의 삼각형으로 자르시오.
2. 튀김이 바삭하게 되도록 만드시오.

■ 만드는 방법

1. 고구마는 껍질을 벗기고 3~4cm 정도 삼각으로 썰어 튀긴다.
2. 팬에 기름을 두르고 약한 불에서 설탕이 갈색으로 변하도록 시럽을 만든다. 이때 타지 않도록 주의한다.
3. 시럽에 튀긴 고구마를 넣어 시럽이 고르게 묻으면 찬물을 약간 끼얹어 식힌 다음 담아 낸다.

■ 유의사항

시럽을 만들 때 시럽이 산화되지 않도록 물을 약간 넣고 해도 된다.
튀김이 바삭하게 되도록 한다.
고구마의 크기를 고르게 하고, 약간의 차이가 있을 때에는 큰 것부터 먼저 튀긴다.
시럽이 뜨거운 상태일 때 고구마에 시럽을 입힌다.

홍쇼두부 紅燒豆腐

■ **시험시간**　**20분**

■ **지급재료**　두부(1모) 150g / 돼지고기 50g / 표고 2장 / 죽순 20g / 배추 20g / 양송이 1개 / 홍
　　고추 1/2개 / 파 1/2대 / 마늘 2쪽 / 생강 2쪽 / 육수(또는 물) 118㎖
　　〈양념류〉 간장 15㎖ / 전분 10g / 볶음용 기름 75㎖ / 청주, 참기름, 설탕 약간

■ **요구사항**

주어진 재료를 사용하여 홍쇼두부를 만드시오.

1. 두부는 가로세로 5cm, 두께 1cm 정도의 크기로 써시오.
2. 파는 3cm 크기로 잘라서 4등분으로 썰고, 야채는 편으로 써시오.

■ **만드는 방법**

1. 두부는 길이 5cm, 두께 1cm 정도의 삼각형으로 썰어 노릇노릇하게 지지거나 튀긴다.
2. 돼지고기는 납작하게 썰고, 밑간을 하여 기름에 데친다.
3. 배추, 죽순, 표고, 양송이, 홍고추는 3cm 정도의 편으로 썬다.
4. 달구어진 팬에 기름을 두르고 대파, 생강, 마늘을 먼저 볶다가 간장, 설탕을 넣고, 향이 나면 돼지고
　기와 청주를 넣어 익힌다.
5. 3.을 넣어 볶다가 육수를 붓고 끓인다.
6. 두부를 넣고 끓이다가 물전분을 풀어 농도를 맞춘 뒤, 참기름을 넣고 담아 낸다.

■ **유의사항**

두부는 으깨지지 않도록 약간 바삭하게 튀긴 다음, 육수에 넣고 끓여서 부드러워지도록 한다.
물전분의 농도에 유의한다.

탕수조기 糖醋黃花魚

■ **시험시간** 20분

■ **지급재료** 조기(200g 전후) 1마리 / 양파 1/4개 / 당근 1/4개 / 표고 2개 / 배추 20g / 대파 1/2
대 / 생강 1쪽 / 마늘 1쪽 / 계란 1개 / 전분 250g / 청주 15㎖ / 튀김용 식용유 800㎖
〈소스〉 설탕 30g / 식초 15㎖ / 간장 60㎖ / 육수 300㎖ / 참기름 약간, 소금과 후추
필요량

■ **요구사항**

주어진 재료를 사용하여 탕수조기를 만드시오.
1. 조기는 아가미로 내장을 빼고, 가로 2cm 간격으로 칼집을 넣으시오.
2. 야채는 채로 썰어 소스를 만들고, 그 소스를 통생선 위에 얹어 놓으시오.

■ **만드는 방법**

1. 조기는 비늘을 긁어내고 아가미 쪽으로 내장을 빼낸다.
2. 앞뒤 2cm 간격으로 칼집을 넣고, 목 밑에도 칼집을 넣어 양념이 잘 배게 하여 생강즙과 소금, 후추,
   청주로 양념한다.
3. 대파, 버섯, 당근, 양파, 배추는 곱게 채를 썰고, 마늘과 생강도 얇게 썰어 놓는다.
4. 조기를 거꾸로 세워 물기를 제거한 다음, 전분과 계란을 개서 조기에 앞뒤로 묻힌 후 튀김옷을 만든다.
5. 머리부터 넣어 바삭하게 튀긴다.
6. 달구어진 팬에 기름을 두르고 3.의 야채를 볶다가 육수를 넣은 후, 설탕, 간장, 식초 등으로 간을 맞
   춰서 끓인다.
7. 전분물을 풀어서 농도를 조절한 후, 참기름을 넣은 소스를 튀긴 조기 위에 골고루 끼얹는다.

■ **유의사항**

생선을 튀겨 놓고 소스는 담기 직전에 만들어서 요리를 완성해야 생선의 튀김 형태가 보기 좋고 야채의
색깔도 잘 살릴 수 있다.

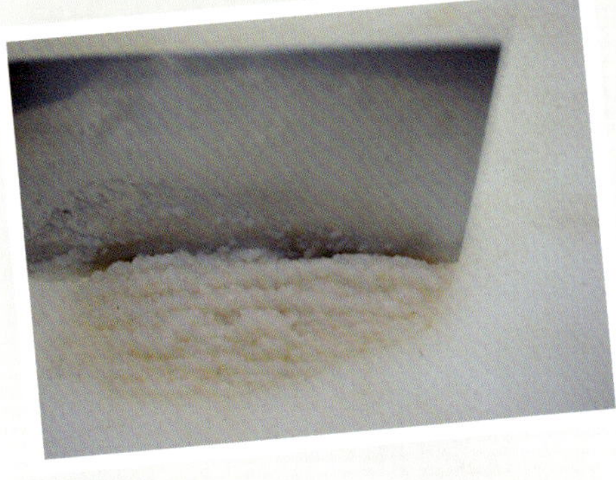

생선완자탕 魚丸子湯

- ■ **시험시간**   25분

- ■ **지급재료**   흰살생선 100g / 계란 1/2개 / 죽순 50g / 표고 30g / 청경채 50g / 생강 1/2쪽 / 파
  1/2대 / 육수(또는 물) 480㎖
  〈양념류〉 소금, 후추, 청주, 참기름, 전분 약간

■ 요구사항
주어진 재료를 사용하여 생선완자탕을 만드시오.
1. 완자는 흰살생선과 계란 흰자로 만드시오.
2. 완성품은 국그릇에 완자를 담고 국물을 부어 내시오.

■ 만드는 방법
1. 생선살을 곱게 다진 후 소금, 후추, 생강즙, 계란 흰자, 전분을 넣어 곱게 치댄다.
2. 1.5~2cm의 완자로 만들고 삶아 그릇에 담는다.
3. 표고, 죽순, 청경채는 얇게 썰어 데친다.
4. 생선살을 삶아 낸 육수가 끓으면 야채를 넣고 소금, 후추, 청주, 참기름으로 간을 한다.
5. 탕그릇에 완자를 담고 육수를 부은 다음, 파를 송송 썰어서 뿌려 낸다.

■ 유의사항
반드시 물이 끓을 때 완자를 넣어야 한다.
국물은 맑게 끓여 내야 한다.
완자를 만들 때 손에 물을 묻혀가면서 만들면 잘 달라붙지 않는다.
생선완자가 물에 뜨면 속까지 다 익은 것이므로 건져낸다(생선완자가 잘 깨지거나 부서지지 않도록 하
려면 식초를 몇 방울 넣고 데친다).

라조기 辣椒鷄

- **시험시간** **30분**

- **지급재료** 닭 300g / 계란 1/2개 / 전분 60g / 간장 15㎖ / 홍고추(풋고추) 2개 / 건고추 2개 /
  표고 2개 / 죽순 1/4개 / 생강 1쪽 / 파 1/2대 / 마늘 3쪽 / 육수(물) 1/2컵 / 전분 5g /
  튀김용 기름 800㎖
  〈양념류〉 정종, 소금, 후추, 참기름 약간

■ 요구사항

주어진 재료를 사용하여 라조기를 만드시오.
1. 닭은 사방 6cm×5cm 크기로 써시오.
2. 야채는 6cm×0.3cm 크기로 써시오.

■ 만드는 방법

1. 닭은 뼈째 3~4cm 크기로 토막 내어 간장(소금)과 후추로 초벌간을 해 놓는다.
2. 홍고추, 풋고추, 표고, 죽순, 파를 어슷하게 썰어 놓고, 마늘과 생강을 얇게 저며 놓는다.
3. **1.**의 밑간을 해놓은 닭고기에다 계란 흰자와 전분을 잘 섞어 튀김옷을 입힌 다음, 180℃ 기름에 두
   번 튀긴다.
4. 달구어진 팬에 기름을 두르고 건고추를 볶다가 파, 마늘과 정종, 야채를 넣고 볶은 다음, 육수를 붓고
   소금과 간장으로 양념을 한다.
5. 물전분으로 걸쭉하게 농도를 조절한 뒤 **3.**의 닭을 넣고 참기름을 두른 다음, 버무려서 접시에 담아
   낸다.

■ 유의사항

뼈를 발라내지 않아도 된다.
뼈를 발라낸 것은 튀긴 후 물전분에 고기를 넣어도 되지만 뼈가 있는 것은 고기를 넣어 끓이다가 물녹
말을 넣어야 고기를 골고루 익힐 수 있다.
닭의 물기를 제거한 후 마른 녹말가루나 밀가루를 한 번 입힌 다음 튀김옷을 입히면 잘 입혀진다.
라조기는 깐풍기와 달라서 국물이 좀 있어야 하므로 소스 농도에 유의한다.
야채 색이 퇴색되지 않도록 한다.

새우케첩볶음 子母兩蝦(蕃茄蝦仁)

■ **시험시간**　20분

■ **지급재료**　새우(大 4마리) 120g / 완두(통조림) 15g / 계란 1/3개 / 전분 10g / 청주 15㎖ / 당근
1/4개 / 양파 1/3개 / 대파 40g / 생강 10g / 밀가루 80g / 튀김용 식용유 800㎖
〈소스〉 토마토케첩 30㎖ / 육수(또는 물) 80㎖
〈양념류〉 소금, 설탕 약간

■ **지급재료**
주어진 재료를 사용하여 새우케첩볶음을 만드시오.
1. 새우 내장을 제거하시오.
2. 당근과 양파는 3cm 정도 크기의 편으로 써시오.

■ **만드는 방법**
1. 새우는 껍질을 벗기고 이쑤시개로 내장을 제거한 후, 생강즙, 계란, 청주, 전분, 밀가루를 버무려 튀겨
낸다.
2. 대파, 생강은 편으로, 양파와 당근은 2~3cm 크기의 편으로 썬다.
3. 달구어진 팬에 기름을 두르고 야채를 볶다가 토마토케첩, 소금, 설탕을 넣고 육수를 부어 끓인다.
4. 전분물을 풀어서 농도를 잘 맞추고 완두콩과 튀긴 새우를 넣어 버무린 다음, 접시에 담아 낸다.

■ **유의사항**
새우를 튀길 때 서로 붙지 않아야 한다.
전분은 튀김옷과 소스에 들어가므로 배분을 잘 하여 사용한다.
물전분 농도를 적절하게 한다.

부추잡채 炒丸菜(炒韭菜)

- **시험시간** 20분

- **지급재료** 부추 100g / 돼지고기 80g / 청주 5㎖ / 계란 1개 / 생강 5g / 볶음용 기름 45㎖
  〈양념류〉 참기름, 소금, 후추, 전분 약간

■ 요구사항

주어진 재료를 사용하여 부추잡채를 만드시오.
1. 부추는 6cm 길이로 써시오.
2. 향을 내는 재료는 채 써시오.
3. 고기는 6cm×0.3cm 길이로 써시오.

■ 만드는 방법

1. 부추는 6cm 길이로 썰고, 생강은 아주 얇게 채 썬다.
2. 돼지고기는 6cm×0.3cm로 얇게 썰어 소금, 청주로 초벌간을 한 다음, 계란 흰자와 전분을 넣고 버무려 기름에 데친다.
3. 달구어진 팬에 기름을 두르고 생강채와 소금과 후추를 넣어서, 향이 나면 고기를 넣고 볶는다.
4. 고기가 익으면 부추의 하얀 부분을 먼저 넣고 한 바퀴 돌린 후, 파란 부분을 넣어서 살짝 볶고 소금과 후추, 참기름을 넣어 담아 낸다.

■ 유의사항

부추는 줄기 부분부터 순서대로 넣고, 청주를 조금 넣어 센 불에서 순간적으로 볶아 내면 부드럽다.
부추는 숨이 죽지 않도록 단시간에 순간적으로 볶아 내는 것이 중요하다. 따라서 소금과 후추로 미리 간을 해 둔 다음 부추를 넣어야 색이 살아 있다.
부추요리의 맛은 화력이 아주 중요하다. 화력을 최대한 세게 하여 팬이 충분히 달구어진 후에 조리를 시작해야 한다.

옥수수탕 拔絲玉米

■ **시험시간**　**20분**

■ **지급재료**　옥수수 1/3캔 / 땅콩 10g / 밀가루 70g / 계란 1개 / 설탕 60g / 기름 30㎖ / 튀김용
　　　　　　　기름 800㎖

■ **요구사항**

주어진 재료를 사용하여 옥수수탕을 만드시오.

1. 완자의 크기를 직경 3cm 정도의 공 모양으로 만드시오.
2. 설탕시럽은 혼탁하지 않게, 갈색이 나도록 하시오.

■ **만드는 방법**

1. 옥수수와 땅콩은 물에 한 번 헹구어 물기를 뺀 다음, 칼이나 수저 등으로 으깬다.
2. 1.과 밀가루와 계란을 혼합하여 직경 3cm의 알밤 크기로 경단을 만들어 튀긴다.
3. 달구어진 팬에 기름을 두르고 설탕이 갈색 시럽이 되도록 녹인다.
4. 튀긴 경단에 시럽을 고르게 묻히고 찬물을 약간 끼얹어 식힌 다음, 접시에 담아 낸다.

■ **유의사항**

필자는 '옥수수 강정'이 보다 적합한 요리 이름이라고 생각한다.

시럽을 만들 때 타지 않도록 물을 약간 넣고 해도 된다.

옥수수 경단을 시럽에 버무린 후 찬물을 조금 끼얹으면 빨리 굳어서 형체를 잘 유지할 수 있다.

계란탕 蛋花湯(鷄蛋湯)

- **■ 시험시간**　20분

- **■ 지급재료**　계란 1개 / 파 1/2대 / 간장 15㎖ / 표고(1장) 10g / 팽이버섯 10g / 죽순 10g / 해삼
20g / 새우 20g / 육수(또는 물) 460㎖
〈**양념류**〉 소금, 후추, 전분, 정종, 참기름, 볶음용 식용유

■ 요구사항

주어진 재료를 사용하여 계란탕을 만드시오.

1. 파와 표고는 3cm 정도로 채 써시오.
2. 수프의 색이 혼탁하지 않도록 만드시오.

■ 만드는 방법

1. 죽순, 표고, 대파는 3cm 정도로 채 썬다.
2. 계란을 풀어 놓는다.
3. 달구어진 냄비에 기름을 두른 다음, 정종을 넣고 알코올을 날린 후 육수를 붓는다.
4. 해삼, 새우를 넣고 한소끔 끓이다가 팽이버섯을 넣고 다시 끓인다.
5. 소금, 후추와 간장으로 간을 맞추고 물전분을 넣어 농도를 맞춘 뒤, 계란을 넣으면서 저어 부드럽게
   익힌 다음, 참기름으로 맛을 내 담아 낸다.

■ 유의사항

물전분을 다른 요리를 할 때보다 적게 넣어 농도를 묽게 한다.
물전분을 푼 뒤 계란을 잘 풀어서 넣어야 하며, 이 때 꽃이 피는 듯한 모양이 되면 저어주고 불을 줄여
덩어리가 지지 않도록 한다.
수프의 색이 혼탁하지 않도록 한다.

양장피잡채 炒肉兩張皮

■ **시험시간** 30분

■ **지급재료** 양장피 1/2장 / 갑오징어 40g / 해파리 40g / 해삼 20g / 새우(시바새우) 50g / 돼지
고기 50g / 양파 1/3개 / 부추 30g / 표고 2개 / 죽순 10g / 목이버섯 2개 / 생강 2쪽
/ 육수(또는 물) 30㎖ / 햄 100g / 파 1/2대 / 당근 1/4개 / 오이 1/3개 / 계란 1개 /
소금, 후추 약간 / 간장 3㎖ / 식용유(볶음용) 10㎖
〈소스〉 겨자 3Ts / 설탕 3Ts / 식초 3Ts / 소금 1Ts / 참기름 약간

■ **요구사항**

주어진 재료를 사용하여 양장피 잡채를 만드시오.
1. 양장피는 사방 4cm 정도로 써시오.
2. 고기와 야채는 5cm 정도 길이의 채를 치시오.
3. 겨자는 숙성시켜서 사용하시오.

■ **만드는 방법**

1. 물을 끓여 겨자를 발효시키고, 해삼, 표고를 더운물에 불려 둔다.
2. 새우, 갑오징어, 해파리는 손질 후 데쳐 둔다.
3. 돼지고기는 5cm 길이로 채를 썰어 소금, 청주, 전분, 계란으로 반죽한 뒤 기름에 볶는다.
4. 계란은 황, 백으로 나눠 지단을 부쳐서 채 썰고, 오이와 당근은 5cm가량 길이로 채 썬다.
5. 양장피는 물에 담갔다가 데쳐서 찬물에 헹궈 물기를 뺀 후, 4cm 길이로 찢어 둔다.
6. 접시에 오이, 당근, 지단채, 오징어, 새우, 햄을 둥글게 모양을 내서 돌려 담고, 양장피를 가운데 담는다.
7. 생강, 대파, 볶은 돼지고기, 표고, 양파, 죽순채, 목이채, 부추 순서로 볶아 간장, 소금, 후추로 간을
   한 뒤, 가운데 소복이 담는다.
8. 발효시킨 겨자에 육수, 설탕, 식초, 소금, 참기름을 넣고 소스를 만들어 곁들인다.

■ **유의사항**

겨자는 40℃ 정도에서 발효시키고, 지나치게 매울 때는 참기름을 넉넉히 넣는다.
해산물 데칠 때 생강이나 청주를 넣으면 잡내를 제거할 수 있고 살균효과가 있어 좋다.
접시에 담을 때 먹음직스럽게 담아야 하며, 볶아야 할 재료와 볶지 말아야 할 재료의 구별에 주의한다.

오징어냉채 凉拌墨魚

■ **시험시간**　**20분**

■ **지급재료**　갑오징어(물오징어) 1/2마리 / 오이 1/2개
　　　　　　〈소스〉 식초 30㎖ / 설탕 15g / 소금 2.5g / 육수(또는 물) 15㎖ / 참기름 5㎖ /
　　　　　　마늘 1/2통 / 겨자 15g

■ **요구사항**

주어진 재료를 사용하여 오징어 냉채를 만드시오.

1. 물오징어는 가로세로로 칼집을 내 3cm 정도로 써시오.
2. 오이는 얇게 3cm 정도 편으로 썰어 사용하시오.
3. 겨자초장을 숙성시켜 사용하시오.

■ **만드는 방법**

1. 오징어는 내장을 제거하고 껍질을 벗긴 다음, 안쪽에 칼집을 넣어 적당한 크기로 썰어서 끓는 물에
   데친 후, 찬물에 식혀서 물기가 빠지게 해 둔다.
2. 오이는 반으로 자른 후, 3cm 길이의 편으로 어슷하게 썰어 준비한다.
3. 겨자 1Ts을 따뜻한 물에 개어서 덮어 놓았다가 식초 2Ts, 설탕 1Ts, 물 1Ts, 다진 마늘, 육수, 참기
   름을 넣어서 다진 마늘 소스를 만든다.
4. 오징어를 모양내 썬 다음, 오이를 섞어서 담고 그 위에 소스를 끼얹는다.

■ **유의사항**

오징어를 데칠 때 생강과 청주를 넣으면 냄새와 독성물질이 제거된다.
간을 맞출 때에는 소금으로 적당히 맞춰야 한다.

해파리냉채 拌蜇皮

■ **시험시간** **20분**

■ **지급재료** 해파리 70g / 오이 1/2개 / 육수(또는 물) 15㎖
〈소스〉 식초 30㎖ / 마늘 1/2통 / 설탕 15g / 소금 5g / 참기름 5㎖ / 간장 7㎖

■ 요구사항

주어진 재료를 사용하여 해파리 냉채를 만드시오.

1. 해파리에 염분이 없도록 하시오.
2. 오이는 6cm×0.2cm 크기의 채로 써시오.

■ 만드는 방법

1. 해파리는 낮은 농도의 소금물에 담갔다가 70℃ 이상의 물로 쪼글쪼글하게 데쳐서 건져 채 썬 다음,
   찬물에 담가 둔다.
2. 오이는 6cm 길이로 곱게 채 썬다.
3. 마늘을 곱게 다진 후, 간장, 설탕, 식초, 소금, 참기름, 육수(물)와 함께 잘 섞어서 소스를 만든다.
4. 해파리를 건져서 꼭 짠 다음, 오이채를 섞어 담고 소스를 끼얹어서 낸다.

■ 유의사항

해파리를 빨리 불리고자 할 때는 식초를 조금 넣고 불려주면 빨리 부드러워진다.
해파리의 염분을 충분히 뺀다.
지급재료 목록에 겨자가 나오면 겨자를 이용해 겨자소스를 만든다.
냉채에 소스가 배도록 하고, 함께 섞어서 담는다.

짜춘권 炸春卷

■ **시험시간**　25분

■ **지급재료**　돼지고기 50g / 청주 약간 / 죽순 30g / 새우(小) 50g / 해삼 20g / 양파 1/4개 / 부추 20g / 대파 10g / 생강 3g / 마늘 5g / 표고 2개 / 당근 1/4개 / 계란 2개 / 밀가루 30g
〈양념류〉 전분 15g / 튀김용 식용유 800㎖ / 소금, 후추, 간장, 참기름 약간

■ **요구사항**

주어진 재료를 사용하여 짜춘권을 만드시오.

1. 야채는 4cm 정도로 써시오.
2. 지단에 재료를 말 때는 지름 3cm 크기의 원통형으로 하시오.

■ **만드는 방법**

1. 새우는 이쑤시개로 등쪽에서 내장을 제거하고 끓는 물에 데친다.
2. 돼지고기는 채로 썰고, 소금, 계란 흰자, 청주, 전분으로 버무려 기름에 데친다.
3. 해삼, 죽순, 대파, 표고, 양파, 당근, 부추는 4cm 길이로 썰고, 생강은 채 썬다.
4. 계란을 잘 풀고 물전분과 소금을 넣어 지단을 부친다.
5. 달구어진 팬에 기름을 두르고 파, 마늘, 생강을 살짝 볶은 후, 청주와 간장을 넣은 다음 **1.~3.**의 재료를 넣어 물기가 없도록 볶는다. 이때 타지 않도록 주의하여야 한다.
6. 밀가루 풀을 준비한다.
7. 지단 위에 볶아 놓은 재료를 얹어서 직경 3cm 정도의 김밥 모양으로 말고, 끝 부분에 밀가루 풀을 발라서 접착시킨다.
8. 기름온도를 160℃로 약간 낮게 하여 타지 않도록 노랗게 튀겨낸 다음, 한 입에 먹을 수 있도록 2~2.5cm 길이로 썰어서 담는다.

＊ 우리가 흔히 '계란말이'라고 하는 것이다.

물만두 水餃子

■ **시험시간**　20분

■ **지급재료**　밀가루 150g / 다진 돼지고기 50g / 배추 25g / 부추 25g / 파 1/2대 / 생강 5쪽
　〈양념류〉 소금 2g / 후추, 술(청주), 참기름, 육수(물) 약간

■ **요구사항**
주어진 재료를 사용하여 물만두를 만드시오.
1. 만두피는 끓는 물에 반죽하시오.
2. 만두피의 크기는 직경 6cm 정도로 만드시오.

■ **만드는 방법**
1. 밀가루에 소금을 넣고, 더운물로 반죽하여 마르지 않게 비닐봉지에 넣었다가 잘 치대어 흰떡가래처럼 길게 늘인 다음 밤톨만큼씩 떼어서 둥글고 얇은 만두피를 만든다.
2. 돼지고기와 부추는 다지고, 배추는 잘게 썰어 소금을 살짝 뿌렸다가 물기를 꼭 짠다.
3. 다진 돼지고기에 소금, 후추, 생강즙, 다진 파, 청주, 참기름, 육수를 넣고 고루 섞은 후, 배추와 부추를 넣는다.
4. 만두피에 작은 수저로 속을 한 수저씩 떠 넣고, 반으로 접어 양쪽 엄지손가락 사이에 넣고 꼭 눌러서 반달형 만두를 만든다.
5. 끓는 물에 삶은 다음, 약간의 물과 함께 담아 낸다.

■ **유의사항**
만두속은 알맞게 넣어서 피가 찢어지지 않게 한다.
만두를 건진 후에 냉수에 살짝 헹구면 달라붙지 않는다.
물만두는 더운 물을 넣고 반죽하고, 군만두는 찬물을 넣고 반죽한다.
만두를 만드는 중에 만두피가 마르지 않도록 젖은 헝겊으로 덮어둔다.
물만두 1인분은 약 10개 전후가 적당하다.

특급호텔 중식당 메뉴

호텔 중식당 메뉴

강남 A사의 메뉴

(1) 일품요리

냉채류冷菜類 Cold Dishes

특색냉채特色併盆　　Special Assorted Cold Dishes

네 가지 냉채四色併盆　　Four Kinds of Cold Dishes

세 가지 냉채三色併盆　　Three Kinds of Cold Dishes

전복냉채凉拌鮑魚　　Cold Sliced Abalone

상어지느러미류漁翅類 Shark's Fin

상어지느러미찜特大排翅　　Braised Whole Shark's Fin with Oyster Sauce

북경식 상어지느러미요리八珍紅燒翅　　Shark's Fin with Shredded Seafood

부용 상어지느러미요리芙蓉魚翅　　Creamed Shark's Fin and Crabmeat

삼선 상어지느러미요리三鮮魚翅　　Braised Shark's Fin with Three Kinds of Seafood

게살 상어지느러미 수프蟹肉魚翅　　Shark's Fin with Crabmeat Soup

제비집류燕窩類 Bird's Nest

송이와 제비집 요리松茸燕窩　　Braised Superior Bird's Nest with Pine Mushroom

게살 제비집 수프蟹肉燕窩　　Crabmeat Soup with Bird's Nest

옥수수 제비집 수프栗米燕窩　　Corn Soup with Bird's Nest

해삼, 전복류海蔘鮑魚類 Abalone and Sea Cucumber

홍소해삼紅燒海蔘　　Braised Sea Cucumber

일품해삼一品海蔘　　Braised Sea Cucumber Stuffed with Minced Shrimps

송이해삼松茸海蔘　　Braised Sea Cucumber with Sliced Pine Mushrooms

해삼관자海蔘乾貝　　Braised Sea Cucumber with Scallops

해삼과 삼겹살　　Braised Sea Cucumber with Pork Belly

가상해삼家常海蔘　　Braised Sea Cucumber and Minced Beef with Hot Sauce

해삼전복海蔘鮑魚　　Braised Abalone with Sea Cucumber
아스파라거스 전복露筍鮑魚　　Braised Abalone with Asparagus
송이전복松茸鮑魚　　Braised Abalone with Sliced Pine Mushrooms
어향관자魚香帶子　　Braised Scallops with Chili Bean Sauce
전복 굴기름소스　　Braised Abalone with Oyster Sauce

활어류活海鮮類 Live Fish

탕수 생선볶음糖醋魚球　　Fried Fish with Sweet and Sour Sauce
야채 생선볶음菜遠魚球　　Fried Fish with Vegetable
생선찜淸蒸鮮魚　　Steamed Whole Live Fish

새우, 게, 바닷가재蝦肉, 蝦類 Lobster, Prawn and Crab

신선한 바닷가재요리活龍蝦　　Live Lobster
바닷가재요리–칠리, 마늘, 콩짜장소스鮮龍蝦類　　Braised Lobster–Chili, Garlic, Bean Sauce
왕새우요리–깐풍, 칠리소스乾燒大蝦　　Braised King Prawns–Garlic, Chili Sauce
왕새우튀김炸大蝦　　Fried King Prawns
새우 칠리소스乾燒蝦仁　　Braised Shrimp with Chili Sauce
새우 크림소스　　Braised Shrimp with Cream Sauce
고추새우볶음宮爆蝦仁　　Sauteed Shrimp with Hot Pepper and Peanuts

닭고기류鷄類 Chicken

닭고기캐슈넛腰果鷄丁　　Sauteed Diced Chicken with Cashew nuts
닭고기고추볶음宮爆鷄丁　　Sauteed Diced Chicken and Peanuts with Hot Red Pepper
닭고기 레몬소스寧蒙車鷄　　Chicken in Lemon Sauce
깐풍기乾烹子鷄　　Sauteed Chicken in Garlic Sauce
라조기辣椒鷄　　Sauteed Chicken with Mushrooms, Bamboo Shoots and Hot Red Peppers
닭고기 상추쌈安仁松鷄　　Sauteed Chicken Wrapped in Lettuce

소고기류牛肉類 Beef

중국식 안심스테이크　　　　Beef Steak in Chinese-Style with Vegetables

어향 쇠고기말이魚香牛卷　　　Beef Wrapped with Chinese Sauce

송이와 브로콜리 쇠고기松蘭牛肉　　　Sauteed Beef with Pine Mushroom, Broccoli

쇠고기짜장볶음京醬牛肉絲　　　Sauteed Shredded Beef in Bean Paste

쇠고기 탕수육糖醋牛肉　　　Sauteed Shredded Beef in Sweet and Sour Sauce

송이쇠고기볶음松茸牛肉　　　Sauteed Beef with Pine Mushrooms

쇠고기 상추쌈安仁牛淞　　　Sauteed Beef wrapped in Lettuce

깐풍쇠고기炸烹牛肉　　　Sauteed Beef with Garlic Flavor

난자완스南煎丸子　　　Braised Minced Beef Balls

피망쇠고기볶음青椒牛肉絲　　　Sauteed Shredded Beef with Green Peppers

돼지고기류 Pork

삼겹살찜요리東坡肉　　　Steamed Pork Belly in Soya Sauce

삼겹살매운소스볶음回鍋肉　　　Sauteed Pork Belly and Vegetables in Hot Sauce

광동식 탕수육古老肉　　　Sweet and Sour Pork

두부류豆腐類 Bean Curd

일품두부一品豆腐　　　Steamed Bean Curd with Crab Meat Sauce

비파두부琵琶豆腐　　　Sauteed Bean Curd with Oyster Sauce

마파두부麻婆豆腐　　　Bean Curd with Minced Meat with Hot Sauce

삼선두반두부三鮮豆辨豆腐　　　Braised Bean Curd and Sea Cucumber, Shrimp with Hot Sauce

잡품류雜品類 Others

류산슬溜三絲　　　Braised Sea Cucumber with Shrimp and Beef

전가복全家福　　　Sauteed Seafood and Vegetables

양장피잡채炒肉兩張皮　　　Assorted Hot and Cold Dishes with Mustard Sauce

팔보채八寶菜　　　Sauteed Mixed Seafood

삼선누룽지탕鍋杷三鮮　　　Seafood and Brown Sauce on Fried Crisp Rice

야채류菜類 Vegetables

송이와 아스파라거스松茸露筍　　Pine Mushrooms and Asparagus

각종 야채볶음頂湖上素　　Braised Mixed Vegetables

송이죽순松茸竹筍　　Sauteed Pine Mushrooms and Bamboo Shoots

청채 굴소스　　Chinese Green Vegetables with Oyster Sauce

아스파라거스 크림소스　　Asparagus with Cream Sauce

발채와 송이볶음髮菜松茸　　Sauteed Pine Mushrooms and Black Moss

수프류湯類 Soups

불도장古法佛跳牆　　Mini Buddha Jumps Soup

청채 전복 수프靑菜鮑魚湯　　Vegetables Soup with Sliced Abalone

옥수수 수프鷄茸粟米湯　　Corn Soup

삼선 수프三鮮湯　　Seafood Soup

산라탕酸辣湯　　Hot and Sour Soup

만두류點心 Pastries

새우춘권鮮蝦春捲　　Minced Shrimp Spring Rolls

수정새우만두水晶蝦餃　　Stemed Shrimp Dumplings

물만두水餃子　　Boiled Beef Dumplings

군만두煎餃子　　Fried Beef Dumplings

은사권-중국식빵銀絲卷　　Steamed Plain Roll

식사류飯類 Rice

게살볶음밥蟹肉炒飯　　Fried Rice with Crabmeat

새우볶음밥蝦仁炒飯　　Fried Rice with Shrimps

팔진볶음밥八珍炒飯　　Fried Rice with Seafood

잡탕밥　　Chop Suey on Steamed Rice

류산슬덮밥溜三絲飯　　Sauteed Sliced Seafood on Rice

면류麵類 Noodles

야채탕면上素湯麵　　Noodle Soup with Mixed Vegetables

쇠고기탕면牛肉湯麵　　Noodle Soup with Beef

팔진탕면八珍湯麵　　Noodle Soup with Seafood

기스면鷄絲湯麵　　Noodle Soup with Chicken Meat

삼선짜장면三鮮醬麵　　Noodle and Seafood with Black Soy Bean Sauce

야채해물짬뽕三鮮炒馬麵　　Noodle Soup, Beef and Vegetables with Hot Red Peppers

유니짜장肉米醬麵　　Noodle with Minced Beef in Bean Paste Sauce

팔진초면八珍炒麵　　Fried Noodles with Mixed Seafood

야채초면上素炒麵　　Fried Noodles with Vegetables

감채류細蔡類 Desserts

은행탕拔絲百果　　Fried Sweet Ginko Nuts

찹쌀떡탕拔絲元宵　　Fried Honey−Glazed Rice Balls

계절과일鮮果　　Seasonal Fruits

리치두부梨枝豆腐　　Iced Almond Jelly with Lychees

야자시미로椰汁西米露　　Coconuts Si−Mi−Ro

멜론시미로蜜瓜西米露　　Melon Si−Mi−Ro

(2) 정탁메뉴

정탁요리 DINNER MENU A

다섯 가지 냉채　　Special Cold Dishes

게살 상어지느러미 수프　　Shark's Fin with Crabmeat Soup

전가복　　Sauteed Seafood and Vegetables

새우 크림소스　　Braised Shrimp with Cream Sauce

마라우육　　Braised Beef Tenderloin Slice with Hot Pepper

식사　　Fried Rice or Noodles

시미로　　Chilled Si−Mi−Ro

정탁요리 DINNER MENU B

봉황특품냉채　　Special Assorted Cold Dishes

광동식 상어지느러미요리　　Cantonese Style Shark's Fin with Oyster Sauce

해삼전복볶음　　Braised Abalone with Sea Cucumber

큰새우 칠리소스　　King Prawns with Chili Sauce

송이와 세 가지 야채볶음　　Pine Mushrooms with Mixed Vegetables

어향 메로살　　Sauteed and Rolled Tuna in Szechuan-Style Sauce

식사　　Fried Rice or Noodles

계절과일　　Seasonal Fruits

정탁요리 DINNER MENU C

특색냉채　　Special Assorted Cold Dishes

특제 상어지느러미찜　　Braised Whole Shark's Fin

쇠고기 상추쌈　　Sauteed Beef Wrapped in Lettuce

발채송이아스파라거스　　Asparagus with Black Moss

큰새우 마요네즈소스　　King Prawns with Mayonnaise Sauce

일품해삼　　Braised Sea Cucumber Stuffed with Minced Meat

식사　　Fried Rice or Noodles

계절과일　　Seasonal Fruits

정탁요리 DINNER MENU D

송학냉채　　Cold Dishes

인삼과 상어지느러미찜　　Braised Whole Shark's Fin with Ginseng

북경오리　　Pecking Style Roasted Duck Skin

송이해삼　　Braised Sea Cucumber with Sliced Pine Mushrooms

새집 어향 전복찜　　Steamed Abalone with Hot Pepper

호골호품두부　　Steamed Bean Curd and Vegetables with Crabmeat Sauce

식사　　Fried Rice or Noodles

계절과일　　Seasonal Fruits

정탁요리 DINNER MENU E

송학냉채　　Cold Dishes

불도장　　Buddha Jumps Soup

송이버섯 게살요리　　Braised Crabmeat with Pine Mushrooms

북경오리　　Pecking Style Roasted Duck Skin

발채 전복찜　　Steamed Abalone with Black Moss

해삼관자　　Sea Cucumber with Scallops

식사   Fried Rice or Noodles

계절과일   Seasonal Fruits or Chilled Si-Mi-Ro

정탁요리 DINNER MENU F

인삼 불도장   Ginseng Buddha Jumps Soup

동충하초 상어지느러미찜   Braised Whole Shark's Fin with Oyster Sauce

산 바닷가재 상추쌈   Live Lobster Wrapped in Lettuce

발채 전복찜   Steamed Abalone with Black Moss

생선찜   Steamed Whole Live Fish

식사   Fried Rice or Noodles

연자탕-겨울   Lotus Leaf with Chinese Dessert

멜론칵테일 시미로-여름   Chilled Si-Mi-Ro

중국주류 中國酒類 Traditional Liquor

장수장락보주 長壽長落補酒   Chinese Spirits for Health

귀주마오타이 貴州茅台酒   Kewichow Mau Tai Chiu

마오타이 茅台酒   Mau Tai Chiu

죽엽청주 竹葉淸酒   Chu Yeh Ching Chiu

소홍가반주 紹興加飯酒   Ka Ban Cha Oh Sing Wine

소홍주 陳年紹興酒   Sha Oh Sing Wine

본산고량주 本産高粱酒   Kau Lyang Chiu

장미고량주 高粱酒   Mei Kewi Lu Kau Lyang Chiu

공부가주 孔府家酒   Kong bu ga Chiu

쌍록오가피주 雙麓五加皮酒   Ng Ka Py Chiu-special

안동소주 安東燒酒   Ahn Dong So-Ju

오량액 五糧液   Wulangye

강남 B사의 메뉴

(1) 定食점심 **2인 이상**

VIP정식 60,000원/인	정식 A 30,000원/인	특정식 40,000원/인	정식 B 18,000원/인
덩어리배츠	사품냉채	오품냉채	삼품냉채
국산 해삼게지	해분위츠	해삼게지	류산슬
궁보대하	크림중하	송이안심	간소중하
송이심	호유안심	궁보대하	탕수우육
식사	식사	식사	식사
후식과 커피	후식과 커피	후식과 커피	후식과 커피

(2) 정탁

VIP정탁 800,000원	제1정탁 600,000원	제2정탁 500,000원
불도장	동충하초탕	삼선과파탕
특냉채	특냉채	육품냉채
덩어리배츠	통천배츠	통천배츠
국산해삼탕	국산해삼탕	해삼전복
대마전복	홍소전복	깐풍대하
홍소대하	궁보대하	송이게지
오색잡채(빵)	오색잡채(빵)	오색잡채(빵)
청탕면	청탕면	청탕면
후식	후식	후식
제3정탁 400,000원	**제4정탁 350,000원**	**제5정탁 300,000원**
게살위츠 수프	게살위츠 수프	게살위츠 수프
오품냉채	사품냉채	사품냉채
삼선위츠	해분위츠	광동위츠
해삼주스	송이해삼	동고 아스파라거스게지
간소중하	간소중하	간소중하
송이동고게지	청경채 동고우육	호유우육
가상 우육사(빵)	경장 우육사(빵)	청초 우육사(빵)
청탕면	청탕면	청탕면
후식	후식	후식

(3) 탕류

동충하초탕 冬蟲夏草湯　　Seafood Soup with Chinese Medicinal Herb

삼선과파탕　　Three Kinds of Seafood Soup with rice cake

삼선탕　　Three Kinds of Seafood Soup

기용위츠 수프   Shark's Fin Soup with Minced Chicken
게살위츠 수프   Shark's Fin Soup with Crabmeat
청탕위츠 수프   Shark's Fin Soup with Vegetables
산라탕   Hot and Sour Soup with Bean Curd
옥미탕   Sweet Corn Soup
야채두부탕   Vegetable and Bean Curd Soup

(4) 냉채류 Cold Dishes

특채냉채   Ham Ji Park Special Cold Dish
육품냉채   Six Kinds of Cold Dish
오품냉채   Five Kinds of Cold Dish
사품냉채   Four Kinds of Cold Dish
삼품냉채   Three Kinds of Cold Dish
양반삼선   Cold Dish with Mixed Seafood
장우육편   Cold Roasted Beef with Soy Sauce

(5) 샥스핀류 Shark's Fin

불도장佛跳牆   Buddha Jumps
덩어리배츠   Braised Whole Shark's Fin
통천배츠   Braised Whole Shark's Fin with Tung-Tyen
삼선위츠   Shark's Fin with Three Kinds of Seafood
수정위츠   Crystal Shark's Fin with Abalone & Shrimp
해분위츠   Shark's Fin with Crabmeat
광동위츠   Stewed Shark's Fin in Canton Style
청경채위츠   Stewed Shark's Fin with Chinese Cabbage

(6) 전복·해삼류 Abalone & Sea Cucumber

홍소전복   Stewed Abalone in Brown Sauce
깐풍전복   Fried Abalone in Garlic Sauce
대마전복   Braised Abalone with Shredded Vegetables
송이전복   Braised Abalone with Pine Mushroom

해삼전복　　Stewed Sea Cucumber and Abalone

국산 해삼탕　　Korean Sea Cucumber in Brown Sauce

국산 해삼주스　　Braised Sea Cucumber with Pork Belly

기아해삼　　Sea Cucumber Stuffed with Minced Shrimps

홍소해삼　　Stewed Sea Cucumber in Brown Sauce

소자해삼　　Stewed Sea Cucumber with Minced Beef

사천해삼　　Stewed Sea Cucumber in Szechwan Style

(7) 가재·새우류 Lobster & Shrimp

간소가재　　Braised Lobster in Chilli Sauce

홍소가재　　Stewed Lobster in Brown Sauce

궁보가재　　Stewed Lobster with Peanuts & Red Pepper

큰새우　　Prawns

간소중하　　Braised Shrimps in Chilli Sauce

토마토중하　　Braised Shrimps in Tomato Sauce

깐풍중하　　Fried Shrimps in Garlic Sauce

궁보중하　　Sauteed Shrimps with Peanuts & Red Pepper

레몬중하　　Fried Shrimps with Lemon

크림중하　　Shrimps in Cream Sauce

작은새우　　Small Shrimps

(8) 생선·게지 Fish & Scallop

두반도미　　Fried Red Snapper in Hot Bean Sauce

홍소도미　　Stewed Red Snapper in Brown Sauce

깐풍도미　　Fried Red Snapper in Garlic Sauce

탕수도미　　Red Snapper in Sweet & Sour Sauce

송이게지　　Braised Scallop with Pine Mushroom

깐풍게지　　Fried Scallop in Garlic Sauce

대마게지　　Braised Scallop with Shredded Vegetables

부추게지　　Braised Scallop with Chinese Leek

아스파라거스게지　　Braised Scallop with Asparagus

(9) 야채류 Vegetables

국산 송이볶음　　Braised Korean Pine Mushroom

송이볶음　　Braised Pine Mushroom

특야채　　Vegetarian Combination in Oyster Sauce

삼고발채　　Hairy Herb with Three Kinds of Mushrooms

게살 청경채　　Braised Chinese Cabbage with Crabmeat

아스파라거스 동고　　Braised Asparagus and Fresh Black Mushroom

동고 청경채　　Chinese Cabbage with Black Mushroom

수신금　　Braised Mixed Vegetables

(10) 오리 · 닭고기류 Duck & Chicken

북경오리　　Roasted Peking Duck

벽도기　　Fried Sliced Chicken with Walnut Inside

두고기　　Sauteed Chicken in Chinese Bean Sauce

궁보기정　　Sauteed Chicken and Peanuts with Red Pepper

주선기편　　Sauteed Chicken with Bamboo Shoots

쇄미기정　　Diced Chicken with Peanuts

깐풍기　　Fried Chicken in Garlic Sauce

라조기　　Braised Chicken in Hot Sauce

(11) 고기류 Beef

송이우육편　　Braised Sliced Beef with Pine Mushroom

홍소우설　　Stewed OX Tongue in Brown Sauce

안심 스테이크　　Tenderloin Steak in Chinese Style

호유안심　　Sauteed Tender Beef in Oyster Sauce

부추잡채　　Sauteed Shredded Beef with Chinese Leek

부추 청초 우육사　　Sauteed Beef with Chinese Leek & Pepper

청경채 우육　　Braised Sliced Beef with Chinese Cabbage

금전 우육편　　Braised Sliced Beef with Pineapple

호유 우육편　　Sauteed Beef in Oyster Sauce

간편 우육사　　Braised Beef with Celery

청초 우육사　Sauteed Shredded Beef with Green Pepper
경장 우육사　Sauteed Shredded Beef in Bean Paste
어향 우육사　Fried Beef with Vegetable in Hot Bean Sauce
가상 우육사　Fried Beef with Vegetables with Red Pepper
탕수 우육　Sweet and Sour Beef
난자 완스　Braised Minced Meat Balls

(12) 돼지고기류 Pork

청경채주스　Stewed Pork Belly with Chinese Cabbage
홍소주스　Stewed Pork Belly in Brown Sauce
회과육　Sauteed Pork Belly in Hot Sauce
궁보육정　Sauteed Pork and Peanuts with Red Pepper
구로육　Sweet and Sour Pork in Tomato Sauce
어향육사　Fried Pork with Vegetables in Hot Bean Sauce

(13) 기타 요리 Miscellaneous

전가복　Braised Assorted Seafood with Vegetables
류산슬　Braised Sea Cucumber with Shredded Beef
팔보채　Braised Mixed Seafood in Chilli Sauce
양장피　Seafood and Vegetables in Mustard Sauce
짜춘권　Fried Egg Rolls Stuffed with Minced Shrimps
새우두부　Braised Bean Curd with Shrimps
마파두부　Bean Curd with Minced Meat in Hot Sauce
가상두부　Bean Curd in Country Style
잡채　Chinese Vermicelli with Sauteed Beef

(14) 감채류 Dessert

바샤은행　Candied Gingko Nuts
바샤원쇼　Candied Rice Balls
바샤지과　Candied Sweet Potatos
바샤옥미　Candied Sweet Corns

(15) 식사 Rice & Noodles

어향덮밥　　Rice with Beef & Vegetable in Hot Sauce

류산슬밥　　Rice with Sea Cucumber and Shredded Beef

잡탕밥　　Rice with Mixed Seafood

잡채밥　　Rice with Chinese Vermicelli and Vegetables

삼선볶음밥　　Fried Rice with Three Kinds of Seafood

삼선짜장면　　Noodle with Seafood in Soy Bean Sauce

삼선짬뽕　　Seafood Noodle Soup with Vegetables

삼선우동　　Seafood Noodle Soup with Eggs

청탕면　　Seafood Hot Noodle Soup

기스면　　Chicken Noodle Soup

꽃빵　　Steamed Bread Roll

중국요리 식재료를 구입할 수 있는 곳

서울·경기지역은 시청과 남대문 사이에 있는 프라자호텔 뒤편 북창동에 가면 중국식 재료상들이 몇 군데 있어서 물건을 구입할 수 있으며, 부산·영남지방은 부산역 건너편 초량동에 가면 상해 거리와 외국인 상가가 밀집되어 있어서 재료들을 쉽게 구입할 수 있다.

북창동 중국요리재료상

특히 부산의 상해거리는 화교중학교 바로 앞에 있어 상권이 성업 중인 곳이므로 오히려 서울보다 훨씬 다채로운 경험을 할 수 있을 뿐만 아니라 여러 식재료를 구입할 수 있다.

부산 상해거리

저·자·약·력

■ 전석수
• 부산파라다이스호텔 중식당 남풍 근무
• 울산과학대학교, 영산대학교 중식 강의

■ 김준호
• (주)롯데호텔 중식당 도림 근무
• 청운대학교 중식 강의

■ 김호석
• (주)부첼라 근무
• 중식기능장

■ 채영철
• 리츠칼튼호텔 근무
• 현 울산과학대학교 호텔조리영양과 교수

호텔
중국요리

2012년 1월 2일 초판 인쇄
2012년 1월 9일 초판 발행

지 은 이 • 전석수 · 김준호 · 김호석 · 채영철
발 행 인 • 김홍용
펴 낸 곳 • 도서출판 **효일**
주   소 • 서울특별시 동대문구 용두동 102-201
전   화 • 02) 928-6644
팩   스 • 02) 927-7703
홈페이지 • www.hyoilbooks.com
E-mail • hyoilbooks@hyoilbooks.com
등   록 • 1987년 11월 18일 제6-0045호

무단복사 및 전재를 금합니다.

값 27,000원

ISBN 978-89-8489-321-4